21世纪高等院校实用规划教材

实用线性代数与概率统计

主　编　李继玲
主　审　宋　兵

内 容 简 介

“线性代数”与“概率统计”是高等院校理工科和经管类学生的必修课，该课程在培养学生的计算能力、处理随机数据的能力和抽象思维能力方面起着十分重要的作用. 本书将线性代数与概率统计的基本理论与数学实验、数学模型结合在一起，并联系实际应用，在介绍相关数学内容的基础上，介绍Excel的相关应用，并且在各章的数学实验中介绍MATLAB在相应基本计算中的实现方法，以及线性代数与概率统计的基本数学应用案例，为每一个学生在必修课中接受数学实验与数学建模的教育提供了可能. 本书搭建了培养学生的“兴趣、表达、演算、信息与处理、与人合作、自我提高与更新、解决问题”核心能力的平台. 本书可以作为高等院校经管类、工程类、信息技术类专业数学基础课的教学用书.

图书在版编目(CIP)数据

实用线性代数与概率统计/李继玲主编. —北京：北京大学出版社，2010.1

(21世纪高等院校实用规划教材)

ISBN 978-7-301-16098-5

Ⅰ. 实… Ⅱ. 李… Ⅲ. ①线性代数—高等学校：技术学校—教材 ②概率论—高等学校：技术学校—教材 ③数理统计—高等学校：技术学校—教材 Ⅳ. O151.2 O21

中国版本图书馆CIP数据核字(2009)第224514号

书　　　名：实用线性代数与概率统计

著作责任者：李继玲　主编

责 任 编 辑：翟　源

标 准 书 号：ISBN 978-7-301-16098-5/O・0807

出 版 发 行：北京大学出版社

地　　　址：北京市海淀区成府路205号　100871

网　　　址：http://www.pup.cn　新浪官方微博：@北京大学出版社

电　　　话：邮购部010-62752015　发行部010-62750672　编辑部010-62750667

电 子 邮 箱：编辑部pup6@pup.cn　　总编室zpup@pup.cn

印　刷　者：天津和萱印刷有限公司

经　销　者：新华书店

787毫米×1092毫米　16开本　15印张　345千字

2010年1月第1版　　2025年7月第18次印刷

定　　　价：36.00元

前　言

随着高等教育的发展和改革的深入，高等教育发展中的深层次问题逐渐显现，其中最根本的就是人才培养的效果与市场需求之间存在差距. 人们逐渐认识到其最直接的原因就是专业和课程，因此，当前高等教育所面临的核心任务就是课程的改革，而课程模式的改革与创新则是这一核心任务的重点.

高等教育的人才培养目标为“培养能够在生产、建设、经营或技术服务第一线运用高新技术创造性地解决技术问题的高层次技术应用人才”.

根据上述人才培养目标，高等院校的数学课程在人才培养中应体现以下 3 个功能.

(1) 构建文化素质的功能：随着终生学习社会的形成，高校学生必须具备再学习的能力，显然，数学知识是形成再提高“平台”的重要构件之一.

(2) 基础能力支撑的功能：通过数学知识的学习，可以培养学生的各种基础能力，如观察想象能力、逻辑思维与创造思维能力、分析问题和解决问题的综合能力以及科学精神和科学态度等，这些基础能力的形成潜移默化地支撑着学生各种职业能力的形成.

(3) 提供专业工具的功能：数学作为学习其他专业理论和技术的工具，其应用极其广泛，这一点在职业教育中早已形成共识.

根据高等院校数学课程的功能，本书的编写力求体现以下 3 种关系.

(1) 职业方向的针对性与终生发展需求性的关系. 高等教育的一个显著特色就是教学目标的针对性强，要求各门课程必须体现某一职业岗位(群)对知识、能力的需求特点. 但是，高等教育对于每个学生都只能作为终身学习的一个环节，教学目标还必须考虑到学生今后的可持续发展. 为此，本书注意加强基础、突出应用、内容宽泛，增加了选择的弹性，以保证数学课程在人才培养中功能的整体实现.

(2) 教学内容的实用性与学科知识系统性的关系. 高等院校数学课必须为专业课程与实践能力提供必备的工具. 但是，在适当降低理论要求的同时，也应尽量兼顾数学知识间的系统性，否则专业应用、思维创新等诸多培养目标就难以达到.

(3) 基本理论与数学应用教学的不可相互替代的关系. 数学应用教学就是服务于专业需求的数学实验与数学建模教学，而任何数学应用必须在某一基本的数学理论基础上展开. 数学理论是培养学生的逻辑推理能力和科学精神的知识载体. 各种不同的教学流派会对基本理论和数学应用教学的先后顺序有不同的处理，但是数学应用和基本理论两方面的教学是永远不能相互替代的，这是在课程改革和教材建设中必须要清醒认识到的.

线性代数、概率论与数理统计是高等院校经管类和工科类各专业的重要基础课. 编者根据教学改革的要义，编写了本书. 本书通过整合“线性代数”与“概率统计”的基础理论与数学实验、数学模型的内容，为传统数学理论教学搭建了应用的平台. 有了高性能的计算机，数学理论的逻辑关系可以在数学实验课中利用计算机的计算和图形功能得到直观的说明，使高等院校数学教学有了实现“重过程、重逻辑、重应用，以解决实际问题为出发点和归宿”这一教学目标的可能性. 这样的教学模式也使师生之间彻底改变了传统的告知与后知关系、控制与被控制关系，使学习者从被动地“接受”知识到主动地“做事”，从教学的边缘走到教学的中心，最终使数学知识成为学生做专业的工具.

本书由李继玲主编，宋兵主审. 第 1 章、第 5 章由查进道编写；第 2 章(除矩阵应用案例外)由孙永红编写；第 3 章、第 8 章以及第 4～8 章的数学实验，第 2 章的矩阵应用案例由李继玲编写；第 4 章的 § 4.1、§ 4.2 由熊建华编写；第 4 章的 § 4.3、§ 4.4 由马怀远编写；第 6 章以及第 1～3 章的数学实验由韩彦林编写；第 7 章由宋兵、韩彦林编写；全书的应用案例(除第 2 章应用案例外)由王娟编写，全书由李继玲统稿. 本书在编写过程中得到了江苏经贸职业技术学院各级领导的大力支持，在此深表感谢.

本书可以作为高等院校“线性代数与概率统计”的教学用书，也可作为相应内容的数学实验用书.

由于编者水平有限，书中不妥之处在所难免，诚恳欢迎广大师生和同行批评和指正.

编　者

2009 年 11 月

目　　录

第1章 行 列 式

行列式是线性代数中的基本数学工具. 本章主要介绍行列式及其基本性质和计算方法，最后作为行列式的应用介绍运用克莱姆(Cramer)法则求解线性方程组.

§1.1 行列式的定义

1.1.1 二阶行列式

考虑二元一次线性方程组

$$\begin{cases} a_{11}x_1 + a_{12}x_2 = b_1 \\ a_{21}x_1 + a_{22}x_2 = b_2 \end{cases} \tag{1-1}$$

其中 x_1、x_2 为未知量，a_{11}、a_{12}、a_{21}、a_{22} 为未知量的系数，b_1、b_2 为常数项.

由加减消元法，得

$$\begin{cases} (a_{11}a_{22} - a_{12}a_{21})x_1 = a_{22}b_1 - a_{12}b_2 \\ (a_{11}a_{22} - a_{12}a_{21})x_2 = a_{11}b_2 - a_{21}b_1 \end{cases}$$

当 $a_{11}a_{22} - a_{12}a_{21} \neq 0$ 时，方程组(1-1)有唯一解

$$\begin{cases} x_1 = \dfrac{a_{22}b_1 - a_{12}b_2}{a_{11}a_{22} - a_{12}a_{21}} \\ x_2 = \dfrac{a_{11}b_2 - a_{21}b_1}{a_{11}a_{22} - a_{12}a_{21}} \end{cases} \tag{1-2}$$

可以发现 x_1、x_2 表达式中的分母都是 $a_{11}a_{22} - a_{12}a_{21}$，为了简便，用记号 $\begin{vmatrix} a_{11} & a_{12} \\ a_{21} & a_{22} \end{vmatrix}$ 来表示 $a_{11}a_{22} - a_{12}a_{21}$，即

$$\begin{vmatrix} a_{11} & a_{12} \\ a_{21} & a_{22} \end{vmatrix} = a_{11}a_{22} - a_{12}a_{21} \tag{1-3}$$

称 $\begin{vmatrix} a_{11} & a_{12} \\ a_{21} & a_{22} \end{vmatrix}$ 为**二阶行列式**；a_{ij} $(i = 1,2; j = 1,2)$ 为行列式的**元素**；横排称为行列式的**行**；竖排称为行列式的**列**. 二阶行列式共有两行两列. 元素 a_{ij} 有两个下标 i、j，其中 i 表示该元素位于第 i 行，称为行标；j 表示该元素位于第 j 列，称为列标. 如 a_{21} 表示位于行列式第 2 行、第 1 列相交位置上的元素. 从左上角到右下角的对角线称为主对角线，从右上角到左下角的对角线称为次对角线. 由(1-3)式可以看出二阶行列式等于主对角线上两元素的乘积减去次对角线上两元素的乘积，这称为**对角线法则**，如图 1.1 所示. $a_{11}a_{22} - a_{12}a_{21}$ 称为 $\begin{vmatrix} a_{11} & a_{12} \\ a_{21} & a_{22} \end{vmatrix}$ 的**展开式**.

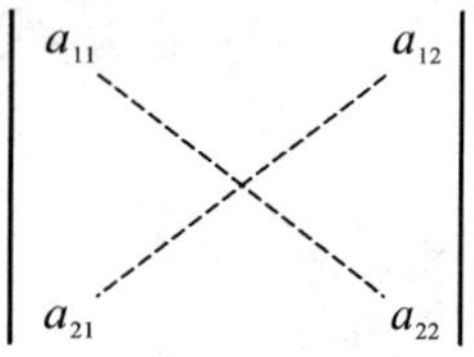

$$\begin{vmatrix} a_{11} & a_{12} \\ a_{21} & a_{22} \end{vmatrix}$$

图 1.1

例 1　计算下列二阶行列式.

(1) $\begin{vmatrix} 1 & 3 \\ -2 & 4 \end{vmatrix}$　　(2) $\begin{vmatrix} a & b \\ c & d \end{vmatrix}$

解　(1) $\begin{vmatrix} 1 & 3 \\ -2 & 4 \end{vmatrix} = 1\times4-3\times(-2)=10$

(2) $\begin{vmatrix} a & b \\ c & d \end{vmatrix} = ad-bc$

例 2　若 $\begin{vmatrix} k & 0 \\ -2 & k-1 \end{vmatrix}=0$，求 k.

解　$\begin{vmatrix} k & 0 \\ -2 & k-1 \end{vmatrix}=k(k-1)$，由已知条件得 $k(k-1)=0$，解得 $k=0$ 或 $k=1$.

显然，方程组(1-2)中 x_1、x_2 的分子分别记成 $a_{22}b_1-a_{12}b_2=\begin{vmatrix} b_1 & a_{12} \\ b_2 & a_{22} \end{vmatrix}$ 及 $a_{11}b_2-a_{21}b_1=\begin{vmatrix} a_{11} & b_1 \\ a_{21} & b_2 \end{vmatrix}$. 若记 $D=\begin{vmatrix} a_{11} & a_{12} \\ a_{21} & a_{22} \end{vmatrix}$，$D_1=\begin{vmatrix} b_1 & a_{12} \\ b_2 & a_{22} \end{vmatrix}$，$D_2=\begin{vmatrix} a_{11} & b_1 \\ a_{21} & b_2 \end{vmatrix}$，则当 $D\neq0$ 时，方程组(1-1)有唯一解，并且这个解可表示为

$$\begin{cases} x_1=\dfrac{D_1}{D} \\ x_2=\dfrac{D_2}{D} \end{cases} \tag{1-4}$$

称 D 为方程组(1-1)的系数行列式.

例 3　用二阶行列式解线性方程组

$$\begin{cases} 2x_1+x_2=5 \\ x_1-3x_2=-1 \end{cases}$$

解　由 $D=\begin{vmatrix} 2 & 1 \\ 1 & -3 \end{vmatrix}=-7\neq0$ 及 $D_1=\begin{vmatrix} 5 & 1 \\ -1 & -3 \end{vmatrix}=-14$，$D_2=\begin{vmatrix} 2 & 5 \\ 1 & -1 \end{vmatrix}=-7$

得

$$x_1=\frac{D_1}{D}=2,\quad x_2=\frac{D_2}{D}=1$$

1.1.2　三阶行列式

与二阶行列式类似，三阶行列式也是从求解三元一次线性方程组的问题中引出的. 用记号 $\begin{vmatrix} a_{11} & a_{12} & a_{13} \\ a_{21} & a_{22} & a_{23} \\ a_{31} & a_{32} & a_{33} \end{vmatrix}$ 表示 $a_{11}a_{22}a_{33}+a_{12}a_{23}a_{31}+a_{13}a_{21}a_{32}-a_{11}a_{23}a_{32}-a_{12}a_{21}a_{33}-a_{13}a_{22}a_{31}$，即

$$\begin{vmatrix} a_{11} & a_{12} & a_{13} \\ a_{21} & a_{22} & a_{23} \\ a_{31} & a_{32} & a_{33} \end{vmatrix}=a_{11}a_{22}a_{33}+a_{12}a_{23}a_{31}+a_{13}a_{21}a_{32}-a_{11}a_{23}a_{32}-a_{12}a_{21}a_{33}-a_{13}a_{22}a_{31} \tag{1-5}$$

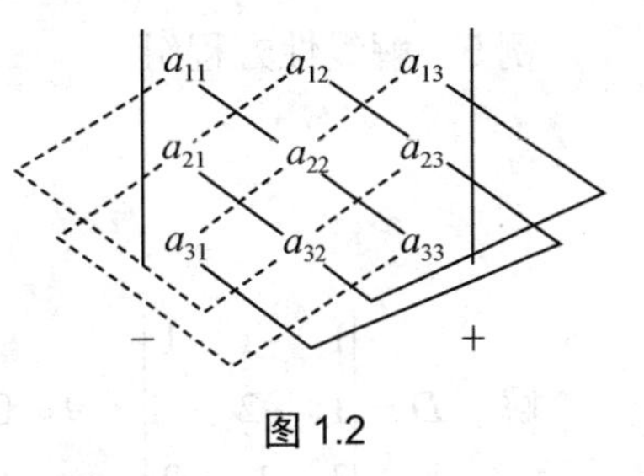

图 1.2

称$\begin{vmatrix} a_{11} & a_{12} & a_{13} \\ a_{21} & a_{22} & a_{23} \\ a_{31} & a_{32} & a_{33} \end{vmatrix}$为三阶行列式. 三阶行列式有 9 个元素，它们排成 3 行 3 列. 从左上角到右下角的对角线称为主对角线，从右上角到左下角的对角线称为次对角线. (1-5)式等号的右边称为三阶行列式的展开式，可根据图 1.2 来记忆. 图 1.2 中实线连接的 3 个元素的乘积前符号为正，虚线连接的 3 个元素的乘积前符号为负，这种三阶行列式的展开方法称为对角线法.

例 4 计算三阶行列式$\begin{vmatrix} 2 & -1 & 2 \\ 3 & 4 & 1 \\ 2 & -6 & 5 \end{vmatrix}$.

解
$$\begin{vmatrix} 2 & -1 & 2 \\ 3 & 4 & 1 \\ 2 & -6 & 5 \end{vmatrix} = 2\times4\times5+(-1)\times1\times2+2\times3\times(-6)-2\times4\times2-2\times1\times(-6)$$
$$-(-1)\times3\times5=13$$

设三元一次线性方程组为

$$\begin{cases} a_{11}x_1+a_{12}x_2+a_{13}x_3=b_1 \\ a_{21}x_1+a_{22}x_2+a_{23}x_3=b_2 \\ a_{31}x_1+a_{32}x_2+a_{33}x_3=b_3 \end{cases} \tag{1-6}$$

其中x_1、x_2、x_3为未知量，$a_{ij}\ (i=1,2,3;j=1,2,3)$为未知量的系数，$b_1$、$b_2$、$b_3$为常数项.

记方程组的系数行列式$\begin{vmatrix} a_{11} & a_{12} & a_{13} \\ a_{21} & a_{22} & a_{23} \\ a_{31} & a_{32} & a_{33} \end{vmatrix}$为$D$，并记$D_1=\begin{vmatrix} b_1 & a_{12} & a_{13} \\ b_2 & a_{22} & a_{23} \\ b_3 & a_{32} & a_{33} \end{vmatrix}$，

$$D_2=\begin{vmatrix} a_{11} & b_1 & a_{13} \\ a_{21} & b_2 & a_{23} \\ a_{31} & b_3 & a_{33} \end{vmatrix}，D_3=\begin{vmatrix} a_{11} & a_{12} & b_1 \\ a_{21} & a_{22} & b_2 \\ a_{31} & a_{32} & b_3 \end{vmatrix}.$$

则

$$D_1=b_1a_{22}a_{33}+b_2a_{32}a_{13}+b_3a_{12}a_{23}-b_1a_{23}a_{32}-b_2a_{12}a_{33}-b_3a_{22}a_{13}，$$
$$D_2=b_1a_{31}a_{23}+b_2a_{11}a_{33}+b_3a_{21}a_{13}-b_1a_{21}a_{33}-b_2a_{13}a_{31}-b_3a_{23}a_{11}，$$
$$D_3=b_1a_{21}a_{32}+b_2a_{12}a_{31}+b_3a_{11}a_{22}-b_1a_{22}a_{31}-b_2a_{32}a_{11}-b_3a_{12}a_{21}.$$

容易验证当$D\neq0$时，方程组(1-6)的唯一解为

$$\begin{cases} x_1=\dfrac{D_1}{D} \\ x_2=\dfrac{D_2}{D} \\ x_3=\dfrac{D_3}{D} \end{cases} \tag{1-7}$$

例 5 解线性方程组

$$\begin{cases}x_1 - x_2 + x_3 = 1\\ x_1 - 2x_2 - x_3 = 0\\ 3x_1 + x_2 + 2x_3 = 7\end{cases}$$

解 $D = \begin{vmatrix}1 & -1 & 1\\ 1 & -2 & -1\\ 3 & 1 & 2\end{vmatrix} = 9 \neq 0$，$D_1 = \begin{vmatrix}1 & -1 & 1\\ 0 & -2 & -1\\ 7 & 1 & 2\end{vmatrix} = 18$，$D_2 = \begin{vmatrix}1 & 1 & 1\\ 1 & 0 & -1\\ 3 & 7 & 2\end{vmatrix} = 9$，

$$D_3 = \begin{vmatrix}1 & -1 & 1\\ 1 & -2 & 0\\ 3 & 1 & 7\end{vmatrix} = 0$$

从而得方程组的解为

$$\begin{cases}x_1 = \dfrac{D_1}{D} = \dfrac{18}{9} = 2\\ x_2 = \dfrac{D_2}{D} = \dfrac{9}{9} = 1\\ x_3 = \dfrac{D_3}{D} = \dfrac{0}{9} = 0\end{cases}$$

1.1.3 *n* 阶行列式

为了讨论 n 阶行列式，先给出 n 级排列和逆序的概念. 由 $i_1, i_2, i_3, \cdots, i_n$ 组成的有序数组 $i_1 i_2 \cdots i_n$ 称为一个 n **级排列**. 如 312 是一个 3 级排列，561342 是一个 6 级排列. 在一个 n 级排列 $i_1 i_2 \cdots i_n$ 中，按原来的次序取出一对数 $i_s i_t$，如果前面的数大于后面的数，即 $i_s > i_t$，称 i_s 与 i_t 构成一个**逆序**. 一个 n 级排列 $i_1 i_2 \cdots i_n$ 的逆序总数，称为该排列的**逆序数**，记作 $N(i_1 i_2 \cdots i_n)$.

例 6 计算下列排列的逆序数.

(1) 2431　　　　(2) $n(n-1)(n-2)\cdots 321$

解 (1) 2431 的逆序有 21、43、41、31，所以 $N(2431) = 4$.

(2) $n(n-1)(n-2)\cdots 321$ 的逆序有 $n(n-1)$、$n(n-2)$、…、$n1$、$(n-1)(n-2)$、…、$(n-1)1$、…、32、31、21，所以 $N[n(n-1)(n-2)\cdots 321] = (n-1) + (n-2) + \cdots + 2 + 1 = \dfrac{n(n-1)}{2}$.

逆序数为偶数的排列称为**偶排列**，逆序数为奇数的排列称为**奇排列**. 下面在分析二阶、三阶行列式展开式特点的基础上给出 n 阶行列式的定义.

由(1-3)式可以看出，二阶行列式展开式是取自不同行不同列的 2 个元素乘积的代数和. 当行标按从小到大的顺序排列时，该乘积都可以写成 $a_{1j_1} a_{2j_2}$ 的形式，其中 $j_1 j_2$ 为 2 级排列，共有 $A_2^2 = 2! = 2$ 个. 每个 2 级排列正好与展开式中的一项对应，并且，2 级 $j_1 j_2$ 排列的逆序数与乘积 $a_{1j_1} a_{2j_2}$ 前面的符号有关. 若 $j_1 j_2$ 为偶排列，则乘积 $a_{1j_1} a_{2j_2}$ 前面的符号为正，反之为负，从而(1-3)式可写成 $\begin{vmatrix}a_{11} & a_{12}\\ a_{21} & a_{22}\end{vmatrix} = \sum\limits_{j_1 j_2} (-1)^{N(j_1 j_2)} a_{1j_1} a_{2j_2}$ 的形式，其中 $\sum\limits_{j_1 j_2}$ 表示对所有的 2 级排列求和.

类似地，由(1-5)式可以看出，三阶行列式展开式也是取自不同行不同列的3个元素乘积的代数和. 当行标按从小到大的顺序排列时，各乘积都可以写成$a_{1j_1}a_{2j_2}a_{3j_3}$的形式，其中$j_1j_2j_3$为3级排列，共有$A_3^3=3!=6$个. 每个3级排列正好与展开式中的一项相对应，并且，3级$j_1j_2j_3$排列的逆序数与乘积$a_{1j_1}a_{2j_2}a_{3j_3}$前面的符号有关. 若$j_1j_2j_3$为偶排列，则乘积$a_{1j_1}a_{2j_2}a_{3j_3}$前面的符号为正，反之为负. 从而(1-5)式可写成$\begin{vmatrix} a_{11} & a_{12} & a_{13} \\ a_{21} & a_{22} & a_{23} \\ a_{31} & a_{32} & a_{33} \end{vmatrix}=\sum\limits_{j_1j_2j_3}(-1)^{N(j_1j_2j_3)}a_{1j_1}a_{2j_2}a_{3j_3}$的形式，其中$\sum\limits_{j_1j_2j_3}$表示对所有的3级排列求和.

定义1.1　由n行n列共n^2个数$a_{ij}\ (i,j=1,2,\cdots,n)$组成的记号$\begin{vmatrix} a_{11} & a_{12} & \cdots & a_{1n} \\ a_{21} & a_{22} & \cdots & a_{2n} \\ \vdots & \vdots & & \vdots \\ a_{n1} & a_{n2} & \cdots & a_{nn} \end{vmatrix}$称为$n$阶行列式，它等于所有取自不同行不同列的$n$个元素乘积$a_{1j_1}a_{2j_2}a_{3j_3}\cdots a_{nj_n}$的代数和，各项符号由$n$级排列$j_1j_2j_3\cdots j_n$确定，偶排列带正号，奇排列带负号，即

$$\begin{vmatrix} a_{11} & a_{12} & \cdots & a_{1n} \\ a_{21} & a_{22} & \cdots & a_{2n} \\ \vdots & \vdots & & \vdots \\ a_{n1} & a_{n2} & \cdots & a_{nn} \end{vmatrix}=\sum_{j_1j_2\cdots j_n}(-1)^{N(j_1j_2\cdots j_n)}a_{1j_1}a_{2j_2}\cdots a_{nj_n} \tag{1-8}$$

其中$\sum\limits_{j_1j_2\cdots j_n}$表示对所有的$n$级排列求和. (1-8)式等号的右边称为**$n$阶行列式的展开式**，共有$A_n^n=n!$项.

n阶行列式简记成$D=\det(a_{ij})$或$D=|a_{ij}|$，规定一阶行列式$|a_{11}|=a_{11}$. 当$n>3$时，行列式称为高阶行列式，高阶行列式不能使用对角线法则进行计算.

例7　乘积$a_{31}a_{24}a_{43}a_{12}$是否为4阶行列式D的项？若是，确定前面的符号.

解　显然乘积$a_{31}a_{24}a_{43}a_{12}$中的元素取自于4阶行列式中的不同行不同列，从而为4阶行列式D的项. 当行标按从小到大的顺序排列时，乘积$a_{31}a_{24}a_{43}a_{12}=a_{12}a_{24}a_{31}a_{43}$，列标排列的逆序数$N(2413)=3$，所以乘积$a_{31}a_{24}a_{43}a_{12}$前面的符号是负号.

主对角线下方的元素都是零的n阶行列式称为上三角(形)行列式，如$\begin{vmatrix} a_{11} & a_{12} & \cdots & a_{1n} \\ 0 & a_{22} & \cdots & a_{2n} \\ \vdots & \vdots & & \vdots \\ 0 & 0 & \cdots & a_{nn} \end{vmatrix}$.

主对角线上方的元素都是零的n阶行列式称为下三角(形)行列式，如$\begin{vmatrix} a_{11} & 0 & \cdots & 0 \\ a_{21} & a_{22} & \cdots & 0 \\ \vdots & \vdots & & \vdots \\ a_{n1} & a_{n2} & \cdots & a_{nn} \end{vmatrix}$. 除

主(次)对角线以外的元素都是零的 n 阶行列式称为对角行列式，如 $\begin{vmatrix} a_{11} & 0 & 0 & \cdots & 0 \\ 0 & a_{12} & 0 & \cdots & 0 \\ \vdots & \vdots & \vdots & & \vdots \\ 0 & 0 & 0 & \cdots & a_{nn} \end{vmatrix}$ 和

$\begin{vmatrix} 0 & \cdots & 0 & a_{1n} \\ 0 & \cdots & a_{2n-1} & 0 \\ \vdots & & \vdots & \vdots \\ a_{n1} & \cdots & 0 & 0 \end{vmatrix}$

例 8　求上三角行列式 $D=\begin{vmatrix} 4 & 2 & 0 & 8 \\ 0 & -1 & 7 & 1 \\ 0 & 0 & 3 & -2 \\ 0 & 0 & 0 & 5 \end{vmatrix}$ 的值.

解　由(1-8)式可知，D 的展开式中共有 $4!=24$ 项，其中一些项为零，只有第 1 行取 $a_{11}=4$，第 2 行取 $a_{22}=-1$，第 3 行取 $a_{33}=3$，第 4 行取 $a_{44}=5$ 作乘积时才不为零，从而

$$D=(-1)^{N(1234)}a_{11}a_{22}a_{33}a_{44}=4\times(-1)\times3\times5=-60.$$

一般来说，有

$$\begin{vmatrix} a_{11} & a_{12} & \cdots & a_{1n} \\ 0 & a_{22} & \cdots & a_{2n} \\ \vdots & \vdots & & \vdots \\ 0 & 0 & \cdots & a_{nn} \end{vmatrix}=\begin{vmatrix} a_{11} & 0 & \cdots & 0 \\ a_{21} & a_{22} & \cdots & 0 \\ \vdots & \vdots & & \vdots \\ a_{n1} & a_{n2} & \cdots & a_{nn} \end{vmatrix}=\begin{vmatrix} a_{11} & 0 & \cdots & 0 & 0 \\ 0 & a_{22} & \cdots & 0 & 0 \\ \vdots & \vdots & & \vdots & \vdots \\ 0 & 0 & \cdots & 0 & a_{nn} \end{vmatrix}=a_{11}a_{22}\cdots a_{nn}$$

$$\begin{vmatrix} 0 & \cdots & 0 & a_{1n} \\ 0 & \cdots & a_{2n-1} & 0 \\ \vdots & & \vdots & \vdots \\ a_{n1} & \cdots & 0 & 0 \end{vmatrix}=(-1)^{\frac{n(n-1)}{2}}a_{1n}a_{2n-1}\cdots a_{n1} \tag{1-9}$$

习　题　1.1

1．计算下列二阶行列式.

(1) $\begin{vmatrix} 2 & 1 \\ 5 & 3 \end{vmatrix}$　　(2) $\begin{vmatrix} \cos x & \sin^2 x \\ -1 & \cos x \end{vmatrix}$

2．计算下列三阶行列式.

(1) $\begin{vmatrix} 1 & -1 & -2 \\ 2 & 3 & -3 \\ -4 & 4 & 5 \end{vmatrix}$　　(2) $\begin{vmatrix} 1 & 2 & 3 \\ 0 & -1 & 4 \\ -2 & 0 & 5 \end{vmatrix}$

(3) $\begin{vmatrix} 2 & 5 & 0 \\ 4 & 3 & 2 \\ 2 & 1 & 4 \end{vmatrix}$　　(4) $\begin{vmatrix} a^2 & ab & b^2 \\ 2a & a+b & 2b \\ 1 & 1 & 1 \end{vmatrix}$

(5) $\begin{vmatrix} a & x & z \\ 0 & b & y \\ 0 & 0 & c \end{vmatrix}$ (6) $\begin{vmatrix} a & a & a \\ -a & a & x \\ -a & -a & x \end{vmatrix}$

3. 求行列式$D=\begin{vmatrix} 0 & 0 & 0 & 1 \\ 0 & 0 & 2 & -1 \\ 0 & -3 & 7 & 6 \\ 4 & 2 & 0 & 5 \end{vmatrix}$的值.

4. 解以下线性方程组.

(1) $\begin{cases} 3x+5y=21 \\ 2x-y=1 \end{cases}$ (2) $\begin{cases} 5x_1-4x_2=17 \\ 3x_1-7x_2=1 \end{cases}$

(3) $\begin{cases} x_1+x_2-2x_3=-3 \\ 2x_1+x_2-x_3=1 \\ x_1-x_2+3x_3=8 \end{cases}$ (4) $\begin{cases} 2x_1-4x_2+x_3=1 \\ x_1-5x_2+3x_3=2 \\ x_1-x_2+x_3=-1 \end{cases}$

5. 若$a_{31}a_{22}a_{5l}a_{1m}a_{43}$为5阶行列式中前面符号为正号的项，求$l$、$m$.

6. 填空题.

(1) 若$\begin{vmatrix} x^2 & 4 \\ 2 & x \end{vmatrix}=0$，则$x=$__________.

(2) $\begin{vmatrix} 0 & a & 0 \\ b & 0 & c \\ 0 & d & 0 \end{vmatrix}=$__________.

(3) 5阶行列式中，乘积$a_{55}a_{33}a_{11}a_{44}a_{22}$前面的符号为__________.

(4) $n-1$阶行列式的展开式中共有________项.

7. 选择题.

(1) 6阶行列式的展开式中前面符号为正号的有( )项.

A. 60 B. 120 C. 360 D. 720

(2) 下列乘积中( )前面添加负号是4阶行列式的项.

A. $a_{13}a_{24}a_{32}a_{11}$ B. $a_{12}a_{23}a_{34}a_{43}$

C. $a_{11}a_{22}a_{34}a_{43}$ D. $a_{14}a_{23}a_{32}a_{41}$

(3) 若n阶行列式$|a_{ij}|$中等于零的元素个数大于n^2-n，则$|a_{ij}|=$( ).

A. -1 B. 0 C. 1 D. 1或-1

(4) n阶行列式$\begin{vmatrix} a_{11} & a_{11} & \cdots & a_{1(n-1)} & 1 \\ a_{21} & a_{22} & \cdots & 1 & 0 \\ \vdots & \vdots & & \vdots & \vdots \\ a_{(n-1)1} & 1 & \cdots & 0 & 0 \\ 1 & 0 & \cdots & 0 & 0 \end{vmatrix}=$( ).

A. 1 B. -1 C. $(-1)^{n-1}$ D. $(-1)^{\frac{n(n-1)}{2}}$

§ 1.2　行列式的性质

尽管在行列式的定义中给出了计算行列式的方法，但计算量大，因此需要通过研究行列式的性质来寻找更为有效的计算方法.

性质1　设 $D=\begin{vmatrix} a_{11} & a_{12} & \cdots & a_{1n} \\ a_{21} & a_{22} & \cdots & a_{2n} \\ \vdots & \vdots & & \vdots \\ a_{n1} & a_{n2} & \cdots & a_{nn} \end{vmatrix}$，$D^{\mathrm{T}}=\begin{vmatrix} a_{11} & a_{21} & \cdots & a_{n1} \\ a_{12} & a_{22} & \cdots & a_{n2} \\ \vdots & \vdots & & \vdots \\ a_{1n} & a_{2n} & \cdots & a_{nn} \end{vmatrix}$，则 $D^{\mathrm{T}}=D$，其中 D^{T} 称为 D 的转置行列式.

如 $D=\begin{vmatrix} 1 & 2 & 3 \\ 0 & -1 & 4 \\ -2 & 0 & 5 \end{vmatrix}=-5-16-6=-27$，$D^{\mathrm{T}}=\begin{vmatrix} 1 & 0 & -2 \\ 2 & -1 & 0 \\ 3 & 4 & 5 \end{vmatrix}=-5-16-6=-27$.

性质 2　(1) 若 $D=\begin{vmatrix} a_{11} & a_{12} & \cdots & a_{1n} \\ \vdots & \vdots & & \vdots \\ a_{s1} & a_{s2} & \cdots & a_{sn} \\ \vdots & \vdots & & \vdots \\ a_{t1} & a_{t2} & \cdots & a_{tn} \\ \vdots & \vdots & & \vdots \\ a_{n1} & a_{n2} & \cdots & a_{nn} \end{vmatrix}$，$D_1=\begin{vmatrix} a_{11} & a_{12} & \cdots & a_{1n} \\ \vdots & \vdots & & \vdots \\ a_{t1} & a_{t2} & \cdots & a_{tn} \\ \vdots & \vdots & & \vdots \\ a_{s1} & a_{s2} & \cdots & a_{sn} \\ \vdots & \vdots & & \vdots \\ a_{n1} & a_{n2} & \cdots & a_{nn} \end{vmatrix}$，则 $D_1=-D$，其中 $1\leqslant s<t\leqslant n$.

(2) 若 $D=\begin{vmatrix} a_{11} & \cdots & a_{1s} & \cdots & a_{1t} & \cdots & a_{1n} \\ a_{21} & \cdots & a_{2s} & \cdots & a_{2t} & \cdots & a_{2n} \\ \vdots & & \vdots & & \vdots & & \vdots \\ a_{n1} & \cdots & a_{ns} & \cdots & a_{nt} & \cdots & a_{nn} \end{vmatrix}$，$D_1=\begin{vmatrix} a_{11} & \cdots & a_{1t} & \cdots & a_{1s} & \cdots & a_{1n} \\ a_{21} & \cdots & a_{2t} & \cdots & a_{2s} & \cdots & a_{2n} \\ \vdots & & \vdots & & \vdots & & \vdots \\ a_{n1} & \cdots & a_{nt} & \cdots & a_{ns} & \cdots & a_{nn} \end{vmatrix}$，则 $D_1=-D$，其中 $1\leqslant s<t\leqslant n$.

如 $\begin{vmatrix} 1 & 0 & -1 \\ 2 & -1 & 0 \\ 3 & 0 & 1 \end{vmatrix}=-\begin{vmatrix} 3 & 0 & 1 \\ 2 & -1 & 0 \\ 1 & 0 & -1 \end{vmatrix}=-4$.

由性质 2 可知，若对换行列式中的任意两行(列)，则行列式的符号改变.

推论　若行列式中某两行(列)的对应元素相同，则该行列式的值为零.

证明　因为对调此两行(列)后，D 的形式不变，所以 $D=D$ 且 $D=-D$，从而 $D=0$.

性质 3　(1) 若 $D=\begin{vmatrix} a_{11} & a_{12} & \cdots & a_{1n} \\ \vdots & \vdots & & \vdots \\ a_{s1} & a_{s2} & \cdots & a_{sn} \\ \vdots & \vdots & & \vdots \\ a_{n1} & a_{n2} & \cdots & a_{nn} \end{vmatrix}$，$D_1=\begin{vmatrix} a_{11} & a_{12} & \cdots & a_{1n} \\ \vdots & \vdots & & \vdots \\ ka_{s1} & ka_{s2} & \cdots & ka_{sn} \\ \vdots & \vdots & & \vdots \\ a_{n1} & a_{n2} & \cdots & a_{nn} \end{vmatrix}$，则 $D_1=kD$，其中

$1 \leqslant s \leqslant n$，$k$ 为常数.

(2) 若 $D=\begin{vmatrix} a_{11} & \cdots & a_{1s} & \cdots & a_{1n} \\ a_{21} & \cdots & a_{2s} & \cdots & a_{2n} \\ \vdots & & \vdots & & \vdots \\ a_{n1} & \cdots & a_{ns} & \cdots & a_{nn} \end{vmatrix}$，$D_1=\begin{vmatrix} a_{11} & \cdots & ka_{1s} & \cdots & a_{1n} \\ a_{21} & \cdots & ka_{2s} & \cdots & a_{2n} \\ \vdots & & \vdots & & \vdots \\ a_{n1} & \cdots & ka_{ns} & \cdots & a_{nn} \end{vmatrix}$，则 $D_1=kD$，其中 $1 \leqslant s \leqslant n$，$k$ 为常数.

性质 3 表明，如果行列式某行(列)的所有元素有公因子，则此公因子可以提到行列式的外面.

推论 如果行列式 D 的某两行(列)的对应元素成比例，则 $D=0$.

例如 $\begin{vmatrix} 1 & 0 & -3 \\ -3 & 6 & 9 \\ 0 & 2 & 0 \end{vmatrix} = -3 \times \begin{vmatrix} 1 & 0 & 1 \\ -3 & 6 & -3 \\ 0 & 2 & 0 \end{vmatrix} = (-3) \times 0 = 0$.

性质 4 (1) $\begin{vmatrix} a_{11} & a_{12} & \cdots & a_{1n} \\ \vdots & \vdots & & \vdots \\ a_{s1}+b_{s1} & a_{s2}+b_{s2} & \cdots & a_{sn}+b_{sn} \\ \vdots & \vdots & & \vdots \\ a_{n1} & a_{n2} & \cdots & a_{nn} \end{vmatrix} = \begin{vmatrix} a_{11} & a_{12} & \cdots & a_{1n} \\ \vdots & \vdots & & \vdots \\ a_{s1} & a_{s2} & \cdots & a_{sn} \\ \vdots & \vdots & & \vdots \\ a_{n1} & a_{n2} & \cdots & a_{nn} \end{vmatrix} + \begin{vmatrix} a_{11} & a_{12} & \cdots & a_{1n} \\ \vdots & \vdots & & \vdots \\ b_{s1} & b_{s2} & \cdots & b_{sn} \\ \vdots & \vdots & & \vdots \\ a_{n1} & a_{n2} & \cdots & a_{nn} \end{vmatrix}$，其中 $1 \leqslant s \leqslant n$.

(2) $\begin{vmatrix} a_{11} & \cdots & a_{1s}+b_{1s} & \cdots & a_{1n} \\ a_{21} & \cdots & a_{2s}+b_{2s} & \cdots & a_{2n} \\ \vdots & & \vdots & & \vdots \\ a_{n1} & \cdots & a_{ns}+b_{ns} & \cdots & a_{nn} \end{vmatrix} = \begin{vmatrix} a_{11} & \cdots & a_{1s} & \cdots & a_{1n} \\ a_{21} & \cdots & a_{2s} & \cdots & a_{2n} \\ \vdots & & \vdots & & \vdots \\ a_{n1} & \cdots & a_{ns} & \cdots & a_{nn} \end{vmatrix} + \begin{vmatrix} a_{11} & \cdots & b_{1s} & \cdots & a_{1n} \\ a_{21} & \cdots & b_{2s} & \cdots & a_{2n} \\ \vdots & & \vdots & & \vdots \\ a_{n1} & \cdots & b_{ns} & \cdots & a_{nn} \end{vmatrix}$，其中 $1 \leqslant s \leqslant n$.

性质 4 表明，如果行列式某行(列)的每个元素都可以写成两个数的和，则此行列式可写成两个行列式之和的形式.

性质 5 (1) $\begin{vmatrix} a_{11} & a_{12} & \cdots & a_{1n} \\ \vdots & \vdots & & \vdots \\ a_{s1} & a_{s2} & \cdots & a_{sn} \\ \vdots & \vdots & & \vdots \\ a_{t1} & a_{t2} & \cdots & a_{tn} \\ \vdots & \vdots & & \vdots \\ a_{n1} & a_{n2} & \cdots & a_{nn} \end{vmatrix} = \begin{vmatrix} a_{11} & a_{12} & \cdots & a_{1n} \\ \vdots & \vdots & & \vdots \\ a_{s1}+ka_{t1} & a_{s2}+ka_{t2} & \cdots & a_{sn}+ka_{tn} \\ \vdots & \vdots & & \vdots \\ a_{t1} & a_{t2} & \cdots & a_{tn} \\ \vdots & \vdots & & \vdots \\ a_{n1} & a_{n2} & \cdots & a_{nn} \end{vmatrix}$，其中 $1 \leqslant s,t \leqslant n$，$s \neq t$，$k$ 为常数.

(2) $\begin{vmatrix} a_{11} & \cdots & a_{1s} & \cdots & a_{1t} & \cdots & a_{1n} \\ a_{21} & \cdots & a_{2s} & \cdots & a_{2t} & \cdots & a_{2n} \\ \vdots & & \vdots & & \vdots & & \vdots \\ a_{n1} & \cdots & a_{ns} & \cdots & a_{nt} & \cdots & a_{nn} \end{vmatrix} = \begin{vmatrix} a_{11} & \cdots & a_{1s}+ka_{1t} & \cdots & a_{1t} & \cdots & a_{1n} \\ a_{21} & \cdots & a_{2s}+ka_{2t} & \cdots & a_{2t} & \cdots & a_{2n} \\ \vdots & & \vdots & & \vdots & & \vdots \\ a_{n1} & \cdots & a_{ns}+ka_{nt} & \cdots & a_{nt} & \cdots & a_{nn} \end{vmatrix}$，其中 $1 \leqslant s,t \leqslant n$，

$s \neq t$，k 为常数.

证明　仅证(1)，(2)的证明与(1)类似.

由性质 4 得
$$\begin{vmatrix} a_{11} & a_{12} & \cdots & a_{1n} \\ \vdots & \vdots & & \vdots \\ a_{s1}+ka_{t1} & a_{s2}+ka_{t2} & \cdots & a_{sn}+ka_{tn} \\ \vdots & \vdots & & \vdots \\ a_{t1} & a_{t2} & \cdots & a_{tn} \\ \vdots & \vdots & & \vdots \\ a_{n1} & a_{n2} & \cdots & a_{nn} \end{vmatrix} = \begin{vmatrix} a_{11} & a_{12} & \cdots & a_{1n} \\ \vdots & \vdots & & \vdots \\ a_{s1} & a_{s2} & \cdots & a_{sn} \\ \vdots & \vdots & & \vdots \\ a_{t1} & a_{t2} & \cdots & a_{tn} \\ \vdots & \vdots & & \vdots \\ a_{n1} & a_{n2} & \cdots & a_{nn} \end{vmatrix}$$
$$+\begin{vmatrix} a_{11} & a_{12} & \cdots & a_{1n} \\ \vdots & \vdots & & \vdots \\ ka_{t1} & ka_{t2} & \cdots & ka_{tn} \\ \vdots & \vdots & & \vdots \\ a_{t1} & a_{t2} & \cdots & a_{tn} \\ \vdots & \vdots & & \vdots \\ a_{n1} & a_{n2} & \cdots & a_{nn} \end{vmatrix}$$
. 再由性质 3 的推论得
$$\begin{vmatrix} a_{11} & a_{12} & \cdots & a_{1n} \\ \vdots & \vdots & & \vdots \\ ka_{t1} & ka_{t2} & \cdots & ka_{tn} \\ \vdots & \vdots & & \vdots \\ a_{t1} & a_{t2} & \cdots & a_{tn} \\ \vdots & \vdots & & \vdots \\ a_{n1} & a_{n2} & \cdots & a_{nn} \end{vmatrix} = 0$$
，即证得(1)成立.

由此性质可知，将行列式某一行(列)的各元素同乘以数 k 后再加到另一行(列)的对应元素上去，行列式的值不变.

例 1　计算下列行列式.

(1) $D_1 = \begin{vmatrix} 0 & -1 & 3 \\ 1 & 1 & 5 \\ 2 & 3 & 1 \end{vmatrix}$　　　(2) $D_2 = \begin{vmatrix} 1+a_1 & 2+a_1 & 3+a_1 \\ 1+a_2 & 2+a_2 & 3+a_2 \\ 1+a_3 & 2+a_3 & 3+a_3 \end{vmatrix}$

解　(1) 由性质 2，将第 1 行与第 2 行交换，得
$$D_1 = -\begin{vmatrix} 1 & 1 & 5 \\ 0 & -1 & 3 \\ 2 & 3 & 1 \end{vmatrix}$$
由性质 5，把所得到的行列式的第 1 行乘以 -2、第 2 行乘以 1 后都加到第 3 行，得
$$D_1 = -\begin{vmatrix} 1 & 1 & 5 \\ 0 & -1 & 3 \\ 0 & 0 & -6 \end{vmatrix}$$
再由(1-9)式，得
$$D_1 = -1\times1\times(-1)\times(-6) = -6$$

(2) 由性质 5，把行列式的第 1 列乘以 -1 分别加到第 2 列和第 3 列，得
$$D_2 = \begin{vmatrix} 1+a_1 & 1 & 2 \\ 1+a_2 & 1 & 2 \\ 1+a_3 & 1 & 2 \end{vmatrix}$$

所得到的行列式有两列对应的元素成比例，由性质 3 的推论，得 $D_2 = 0$.

例 2 计算行列式 $D=\begin{vmatrix}1&2&3&4\\2&3&4&1\\3&4&1&2\\4&1&2&3\end{vmatrix}$.

解 由性质 5，把行列式 D 的第 1 行乘以 -2 加到第 2 行，第 1 行乘以 -3 加到第 3 行，第 1 行乘以 -4 加到第 4 行，得

$$D=\begin{vmatrix}1&2&3&4\\0&-1&-2&-7\\0&-2&-8&-10\\0&-7&-10&-13\end{vmatrix}$$

把所得到的行列式的第 2 行乘以 -2 加到第 3 行，第 2 行乘以 -7 加到第 4 行，得

$$D=\begin{vmatrix}1&2&3&4\\0&-1&-2&-7\\0&0&-4&4\\0&0&4&36\end{vmatrix}$$

再将第 3 行加到第 4 行，得

$$\begin{vmatrix}1&2&3&4\\0&-1&-2&-7\\0&0&-4&4\\0&0&4&36\end{vmatrix}=\begin{vmatrix}1&2&3&4\\0&-1&-2&-7\\0&0&-4&4\\0&0&0&40\end{vmatrix}=1\times(-1)\times(-4)\times 40=160$$

所以 $$D=160$$

例 3 计算 n 阶行列式 $D=\begin{vmatrix}x&a&\cdots&a\\a&x&\cdots&a\\\vdots&\vdots&&\vdots\\a&a&\cdots&x\end{vmatrix}$.

解 将行列式的第 2～n 行都加到第 1 行上，得

$$D=\begin{vmatrix}x+(n-1)a&x+(n-1)a&\cdots&x+(n-1)a\\a&x&\cdots&a\\\vdots&\vdots&&\vdots\\a&a&\cdots&x\end{vmatrix}$$

由性质 3，得

$$D=\left[x+(n-1)a\right]\begin{vmatrix}1&1&\cdots&1\\a&x&\cdots&a\\\vdots&\vdots&&\vdots\\a&a&\cdots&x\end{vmatrix}$$

再将所得到的行列式的第 1 行乘以 $-a$ 分别加到第 2~n 行上，得

$$\begin{vmatrix} 1 & 1 & \cdots & 1 \\ 0 & x-a & \cdots & 0 \\ \vdots & \vdots & & \vdots \\ 0 & 0 & \cdots & x-a \end{vmatrix} = (x-a)^{n-1}$$

从而

$$D = \left[x+(n-1)a\right](x-a)^{n-1}$$

在 n 阶行列式 D 中，去掉元素 a_{ij} $(1 \leqslant i, j \leqslant n)$ 所在的第 i 行第 j 列后，剩下的元素按原来的次序构成的 $n-1$ 阶行列式称为元素 a_{ij} 的**余子式**，记作 M_{ij}，并称 $(-1)^{i+j} M_{ij}$ 为元素 a_{ij} 的**代数余子式**，记作 A_{ij}，即 $A_{ij} = (-1)^{i+j} M_{ij}$.

例如在 $D = \begin{vmatrix} a_{11} & a_{12} & a_{13} \\ a_{21} & a_{22} & a_{23} \\ a_{31} & a_{32} & a_{33} \end{vmatrix}$ 中，$A_{11} = (-1)^{1+1}\begin{vmatrix} a_{22} & a_{23} \\ a_{32} & a_{33} \end{vmatrix} = a_{22}a_{33} - a_{23}a_{32}$，$A_{12} = (-1)^{1+2}$ $\begin{vmatrix} a_{21} & a_{23} \\ a_{31} & a_{33} \end{vmatrix} = a_{23}a_{31} - a_{21}a_{33}$，$A_{13} = (-1)^{1+3}\begin{vmatrix} a_{21} & a_{22} \\ a_{31} & a_{32} \end{vmatrix} = a_{21}a_{32} - a_{22}a_{31}$.

那么，D 与 A_{11}、A_{12}、A_{13} 的关系如何呢？由(1-5)式，得 $D = \begin{vmatrix} a_{11} & a_{12} & a_{13} \\ a_{21} & a_{22} & a_{23} \\ a_{31} & a_{32} & a_{33} \end{vmatrix}$

$$= a_{11}a_{22}a_{33} + a_{12}a_{23}a_{31} + a_{13}a_{21}a_{32} - a_{11}a_{23}a_{32} - a_{12}a_{21}a_{33} - a_{13}a_{22}a_{31}$$
$$= a_{11}(a_{22}a_{33} - a_{23}a_{32}) + a_{12}(a_{23}a_{31} - a_{21}a_{33}) + a_{13}(a_{21}a_{32} - a_{22}a_{31})$$
$$= a_{11}A_{11} + a_{12}A_{12} + a_{13}A_{13}.$$

性质 6 (1) n 阶行列式 D 的值等于它任意一行(列)的各元素与其代数余子式的乘积之和，即

$$D = \begin{vmatrix} a_{11} & a_{12} & \cdots & a_{1n} \\ a_{21} & a_{22} & \cdots & a_{2n} \\ \vdots & \vdots & & \vdots \\ a_{n1} & a_{n2} & \cdots & a_{nn} \end{vmatrix} = a_{i1}A_{i1} + a_{i2}A_{i2} + \cdots + a_{in}A_{in}$$

$$= a_{1j}A_{1j} + a_{2j}A_{2j} + \cdots + a_{nj}A_{nj}, \quad (1 \leqslant i, j \leqslant n)$$

这个性质称为行列式的按行(列)展开式性质.

(2) n 阶行列式 D 中任意一行(列)的各元素与另外一行(列)的对应元素的代数余子式乘积之和等于零，即

$$a_{i1}A_{j1} + a_{i2}A_{j2} + \cdots + a_{in}A_{jn} = 0, \quad a_{1s}A_{1t} + a_{2s}A_{2t} + \cdots + a_{ns}A_{nt} = 0$$

其中 $1 \leqslant i, j, s, t \leqslant n$ 且 $i \neq j, s \neq t$.

例 4 计算行列式 $D = \begin{vmatrix} 1 & 2 & 3 & 4 \\ 1 & 0 & 1 & 2 \\ 3 & -1 & -1 & 0 \\ 1 & 2 & 0 & -5 \end{vmatrix}$.

解　将D按第3列展开，得

$$D = a_{13}A_{13} + a_{23}A_{23} + a_{33}A_{33} + a_{43}A_{43}$$

$$= 3\times(-1)^{1+3}\begin{vmatrix}1 & 0 & 2\\3 & -1 & 0\\1 & 2 & -5\end{vmatrix} + 1\times(-1)^{2+3}\begin{vmatrix}1 & 2 & 4\\3 & -1 & 0\\1 & 2 & -5\end{vmatrix} + (-1)\times(-1)^{3+3}\begin{vmatrix}1 & 2 & 4\\1 & 0 & 2\\1 & 2 & -5\end{vmatrix}$$

$$= 3\times19 + 1\times(-63) + (-1)\times18$$

$$= -24$$

通过此例发现，计算行列式时也可以利用性质6把较高阶的行列式化成较低阶的行列式进行计算. 进一步，利用行列式的有关性质将行列式的某行(列)的元素尽可能多地变为零，再按此行(列)展开，变为低一阶的行列式，如此继续下去，直至化为二阶或三阶行列式.

例5　计算行列式$D = \begin{vmatrix}3 & 1 & -1 & 2\\-5 & 1 & 3 & -4\\2 & 0 & 1 & -1\\1 & -5 & 3 & -3\end{vmatrix}$.

解　行列式D中的第3行已有一个元素是零. 由性质5，第3列乘以-2加到第1列，第3列乘以1加到第4列，得

$$D = \begin{vmatrix}5 & 1 & -1 & 1\\-11 & 1 & 3 & -1\\0 & 0 & 1 & 0\\-5 & -5 & 3 & 0\end{vmatrix}$$

由性质6，得

$$D = 1\times(-1)^{3+3}\begin{vmatrix}5 & 1 & 1\\-11 & 1 & -1\\-5 & -5 & 0\end{vmatrix}$$

再把所得行列式的第1行加到第2行，得

$$\begin{vmatrix}5 & 1 & 1\\-11 & 1 & -1\\-5 & -5 & 0\end{vmatrix} = \begin{vmatrix}5 & 1 & 1\\-6 & 2 & 0\\-5 & -5 & 0\end{vmatrix} = 1\times(-1)^{1+3}\begin{vmatrix}-6 & 2\\-5 & -5\end{vmatrix} = 40$$

所以

$$D = 40$$

例6　计算行列式

$$D_n = \begin{vmatrix}1 & 1 & \cdots & 1\\a_1 & a_2 & \cdots & a_n\\a_1^2 & a_2^2 & \cdots & a_n^2\\\vdots & \vdots & & \vdots\\a_1^{n-1} & a_2^{n-1} & \cdots & a_n^{n-1}\end{vmatrix}$$

该行列式称为n阶范德蒙德(Vandermonde)行列式.

解 将第$n-1$行乘以$-a_1$加到第n行，第$n-2$行乘以$-a_1$加到第$n-1$行，……，第2行乘以$-a_1$加到第3行，第1行乘以$-a_1$加到第2行，得

$$D_n=\begin{vmatrix}1 & 1 & 1 & \cdots & 1\\ 0 & a_2-a_1 & a_3-a_1 & \cdots & a_n-a_1\\ 0 & a_2(a_2-a_1) & a_3(a_3-a_1) & \cdots & a_n(a_n-a_1)\\ \vdots & \vdots & \vdots & & \vdots\\ 0 & a_2^{n-2}(a_2-a_1) & a_3^{n-2}(a_3-a_1) & \cdots & a_n^{n-2}(a_n-a_1)\end{vmatrix}$$

由性质6，得

$$D_n=\begin{vmatrix}a_2-a_1 & a_3-a_1 & \cdots & a_n-a_1\\ a_2(a_2-a_1) & a_3(a_3-a_1) & \cdots & a_n(a_n-a_1)\\ \vdots & \vdots & & \vdots\\ a_2^{n-2}(a_2-a_1) & a_3^{n-2}(a_3-a_1) & \cdots & a_n^{n-2}(a_n-a_1)\end{vmatrix}$$

再由性质3，得

$$D_n=(a_2-a_1)(a_3-a_1)\cdots(a_n-a_1)\begin{vmatrix}1 & 1 & \cdots & 1\\ a_2 & a_3 & \cdots & a_n\\ a_2^2 & a_3^2 & \cdots & a_n^2\\ \vdots & \vdots & & \vdots\\ a_2^{n-2} & a_3^{n-2} & \cdots & a_n^{n-2}\end{vmatrix}$$

上式中的行列式是一个$n-1$阶范德蒙德行列式，记作D_{n-1}，则

$$D_n=(a_2-a_1)(a_3-a_1)\cdots(a_n-a_1)\ D_{n-1}$$

类似上述做法，得

$$D_{n-1}=(a_3-a_2)(a_4-a_2)\cdots(a_n-a_2)\ D_{n-2}$$

此处D_{n-2}是一个$n-2$阶范德蒙德行列式. 如此继续下去，最后得到

$$\begin{aligned}D_n&=(a_2-a_1)(a_3-a_1)\cdots(a_n-a_1)\\ &\quad\cdot(a_3-a_2)\cdots(a_n-a_2)\\ &\quad\vdots\\ &\quad\cdot(a_n-a_{n-1})\\ &=\prod_{1\leqslant j<i\leqslant n}(a_i-a_j)\end{aligned}$$

习 题 1.2

1. 利用行列式的性质计算下列三阶行列式.

(1) $\begin{vmatrix}2 & -1 & -2\\ -1 & 4 & 3\\ 3 & 5 & 6\end{vmatrix}$ (2) $\begin{vmatrix}3 & 1 & 1\\ 297 & 101 & 99\\ 5 & -3 & 2\end{vmatrix}$

(3) $\begin{vmatrix} 5 & 2 & 2 \\ 2 & 5 & 2 \\ 2 & 2 & 5 \end{vmatrix}$ (4) $\begin{vmatrix} 1 & 1 & -1 \\ -1 & x & 2 \\ 2 & 2 & x \end{vmatrix}$

2．已知$\begin{vmatrix} a_{11} & a_{12} & a_{13} \\ a_{21} & a_{22} & a_{23} \\ a_{31} & a_{32} & a_{33} \end{vmatrix}=1$，计算行列式$\begin{vmatrix} 4a_{11} & 4a_{12} & 4a_{13} \\ a_{31} & a_{32} & a_{33} \\ 2a_{21}-3a_{31} & 2a_{22}-3a_{32} & 2a_{23}-3a_{33} \end{vmatrix}$.

3．计算下列四阶行列式.

(1) $\begin{vmatrix} 1 & 2 & 3 & 4 \\ -1 & 0 & 3 & 4 \\ -1 & -2 & 0 & 4 \\ -1 & -2 & -3 & 0 \end{vmatrix}$ (2) $\begin{vmatrix} 5 & 2 & -6 & -3 \\ -4 & 7 & -2 & 4 \\ -2 & 3 & 4 & 1 \\ 7 & -8 & 10 & 5 \end{vmatrix}$

(3) $\begin{vmatrix} 1 & a & b & c+d \\ 1 & b & c & d+a \\ 1 & c & d & a+b \\ 1 & d & a & b+c \end{vmatrix}$ (4) $\begin{vmatrix} 1+x & 1 & 1 & 1 \\ 1 & 1-x & 1 & 1 \\ 1 & 1 & 1+y & 1 \\ 1 & 1 & 1 & 1-y \end{vmatrix}$

4．计算下列n阶行列式.

(1) $\begin{vmatrix} 0 & 1 & 0 & \cdots & 0 \\ 0 & 0 & 2 & \cdots & 0 \\ \vdots & \vdots & \vdots & & \vdots \\ 0 & 0 & 0 & \cdots & n-1 \\ n & 0 & 0 & \cdots & 0 \end{vmatrix}$ (2) $\begin{vmatrix} a & b & 0 & \cdots & 0 & 0 \\ 0 & a & b & \cdots & 0 & 0 \\ \vdots & \vdots & \vdots & & \vdots & \vdots \\ 0 & 0 & 0 & \cdots & a & b \\ b & 0 & 0 & \cdots & 0 & a \end{vmatrix}$

5．填空题.

(1) 已知n阶行列式$D=-5$，则$D^{\mathrm{T}}=$______.

(2) 若$\begin{vmatrix} a_1 & b_1 & c_1 \\ a_2 & b_2 & c_2 \\ a_3 & b_3 & c_3 \end{vmatrix}=7$，则$\begin{vmatrix} a_3 & b_3 & c_3 \\ a_1 & b_1 & c_1 \\ a_2 & b_2 & c_2 \end{vmatrix}=$______.

(3) $\begin{vmatrix} 1 & 2 & 3 \\ 3 & 1 & 2 \\ 2 & 3 & 1 \end{vmatrix}$中元素$a_{31}=2$的代数余子式$A_{31}=$______.

(4) 若$\begin{vmatrix} 0 & 0 & 0 & 1 \\ 0 & 0 & a & 0 \\ 0 & 2 & 0 & 0 \\ 4 & 0 & 0 & a^2 \end{vmatrix}=8$，则$a=$______.

6．选择题.

(1) $\begin{vmatrix} a_{11} & a_{12} \\ a_{21} & a_{22} \end{vmatrix}$中元素$a_{12}$的代数余子式$A_{12}=($　　$)$.

A．$-a_{21}$　　B．a_{21}　　C．$-a_{22}$　　D．a_{22}

(2) 若4阶行列式D中第4行的元素$a_{41}=1$，$a_{42}=2$，$a_{43}=a_{44}=0$，余子式$M_{41}=2$，

$M_{42}=3$，则 $D=(\quad)$.

A. -8　　B. 8　　C. -4　　D. 4

(3) $\begin{vmatrix} 0 & 0 & 1 & 0 \\ 0 & 1 & 0 & 0 \\ 1 & 0 & 0 & 0 \\ 0 & 0 & 0 & 1 \end{vmatrix}=(\quad)$.

A. 1　　B. -1　　C. 0　　D. ± 1

§1.3　克莱姆(Cramer)法则

前面讨论了用行列式表示线性方程组的解，如二元一次线性方程组(1-1)的解为式(1-4)，三元一次线性方程组(1-6)的解为式(1-7). 一般来说，考虑 n 元一次线性方程组

$$\begin{cases} a_{11}x_1+a_{12}x_2+\cdots+a_{1n}x_n=b_1 \\ a_{21}x_1+a_{22}x_2+\cdots+a_{2n}x_n=b_2 \\ \qquad\vdots \\ a_{n1}x_1+a_{n2}x_2+\cdots+a_{nn}x_n=b_n \end{cases} \tag{1-10}$$

其系数行列式为 $D=\begin{vmatrix} a_{11} & a_{12} & \cdots & a_{1n} \\ a_{21} & a_{22} & \cdots & a_{2n} \\ \vdots & \vdots & & \vdots \\ a_{n1} & a_{n2} & \cdots & a_{nn} \end{vmatrix}$. 记 $D_1=\begin{vmatrix} b_1 & a_{12} & \cdots & a_{1n} \\ b_2 & a_{22} & \cdots & a_{2n} \\ \vdots & \vdots & & \vdots \\ b_n & a_{n2} & \cdots & a_{nn} \end{vmatrix}$，

$$D_2=\begin{vmatrix} a_{11} & b_1 & \cdots & a_{1n} \\ a_{21} & b_2 & \cdots & a_{2n} \\ \vdots & \vdots & & \vdots \\ a_{n1} & b_n & \cdots & a_{nn} \end{vmatrix},\ \cdots,\ D_n=\begin{vmatrix} a_{11} & a_{12} & \cdots & b_1 \\ a_{21} & a_{22} & \cdots & b_2 \\ \vdots & \vdots & & \vdots \\ a_{n1} & a_{n2} & \cdots & b_n \end{vmatrix},$$

即 $D_i\ (i=1,2,\cdots,n)$ 是将系数行列式 D 的第 i 列元素换成方程组(1-10)等号右边的常数列 $b_1,b_2,\cdots,b_n$ 所得的 n 阶行列式，有如下克莱姆(Cramer)法则.

定理 1(克莱姆法则)　若 $D\neq 0$，则方程组(1-10)有唯一解

$$x_1=\frac{D_1}{D},\ x_2=\frac{D_2}{D},\ \cdots,\ x_n=\frac{D_n}{D}$$

例 1　解线性方程组

$$\begin{cases} 2x_1+x_2-5x_3+x_4=8 \\ x_1-3x_2-6x_4=9 \\ 2x_2-x_3+2x_4=-5 \\ x_1+4x_2-7x_3+6x_4=0 \end{cases}$$

解　方程组的系数行列式

$$D=\begin{vmatrix}2&1&-5&1\\1&-3&0&-6\\0&2&-1&2\\1&4&-7&6\end{vmatrix}=27\neq 0$$

由克莱姆法则，方程组有唯一解. 又

$$D_1=\begin{vmatrix}8&1&-5&1\\9&-3&0&-6\\-5&2&-1&2\\0&4&-7&6\end{vmatrix}=81,\quad D_2=\begin{vmatrix}2&8&-5&1\\1&9&0&-6\\0&-5&-1&2\\1&0&-7&6\end{vmatrix}=-108,$$

$$D_3=\begin{vmatrix}2&1&8&1\\1&-3&9&-6\\0&2&-5&2\\1&4&0&6\end{vmatrix}=-27,\quad D_4=\begin{vmatrix}2&1&-5&8\\1&-3&0&9\\0&2&-1&-5\\1&4&-7&0\end{vmatrix}=27$$

所以，方程组的解为

$$x_1=\frac{D_1}{D}=3,\quad x_2=\frac{D_2}{D}=-4,\quad x_3=\frac{D_3}{D}=-1,\quad x_4=\frac{D_4}{D}=1$$

如果方程组(1-10)的常数项都为零，即

$$\begin{cases}a_{11}x_1+a_{12}x_2+\cdots+a_{1n}x_n=0\\a_{21}x_1+a_{22}x_2+\cdots+a_{2n}x_n=0\\\quad\vdots\\a_{n1}x_1+a_{n2}x_2+\cdots+a_{nn}x_n=0\end{cases}\tag{1-11}$$

则称为齐次线性方程组. 如果方程组(1-10)的常数项不全为零，则称为非齐次线性方程组. 显然，$x_1=x_2=\cdots=x_n=0$ 是齐次线性方程组(1-11)的一个解，称为零解. 如果一组不全为零的数是方程组(1-11)的解，则称这组数为非零解.

定理 2　(1) 若齐次线性方程组(1-11)的系数行列式 $D\neq 0$，则它只有零解.

(2) 若齐次线性方程组(1-11)有非零解，则 $D=0$.

例 2　如果齐次线性方程组

$$\begin{cases}kx_1+x_4=0\\x_1+2x_2-x_4=0\\(k+2)x_1-x_2+4x_4=0\\2x_1+x_2+3x_3+kx_4=0\end{cases}$$

有非零解，求 k.

解　由题意，得

$$D=\begin{vmatrix}k&0&0&1\\1&2&0&-1\\k+2&-1&0&4\\2&1&3&k\end{vmatrix}=-3\begin{vmatrix}k&0&1\\1&2&-1\\k+2&-1&4\end{vmatrix}=-3(5k-5)=0$$

所以，$k=1$.

习　题　1.3

1．解下列线性方程组.

(1) $\begin{cases} x_1+x_2+x_3+x_4=5 \\ x_1+2x_2-x_3+4x_4=-2 \\ 2x_1-3x_2-x_3-5x_4=-2 \\ 3x_1+x_2+2x_3+11x_4=0 \end{cases}$　　(2) $\begin{cases} x_1-x_2+2x_4=-5 \\ 3x_1+2x_2-x_3-2x_4=6 \\ 4x_1+3x_2-x_3-x_4=0 \\ 2x_1-x_3=0 \end{cases}$

2．λ 取何值时，$\begin{cases} (1-\lambda)x_1-2x_2+4x_3=0 \\ 2x_1+(3-\lambda)x_2+x_3=0 \\ x_1+x_2+(1-\lambda)x_3=0 \end{cases}$ 有非零解？

3．λ、μ 取何值时，$\begin{cases} \lambda x_1+x_2+x_3=0 \\ x_1+\mu x_2+x_3=0 \\ x_1+2\mu x_2+x_3=0 \end{cases}$ 有非零解？

4．填空题.

(1) 若线性方程组 $\begin{cases} kx+y=0 \\ 2x+ky+2z=0 \\ y+kz=0 \end{cases}$ 有非零解，则__________.

(2) 当__________时，线性方程组 $\begin{cases} x_1+ax_2+a^2x_3=m \\ x_1+bx_2+b^2x_3=n \\ x_1+cx_2+c^2x_3=p \end{cases}$ 有唯一解.

5．选择题.

(1) 线性方程组 $\begin{cases} \lambda x-y=a \\ -x+\lambda y=b \end{cases}$ 有唯一解，则 λ (　　).

A．为任意实数　　B．等于 ±1

C．不等于 ±1　　D．不等于零

(2) 齐次线性方程组 $\begin{cases} 3x+2y=0 \\ 2x-3y=0 \\ 2x-y+\lambda z=0 \end{cases}$ 仅有零解，则(　　).

A．$\lambda\neq 0$　　B．$\lambda\neq 1$　　C．$\lambda\neq 2$　　D．$\lambda\neq 3$

§1.4　行列式应用案例

两种商品的市场均衡模型：一个经济社会是由若干成员组成的，其中一部分成员是消费者，一部分成员称为生产者，当然也有些成员既是消费者又是生产者. 为了建立经济问题的数学模型，就有必要作出一些假设，其中之一就是经济社会中所有成员(无论是消费者还是生产者)的行为准则都是使自己得到尽可能大的效益. 一个经济模型是由属于此经济社会成员(消费者和生产者)的行为准则以及各种平衡关系构成的. 例如，考虑一个仅有一种商品的市场模型，它包括 3 个变量：商品的需求量(Q_{d})、商品的供给量(Q_{s})和商品的价格(P). 假设市场均衡条件是当且仅当超额需求(即 $Q_{\mathrm{d}}-Q_{\mathrm{s}}$)为零时，也就是当且仅当市场出清时，市场就实现均衡. 一般来说，当商品价格 P 上涨时，需求量 Q_{d} 会随之减少，而供给量却会随之增加. 于是，可以假设 Q_{d} 是单调递减的连续函数，Q_{s} 是单调递增的连续函数，如图 1.3 所示.

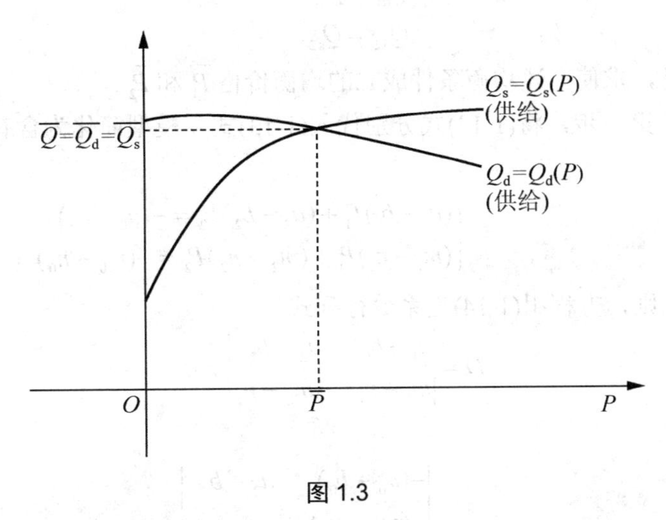

图 1.3

用数学语言表述，模型可以表达成

$$\begin{cases} Q_{\mathrm{d}}=Q_{\mathrm{s}}(\text{市场均衡条件}) \\ Q_{\mathrm{d}}=Q_{\mathrm{d}}(P)(\text{反映消费者行为的需求函数}) \\ Q_{\mathrm{s}}=Q_{\mathrm{s}}(P)(\text{反映生产者行为的供给函数}) \end{cases}$$

现在的问题可以归结为求解同时满足上述 3 式的 3 个变量 Q_{d}、Q_{s} 和 P 的值. 现将解值分别用 $\overline{Q}_{\mathrm{d}}$、$\overline{Q}_{\mathrm{s}}$、$\overline{P}$ 表示. 可以看出，当价格为 $\overline{P}$ 时，市场达到均衡，市场上既没有剩余的商品，也没有短缺的商品，这时的价格称为均衡价格. 如果其他条件没有发生变化，价格和供求数量将稳定在这个水平上，没有理由再发生变动，这时的供求数量称为均衡数量. 由于 $\overline{Q}_{\mathrm{d}}=\overline{Q}_{\mathrm{s}}$，可将它们都表示为 $\overline{Q}$. 当商品供不应求时，价格就上涨；当供过于求时，价格就下降；当需求量和供给量都为均衡数量 $\overline{Q}$ 时，价格处于均衡价格，市场达到平衡.

下面考虑 n 种商品市场的一般均衡问题. 为了说明问题以及了解克莱姆法则在经济学均衡分析中的应用，这里仅讨论一种只包含两种相互关联的商品的线性模型. 在这个模型中，用 $Q_{\mathrm{d}i}$、$Q_{\mathrm{s}i}$、P_i 分别表示第 i 种商品的需求量、供给量和价格($i=1,2$)，并假设两种商品关于价格变量 P_1、P_2 的需求函数和供给函数均为线性的，即

$$\begin{cases} Q_{\mathrm{d}1}=a_0+a_1P_1+a_2P_2 \\ Q_{\mathrm{s}1}=b_0+b_1P_1+b_2P_2 \\ Q_{\mathrm{d}2}=m_0+m_1P_1+m_2P_2 \\ Q_{\mathrm{s}2}=n_0+n_1P_1+n_2P_2 \end{cases} \tag{1-12}$$

其中系数 a_i、$b_i(i=0,1,2)$ 分别属于第 1 种商品的需求和供给函数，系数 m_i、$n_i(i=0,1,2)$

分别属于第 2 种商品的需求和供给函数，这些系数在实际问题中均为具有经济意义的给定数值.

按照一般经济均衡思想，消费者追求其消费的最大效用，生产者追求其生产的最大利润，从而经过完全的市场价格竞争，当 P_1 和 P_2 达到某特定价格(即均衡价格) $\overline{P_1}$ 和 $\overline{P_2}$ 时，供需达到平衡，即需求等于供给.

$$\begin{aligned}Q_{d1} &= Q_{s1} \\ Q_{d2} &= Q_{s2}\end{aligned} \tag{1-13}$$

现在的问题是，求使上述均衡条件成立的均衡价格 $\overline{P_1}$ 和 $\overline{P_2}$.

求解此模型的第 1 步，将(1-12)式分别代入(1-13)式，模型简化为含有未知量 P_1 和 P_2 的二元线性方程组

$$\begin{cases}(a_1-b_1)P_1+(a_2-b_2)P_2=-(a_0-b_0) \\ (m_1-n_1)P_1+(m_2-n_2)P_2=-(m_0-n_0)\end{cases} \tag{1-14}$$

根据克莱姆法则，方程组(1-14)当系数行列式

$$D=\begin{vmatrix}a_1-b_1 & a_2-b_2 \\ m_1-n_1 & m_2-n_2\end{vmatrix}\neq 0$$

时，有唯一解

$$\begin{aligned}\overline{P_1} &= \frac{\begin{vmatrix}-(a_0-b_0) & a_2-b_2 \\ -(m_0-n_0) & m_2-n_2\end{vmatrix}}{D} \\ \overline{P_2} &= \frac{\begin{vmatrix}a_1-b_1 & -(a_0-b_0) \\ m_1-n_1 & -(m_0-n_0)\end{vmatrix}}{D}\end{aligned} \tag{1-15}$$

求出均衡价格 $\overline{P_1}$ 和 $\overline{P_2}$ 后，代入方程组(1-12)，还可以求出均衡数量 $\overline{Q_1}$ 和 $\overline{Q_2}$.

例 假设两种商品市场模型的需求和供给函数分别为

$$\begin{cases}Q_{d1}=15-2P_1+3P_2 \\ Q_{s1}=-3+5P_1 \\ Q_{d2}=13+4P_1-P_2 \\ Q_{s2}=-1+3P_2\end{cases} \tag{1-16}$$

求均衡价格 $\overline{P_1}$ 和 $\overline{P_2}$ 以及均衡数量 $\overline{Q_1}$ 和 $\overline{Q_2}$.

对于每一种商品，Q_{si} 取决于 P_i，但 Q_{di} 是两种商品价格的函数. 在 Q_{d1} 中，P_1 的系数为负，说明第一种商品价格的上升使需求量 Q_{d1} 减少，而 P_2 的系数为正，说明其价格上升使 Q_{d1} 增加，这意味着这两种商品互为替代品，在 Q_{d2} 中也有类似的解释.

将方程组(1-16)中系数直接带入(1-15)式，得到 $\overline{P_1}=\dfrac{57}{8}$，$\overline{P_2}=\dfrac{85}{8}$，将它们代入(1-16)得到 $\overline{Q_1}=\dfrac{261}{8}$ 和 $\overline{Q_2}=\dfrac{247}{8}$.

上述模型尽管比较简单，但是许多更为复杂的市场均衡模型都可以用上述模型加以分析. 例如，当更多的商品进入模型时，就要讨论多种商品的市场模型. 一般而言，具有 n 种商品

的需求函数和供给函数可以表述为

$Q_{di}=Q_{di}(P_1,P_2,\cdots,P_n),Q_{si}=Q_{si}(P_1,P_2,\cdots,P_n)(i=1,2,\cdots,n)$(函数不必是线性的)

均衡条件是由 n 个方程组成的：$Q_{di}=Q_{si}(i=1,2,\cdots,n)$.

上述 $2n$ 个方程组合在一起，便构成了完整的模型. 如果联立方程组确实有解，解得 n 个价格 $\overline{P_i}$，那么 $\overline{Q_i}$ 可以从需求函数和供给函数中推导出来.

第2章 矩　阵

矩阵是线性代数中一个重要的基本概念. 在数学及其他自然科学、工程技术等许多问题的研究中，矩阵是一个非常重要的工具. 本章主要介绍矩阵的概念、运算、求逆和初等变换.

§2.1 矩阵的概念

定义 2.1 由 $m\times n$ 个数 $a_{ij}(i=1,2,\cdots,m;j=1,2,\cdots,n)$ 排成的一个 m 行 n 列的数表

$$\begin{pmatrix} a_{11} & a_{12} & \cdots & a_{1n} \\ a_{21} & a_{22} & \cdots & a_{2n} \\ \vdots & \vdots & & \vdots \\ a_{m1} & a_{m2} & \cdots & a_{mn} \end{pmatrix} \tag{2-1}$$

称为一个 m **行** n **列矩阵**，简称 $m\times n$ **矩阵**. 其中 $a_{ij}(i=1,2,\cdots,m;j=1,2,\cdots,n)$ 称为矩阵的第 i 行第 j 列元素，i 称为行标，j 称为列标.

通常用大写英文字母 $\boldsymbol{A},\boldsymbol{B},\boldsymbol{C},\cdots$ 表示矩阵，(2-1)也可记为 $\boldsymbol{A}=(a_{ij})_{m\times n}$ 或 $\boldsymbol{A}=(a_{ij})$ 或 $\boldsymbol{A}_{m\times n}$.

当 m=n 时，称 $\boldsymbol{A}=(a_{ij})_{n\times n}$ 为 n **阶矩阵**或 n **阶方阵**，常记为 $\boldsymbol{A}_n$，即

$$\boldsymbol{A}_n=\begin{pmatrix} a_{11} & a_{12} & \cdots & a_{1n} \\ a_{21} & a_{22} & \cdots & a_{2n} \\ \vdots & \vdots & & \vdots \\ a_{n1} & a_{n2} & \cdots & a_{nn} \end{pmatrix}$$

由 n 阶方阵 $\boldsymbol{A}$ 的元素按原来的顺序构成的行列式称为**方阵 $\boldsymbol{A}$ 的行列式**，记为 $|\boldsymbol{A}|$ 或 $\det(\boldsymbol{A})$. 例如，方阵 $\boldsymbol{A}=\begin{pmatrix} 1 & 2 \\ 3 & 6 \end{pmatrix}$ 的行列式是 $|\boldsymbol{A}|=\begin{vmatrix} 1 & 2 \\ 3 & 6 \end{vmatrix}=0$.

n 阶方阵 $\boldsymbol{A}$ 从左上角到右下角的这条对角线称为 **$\boldsymbol{A}$ 的主对角线**，线上的元素 $a_{11},a_{22},\cdots,a_{nn}$ 称为 **$\boldsymbol{A}$ 的主对角线元素**.

注意 矩阵与行列式是两个完全不同的概念.

(1) 矩阵是一个数表，行列式是一个数，二者不能混淆，且行列式记号为“$|*|$”，矩阵记号为“$(*)$”.

(2) 矩阵的行数与列数未必相等，但行列式的行数与列数必须相等.

(3) 当且仅当 $\boldsymbol{A}=(a_{ij})$ 为 n 阶方阵时，才可取行列式 $D=|\boldsymbol{A}|$. 对于不是方阵的矩阵，是不可以取行列式的.

特别地，当 $m=1$ 时，称 $\boldsymbol{A}=(a_1,a_2,\cdots,a_n)$ 为**行矩阵**或**行向量**.

当 $n=1$ 时，称 $\boldsymbol{B}=\begin{pmatrix} b_1 \\ b_2 \\ \vdots \\ b_n \end{pmatrix}$ 为**列矩阵**或**列向量**.

如果矩阵 $\boldsymbol{A}$ 的所有元素都为零，则称 $\boldsymbol{A}$ 为**零矩阵**，记为 $\boldsymbol{O}_{m\times n}$ 或 $\boldsymbol{O}$.

几种常用的特殊矩阵如下所示.

1. 对角矩阵

形如 $\boldsymbol{A}=\begin{pmatrix} a_{11} & 0 & \cdots & 0 \\ 0 & a_{22} & \cdots & 0 \\ \vdots & \vdots & & \vdots \\ 0 & 0 & \cdots & a_{nn} \end{pmatrix}$ 或简写为 $\boldsymbol{A}=\begin{pmatrix} a_{11} & & & \\ & a_{22} & & \\ & & \ddots & \\ & & & a_{nn} \end{pmatrix}$ 的矩阵，称为**对角矩阵**.

它的特点是：不在对角线上的元素全为 0.

2. 数量矩阵

当对角矩阵的主对角线上的元素都相同时，称它为**数量矩阵**. n 阶数量矩阵有如下形式，即

$$\boldsymbol{A}=\begin{pmatrix} a & & & \\ & a & & \\ & & \ddots & \\ & & & a \end{pmatrix}_{n\times n}$$

特别地，当 $a=1$ 时，称它为 n **阶单位矩阵**，记为 $\boldsymbol{E}_n$ 或 $\boldsymbol{I}_n$，即

$$\boldsymbol{E}_n=\begin{pmatrix} 1 & & & \\ & 1 & & \\ & & \ddots & \\ & & & 1 \end{pmatrix}$$

在不会引起混淆时，也可用 $\boldsymbol{E}$ 或 $\boldsymbol{I}$ 表示单位矩阵.

n 阶数量矩阵常用 $a\boldsymbol{E}_n$ 或 $a\boldsymbol{I}_n$ 表示.

3. 上三角矩阵和下三角矩阵

形如 $\begin{pmatrix} a_{11} & a_{12} & \cdots & a_{1n} \\ 0 & a_{22} & \cdots & a_{2n} \\ \vdots & \vdots & & \vdots \\ 0 & 0 & \cdots & a_{nn} \end{pmatrix}$ 和 $\begin{pmatrix} a_{11} & 0 & \cdots & 0 \\ a_{21} & a_{22} & \cdots & 0 \\ \vdots & \vdots & & \vdots \\ a_{n1} & a_{n2} & \cdots & a_{nn} \end{pmatrix}$ 的矩阵分别称为**上三角矩阵**和**下三角矩阵**.

上三角矩阵的特点：主对角线以下的元素均为 0.

下三角矩阵的特点：主对角线以上的元素均为 0.

定义 2.2 设 $\boldsymbol{A}=(a_{ij})$，$\boldsymbol{B}=(b_{ij})$ 同为 $m\times n$ 矩阵，且 $a_{ij}=b_{ij}\,(i=1,2,\cdots,m;j=1,2,\cdots,n)$，

则称矩阵 $\boldsymbol{A}$ 与 $\boldsymbol{B}$ 相等，记为 $\boldsymbol{A}=\boldsymbol{B}$.

当两个矩阵 $\boldsymbol{A}$ 与 $\boldsymbol{B}$ 的行数与列数分别相等时，称它们为**同型矩阵**.

注意　矩阵相等与行列式相等有本质区别. 例如

$$\begin{pmatrix}1&0&0\\0&1&0\\0&0&1\end{pmatrix}\neq\begin{pmatrix}1&2&1\\0&1&2\\0&0&1\end{pmatrix}，但\begin{vmatrix}1&0&0\\0&1&0\\0&0&1\end{vmatrix}=\begin{vmatrix}1&2&1\\0&1&2\\0&0&1\end{vmatrix}=1.$$

定义 2.3　把矩阵 $\boldsymbol{A}$ 的行换成相应的列所得到的矩阵称为 $\boldsymbol{A}$ 的**转置矩阵**，记为 $\boldsymbol{A}'$. 例如，矩阵 $\boldsymbol{A}=\begin{pmatrix}1&2\\2&-1\\3&1\end{pmatrix}$ 的转置矩阵 $\boldsymbol{A}'=\begin{pmatrix}1&2&3\\2&-1&1\end{pmatrix}$.

矩阵的应用非常广泛，下面仅举一例.

例　某厂向3个商店发送4种产品，其中向第 i 个商店发送第 j 种产品的数量用 a_{ij} 表示，则发送方案可用矩阵表示为

$$\boldsymbol{A}=\begin{pmatrix}a_{11}&a_{12}&a_{13}&a_{14}\\a_{21}&a_{22}&a_{23}&a_{24}\\a_{31}&a_{32}&a_{33}&a_{34}\end{pmatrix}$$

习　题　2.1

1．选择题.

(1) $\boldsymbol{M}$ 是一个 3×2 的矩阵，则 $\boldsymbol{M}'$ 是(　　).

A．3×2 矩阵　　　　B．3 阶方阵

C．2×3 矩阵　　　　D．2 阶方阵

(2) 下列等式中正确的是(　　).

A．$\boldsymbol{E}_5=\boldsymbol{E}_3$　　　　B．$\boldsymbol{O}_{2\times2}=\boldsymbol{O}_{2\times3}$

C．$\boldsymbol{O}_{3\times3}=0$　　　　D．$\boldsymbol{A}'=\boldsymbol{A}$ ($\boldsymbol{A}$ 为对角矩阵)

2．填空题.

(1) 已知矩阵 $\boldsymbol{A}=\begin{pmatrix}1&3&x\\2&-8&0\end{pmatrix}$，$\boldsymbol{B}=\begin{pmatrix}1&3&3\\2&y&0\end{pmatrix}$，且 $\boldsymbol{A}=\boldsymbol{B}$，则 $x=$________，$y=$________.

(2) $(4\boldsymbol{E}_3)'=$______________.

3．判断下列矩阵是否有行列式？若有，试求其值.

(1) $\begin{pmatrix}3&2\\-1&1\end{pmatrix}$　　　　(2) $\begin{pmatrix}1&0&0\\0&1&0\end{pmatrix}$

(3) $\begin{pmatrix}1&0&-1\\3&2&5\\2&4&1\end{pmatrix}$

4．求下列矩阵的转置矩阵.

(1) $\begin{pmatrix}1 & -2 & -1\end{pmatrix}$　　(2) $\begin{pmatrix}0\\0\\1\end{pmatrix}$

(3) $\begin{pmatrix}1 & 0\\0 & 1\\0 & 0\end{pmatrix}$　　(4) $\begin{pmatrix}3 & 2\\-1 & 1\\-1 & 0\end{pmatrix}$

§2.2 矩阵的运算

2.2.1 矩阵的加、减法

定义 2.4 设 $\boldsymbol{A}=(a_{ij})$ 和 $\boldsymbol{B}=(b_{ij})$ 是两个 $m\times n$ 矩阵，由 $\boldsymbol{A}$ 与 $\boldsymbol{B}$ 的对应位置的元素相加所得到的 $m\times n$ 矩阵，称为 **$\boldsymbol{A}$ 与 $\boldsymbol{B}$ 的和**，记为 $\boldsymbol{A}+\boldsymbol{B}$，即

$$\boldsymbol{A}+\boldsymbol{B}=(a_{ij}+b_{ij})_{m\times n} \tag{2-2}$$

注意 只有同型矩阵才能进行加法运算.

矩阵加法满足下列运算律(设 $\boldsymbol{A}$、$\boldsymbol{B}$、$\boldsymbol{C}$、$\boldsymbol{O}$ 都是 $m\times n$ 矩阵)：

(1) 交换律 $\boldsymbol{A}+\boldsymbol{B}=\boldsymbol{B}+\boldsymbol{A}$；

(2) 结合律 $(\boldsymbol{A}+\boldsymbol{B})+\boldsymbol{C}=\boldsymbol{A}+(\boldsymbol{B}+\boldsymbol{C})$；

(3) $\boldsymbol{A}+\boldsymbol{O}=\boldsymbol{O}+\boldsymbol{A}=\boldsymbol{A}$；

(4) 消去律 $\boldsymbol{A}+\boldsymbol{C}=\boldsymbol{B}+\boldsymbol{C}\Leftrightarrow\boldsymbol{A}=\boldsymbol{B}$.

设 $\boldsymbol{A}=(a_{ij})_{m\times n}$，记

$$-\boldsymbol{A}=(-a_{ij})_{m\times n}$$

$-\boldsymbol{A}$ 称为矩阵 $\boldsymbol{A}$ 的**负矩阵**，显然有 $\boldsymbol{A}+(-\boldsymbol{A})=(-\boldsymbol{A})+\boldsymbol{A}=\boldsymbol{O}$.

由此可以定义**矩阵的减法**为

$$\boldsymbol{A}-\boldsymbol{B}=\boldsymbol{A}+(-\boldsymbol{B})$$

例如 $\begin{pmatrix}0 & 1 & 2 & 3\\2 & 1 & 1 & 5\end{pmatrix}-\begin{pmatrix}1 & 1 & 5 & 2\\3 & 2 & 0 & 1\end{pmatrix}=\begin{pmatrix}0-1 & 1-1 & 2-5 & 3-2\\2-3 & 1-2 & 1-0 & 5-1\end{pmatrix}=\begin{pmatrix}-1 & 0 & -3 & 1\\-1 & -1 & 1 & 4\end{pmatrix}$.

2.2.2 数与矩阵相乘

定义 2.5 数 k 乘矩阵 $\boldsymbol{A}=(a_{ij})_{m\times n}$ 的每一个元素所得的矩阵，称为**数 k 与矩阵 $\boldsymbol{A}$ 的乘积**，记作 $k\boldsymbol{A}$ 或 $\boldsymbol{A}k$，即

$$k\boldsymbol{A}=\boldsymbol{A}k=\begin{pmatrix}ka_{11} & ka_{12} & \cdots & ka_{1n}\\ka_{21} & ka_{22} & \cdots & ka_{2n}\\\vdots & \vdots & & \vdots\\ka_{m1} & ka_{m2} & \cdots & ka_{mn}\end{pmatrix} \tag{2-3}$$

注意 矩阵数乘与行列式数乘是截然不同的概念.

矩阵数乘满足下列运算规律(设 $\boldsymbol{A}$、$\boldsymbol{B}$ 为 $m\times n$ 矩阵，k、l 为数)：

(1) $1\boldsymbol{A}=\boldsymbol{A}$；

(2) $(kl)\boldsymbol{A}=k(l\boldsymbol{A})$；

(3) $(k+l)\boldsymbol{A}=k\boldsymbol{A}+l\boldsymbol{A}$；

(4) $k(\boldsymbol{A}+\boldsymbol{B})=k\boldsymbol{A}+k\boldsymbol{B}$.

矩阵加法与数乘结合起来统称为矩阵的线性运算.

例 1　已知 $\boldsymbol{A}=\begin{pmatrix}2&4&6\\8&-4&10\end{pmatrix}$，$\boldsymbol{B}=\begin{pmatrix}6&-2&8\\4&12&-6\end{pmatrix}$，

(1) 求 $3\boldsymbol{A}-2\boldsymbol{B}$；(2) 若 $\boldsymbol{A}+3\boldsymbol{X}=\boldsymbol{B}$，求 $\boldsymbol{X}$.

解　(1) $3\boldsymbol{A}-2\boldsymbol{B}=\begin{pmatrix}6&12&18\\24&-12&30\end{pmatrix}-\begin{pmatrix}12&-4&16\\8&24&-12\end{pmatrix}$

$$=\begin{pmatrix}6-12&12+4&18-16\\24-8&-12-24&30+12\end{pmatrix}=\begin{pmatrix}-6&16&2\\16&-36&42\end{pmatrix}$$

(2) $\boldsymbol{X}=\dfrac{1}{3}(\boldsymbol{B}-\boldsymbol{A})=\dfrac{1}{3}\begin{pmatrix}6-2&-2-4&8-6\\4-8&12+4&-6-10\end{pmatrix}=\begin{pmatrix}\dfrac{4}{3}&-2&\dfrac{2}{3}\\-\dfrac{4}{3}&\dfrac{16}{3}&-\dfrac{16}{3}\end{pmatrix}$

2.2.3　矩阵与矩阵相乘

在给出矩阵乘法的定义之前，先看一个实例.

例 2　设某厂生产甲、乙、丙 3 种产品，其中一月份和二月份的产量用矩阵 $\boldsymbol{A}$ 表示，其单位成本和销售单价用矩阵 $\boldsymbol{B}$ 表示，且

$$\boldsymbol{A}=\begin{pmatrix}2&3&5\\4&5&6\end{pmatrix},\quad \boldsymbol{B}=\begin{pmatrix}1&3\\3&7\\4&9\end{pmatrix}$$

分别求两个月的成本总额和销售总额.

解　一月份的成本总额为

$$2\times1+3\times3+5\times4=31$$

一月份的销售总额为

$$2\times3+3\times7+5\times9=72$$

二月份的成本总额为

$$4\times1+5\times3+6\times4=43$$

二月份的销售总额为

$$4\times3+5\times7+6\times9=101$$

于是得到了两个月的成本总额和销售总额的矩阵

$$\boldsymbol{C}=\begin{pmatrix}31&72\\43&101\end{pmatrix}$$

把矩阵 $\boldsymbol{C}$ 看成是矩阵 $\boldsymbol{A}$ 与矩阵 $\boldsymbol{B}$ 的乘积；$\boldsymbol{C}$ 第一列的元素表示两个月的成本总额，第

二列的元素表示两个月的销售总额.

定义 2.6 设 $\boldsymbol{A}=(a_{ij})$ 是一个 $m\times s$ 矩阵，$\boldsymbol{B}=(b_{ij})$ 是一个 $s\times n$ 矩阵，定义 $\boldsymbol{A}$ 与 $\boldsymbol{B}$ 的乘积是一个 $m\times n$ 矩阵 $\boldsymbol{C}=(c_{ij})$，其中

$$c_{ij}=a_{i1}b_{1j}+a_{i2}b_{2j}+\cdots+a_{is}b_{sj}=\sum_{k=1}^{s}a_{ik}b_{kj} \tag{2-4}$$

$$(i=1,2,\cdots,m;\ j=1,2,\cdots,n)$$

并把此乘积记作

$$\boldsymbol{C}=\boldsymbol{AB}$$

例 2 中

$$\boldsymbol{C}=\boldsymbol{AB}=\begin{pmatrix}2&3&5\\4&5&6\end{pmatrix}\begin{pmatrix}1&3\\3&7\\4&9\end{pmatrix}=\begin{pmatrix}2\times1+3\times3+5\times4 & 2\times3+3\times7+5\times9\\4\times1+5\times3+6\times4 & 4\times3+5\times7+6\times9\end{pmatrix}=\begin{pmatrix}31&72\\43&101\end{pmatrix}$$

由定义 2.6 知道，两个矩阵 $\boldsymbol{A}=(a_{ij})$ 和 $\boldsymbol{B}=(b_{ij})$ 当且仅当左边矩阵 $\boldsymbol{A}$ 的列数等于右边矩阵 $\boldsymbol{B}$ 的行数时可以相乘. 若 $\boldsymbol{C}=\boldsymbol{AB}$，则 $\boldsymbol{C}$ 的行数= $\boldsymbol{A}$ 的行数，$\boldsymbol{C}$ 的列数= $\boldsymbol{B}$ 的列数；$\boldsymbol{C}$ 的第 i 行第 j 列元素等于 $\boldsymbol{A}$ 的第 i 行元素与 $\boldsymbol{B}$ 的第 j 列对应元素的乘积之和.

例 3 设 $\boldsymbol{A}=\begin{pmatrix}1&0&-1\\2&1&0\\1&1&1\end{pmatrix}$，$\boldsymbol{B}=\begin{pmatrix}1&3\\-2&-6\\1&3\end{pmatrix}$，求 $\boldsymbol{AB}$ 与 $\boldsymbol{BA}$.

解 $\boldsymbol{AB}=\begin{pmatrix}1&0&-1\\2&1&0\\1&1&1\end{pmatrix}\begin{pmatrix}1&3\\-2&-6\\1&3\end{pmatrix}$

$$=\begin{pmatrix}1\times1+0\times(-2)+(-1)\times1 & 1\times3+0\times(-6)+(-1)\times3\\2\times1+1\times(-2)+0\times1 & 2\times3+1\times(-6)+0\times3\\1\times1+1\times(-2)+1\times1 & 1\times3+1\times(-6)+1\times3\end{pmatrix}=\begin{pmatrix}0&0\\0&0\\0&0\end{pmatrix}$$

$\because$ $\boldsymbol{B}$ 的列数=2≠ A 的行数=3 $\therefore$ $\boldsymbol{BA}$ 没有意义.

例 4 设 $\boldsymbol{A}=\begin{pmatrix}1&2\\2&4\end{pmatrix}$，$\boldsymbol{B}=\begin{pmatrix}-1&3\\-2&1\end{pmatrix}$，$\boldsymbol{C}=\begin{pmatrix}-7&1\\1&2\end{pmatrix}$，求 $\boldsymbol{AB}$ 与 $\boldsymbol{AC}$.

解 $\boldsymbol{AB}=\begin{pmatrix}1&2\\2&4\end{pmatrix}\begin{pmatrix}-1&3\\-2&1\end{pmatrix}=\begin{pmatrix}1\times(-1)+2\times(-2) & 1\times3+2\times1\\2\times(-1)+4\times(-2) & 2\times3+4\times1\end{pmatrix}=\begin{pmatrix}-5&5\\-10&10\end{pmatrix}$

$\boldsymbol{AC}=\begin{pmatrix}1&2\\2&4\end{pmatrix}\begin{pmatrix}-7&1\\1&2\end{pmatrix}=\begin{pmatrix}1\times(-7)+2\times1 & 1\times1+2\times2\\2\times(-7)+4\times1 & 2\times1+4\times2\end{pmatrix}=\begin{pmatrix}-5&5\\-10&10\end{pmatrix}$

由例 3 可知，矩阵乘法不满足交换律，即一般来说，$\boldsymbol{AB}\neq\boldsymbol{BA}$.

若矩阵 $\boldsymbol{A}$ 与 $\boldsymbol{B}$ 满足 $\boldsymbol{AB}=\boldsymbol{BA}$，则称 **$\boldsymbol{A}$ 与 $\boldsymbol{B}$ 可交换**，此时，$\boldsymbol{A}$ 与 $\boldsymbol{B}$ 必为同阶方阵.

由例 3 还可知道，两个非零矩阵的乘积可能是零矩阵，即 $\boldsymbol{AB}=\boldsymbol{O}$，但 $\boldsymbol{A}\neq\boldsymbol{O}$ 且 $\boldsymbol{B}\neq\boldsymbol{O}$.

由例 4 可知，矩阵乘法不满足消去律，虽然 $\boldsymbol{AB}=\boldsymbol{AC}$ 且 $\boldsymbol{A}\neq\boldsymbol{O}$，但 $\boldsymbol{B}\neq\boldsymbol{C}$.

矩阵乘法满足下列运算律(假设运算是可行的)：

(1) $(\boldsymbol{AB})\boldsymbol{C}=\boldsymbol{A}(\boldsymbol{BC})$；

(2) $k(\boldsymbol{AB})=(k\boldsymbol{A})\boldsymbol{B}=\boldsymbol{A}(k\boldsymbol{B})$；

(3) $\boldsymbol{A}(\boldsymbol{B}+\boldsymbol{C})=\boldsymbol{AB}+\boldsymbol{AC}$，$(\boldsymbol{B}+\boldsymbol{C})\boldsymbol{A}=\boldsymbol{BA}+\boldsymbol{CA}$.

对于单位矩阵$\boldsymbol{E}$，容易验证

$$\boldsymbol{E}_m\boldsymbol{A}_{m\times n}=\boldsymbol{A}_{m\times n}\boldsymbol{E}_n=\boldsymbol{A}_{m\times n}$$

可见单位矩阵$\boldsymbol{E}$在矩阵乘法中的作用类似于数1.

对于数量矩阵$k\boldsymbol{E}$，容易验证

$$(k\boldsymbol{E}_m)\boldsymbol{A}_{m\times n}=\boldsymbol{A}_{m\times n}(k\boldsymbol{E}_n)=k\boldsymbol{A}_{m\times n}$$

当$\boldsymbol{A}$为n阶方阵时，有

$$(k\boldsymbol{E}_n)\boldsymbol{A}_n=\boldsymbol{A}_n(k\boldsymbol{E}_n)=k\boldsymbol{A}_n$$

这表明数量矩阵与任何同阶方阵都是可交换的.

有了矩阵的乘法，就可以定义矩阵的幂了.

定义 2.7 设$\boldsymbol{A}$为n阶方阵，k为正整数，则称

$$\boldsymbol{A}^k=\underbrace{\boldsymbol{AA}\cdots\boldsymbol{A}}_{k个\boldsymbol{A}}$$

为$\boldsymbol{A}$的k次幂.

矩阵的幂满足下列运算规律($\boldsymbol{A}$为n阶方阵，k、l为正整数)：

(1) $\boldsymbol{A}^k\boldsymbol{A}^l=\boldsymbol{A}^{k+l}$；

(2) $(\boldsymbol{A}^k)^l=\boldsymbol{A}^{kl}$.

一般来说，对于n阶方阵$\boldsymbol{A}$与$\boldsymbol{B}$，$(\boldsymbol{AB})^k\neq\boldsymbol{A}^k\boldsymbol{B}^k$. 只有当$\boldsymbol{A}$与$\boldsymbol{B}$可交换时，才有$(\boldsymbol{AB})^k=\boldsymbol{A}^k\boldsymbol{B}^k$. 也只有当$\boldsymbol{A}$与$\boldsymbol{B}$可交换时，$(\boldsymbol{A}+\boldsymbol{B})^2=\boldsymbol{A}^2+2\boldsymbol{AB}+\boldsymbol{B}^2$和$(\boldsymbol{A}-\boldsymbol{B})(\boldsymbol{A}+\boldsymbol{B})=\boldsymbol{A}^2-\boldsymbol{B}^2$才成立.

例 5 已知$\boldsymbol{A}=\begin{pmatrix}1&-2\\3&0\end{pmatrix}$，$\boldsymbol{B}=\begin{pmatrix}0&-1\\1&2\end{pmatrix}$，

(1) 求$(\boldsymbol{AB})',\boldsymbol{A}'\boldsymbol{B}',\boldsymbol{B}'\boldsymbol{A}'$；(2)求$|\boldsymbol{AB}|,|\boldsymbol{A}||\boldsymbol{B}|$.

解 (1) $\boldsymbol{AB}=\begin{pmatrix}1&-2\\3&0\end{pmatrix}\begin{pmatrix}0&-1\\1&2\end{pmatrix}=\begin{pmatrix}-2&-5\\0&-3\end{pmatrix}$

$$(\boldsymbol{AB})'=\begin{pmatrix}-2&-5\\0&-3\end{pmatrix}'=\begin{pmatrix}-2&0\\-5&-3\end{pmatrix}$$

$$\boldsymbol{A}'\boldsymbol{B}'=\begin{pmatrix}1&3\\-2&0\end{pmatrix}\begin{pmatrix}0&1\\-1&2\end{pmatrix}=\begin{pmatrix}-3&7\\0&-2\end{pmatrix}$$

$$\boldsymbol{B}'\boldsymbol{A}'=\begin{pmatrix}0&1\\-1&2\end{pmatrix}\begin{pmatrix}1&3\\-2&0\end{pmatrix}=\begin{pmatrix}-2&0\\-5&-3\end{pmatrix}$$

(2) $|\boldsymbol{AB}|=\begin{vmatrix}-2&-5\\0&-3\end{vmatrix}=6$，$|\boldsymbol{A}||\boldsymbol{B}|=\begin{vmatrix}1&-2\\3&0\end{vmatrix}\begin{vmatrix}0&-1\\1&2\end{vmatrix}=6\times1=6$

由例5可知

$$(\boldsymbol{AB})'=\boldsymbol{B}'\boldsymbol{A}',\quad (\boldsymbol{AB})'\neq\boldsymbol{A}'\boldsymbol{B}',\quad |\boldsymbol{AB}|=|\boldsymbol{A}||\boldsymbol{B}|$$

对于矩阵的转置，有下列运算律：

(1) $(\boldsymbol{A}')'=\boldsymbol{A}$；

(2) $(\boldsymbol{A}+\boldsymbol{B})'=\boldsymbol{A}'+\boldsymbol{B}'$；

(3) $(k\boldsymbol{A})'=k\boldsymbol{A}'$；

(4) $(\boldsymbol{AB})'=\boldsymbol{B}'\boldsymbol{A}'$.

对于方阵的行列式，有(设 $\boldsymbol{A}$、$\boldsymbol{B}$ 为 n 阶方阵，k 为常数)：

(1) $|\boldsymbol{A}'|=|\boldsymbol{A}|$；

(2) $|k\boldsymbol{A}|=k^n|\boldsymbol{A}|$；

(3) $|\boldsymbol{AB}|=|\boldsymbol{A}||\boldsymbol{B}|$.

习　题　2.2

1．选择题.

(1) 设矩阵 $\boldsymbol{A}=(a_{ij})_{3\times2}$，$\boldsymbol{B}=(b_{ij})_{2\times4}$，则 $\boldsymbol{AB}$ 是(　　).

A．4×3 矩阵　　B．3×4 矩阵

C．6×8 矩阵　　D．2 阶方阵

(2) 下列说法正确的是(　　).

A．若 $\boldsymbol{A}$、$\boldsymbol{B}$ 为两个方阵，则 $\boldsymbol{AB}=\boldsymbol{BA}$

B．若 $\boldsymbol{A}^2=\boldsymbol{0}$，则 $\boldsymbol{A}=\boldsymbol{0}$

C．若 $\boldsymbol{AX}=\boldsymbol{AY}$，且 $\boldsymbol{A}\neq\boldsymbol{0}$，则 $\boldsymbol{X}=\boldsymbol{Y}$

D．$(\boldsymbol{AB})\boldsymbol{C}=\boldsymbol{A}(\boldsymbol{BC})$

(3) 下列说法错误的是(　　).

A．$\boldsymbol{A}(\boldsymbol{B}+\boldsymbol{C})=\boldsymbol{AB}+\boldsymbol{AC}$　　B．$|k\boldsymbol{A}|=k^n|\boldsymbol{A}|$($\boldsymbol{A}$ 为 n 阶方阵)

C．$(\boldsymbol{A}+\boldsymbol{B})(\boldsymbol{A}-\boldsymbol{B})=\boldsymbol{A}^2-\boldsymbol{B}^2$　　D．$(\boldsymbol{AA}')'=\boldsymbol{AA}'$

2．设 $\boldsymbol{A}=\begin{pmatrix}1&1&1\\1&1&-1\\1&-1&1\end{pmatrix}$，$\boldsymbol{B}=\begin{pmatrix}1&2&3\\-1&-2&4\\0&5&1\end{pmatrix}$，求 $3\boldsymbol{AB}-2\boldsymbol{A}$ 与 $\boldsymbol{A}'\boldsymbol{B}$.

3．计算下列矩阵运算的值.

(1) $\begin{pmatrix}2\\1\\3\end{pmatrix}\begin{pmatrix}-1&2\end{pmatrix}$　　(2) $\begin{pmatrix}1&2&3\end{pmatrix}\begin{pmatrix}3\\2\\1\end{pmatrix}$　　(3) $\begin{pmatrix}4&3&1\\1&-2&3\\5&7&0\end{pmatrix}\begin{pmatrix}7\\2\\1\end{pmatrix}$

(4) $\begin{pmatrix}a&b&0\\0&a&b\end{pmatrix}\begin{pmatrix}1&0&0\\0&1&0\\0&0&1\end{pmatrix}$　　(5) $\begin{pmatrix}x_1&x_2&x_3\end{pmatrix}\begin{pmatrix}a_{11}&a_{12}&a_{13}\\a_{12}&a_{22}&a_{23}\\a_{13}&a_{23}&a_{33}\end{pmatrix}\begin{pmatrix}x_1\\x_2\\x_3\end{pmatrix}$

4．计算下列矩阵运算的值.

(1) $\begin{pmatrix}1&0\\\lambda&1\end{pmatrix}^2$　　(2) $\begin{pmatrix}1&0\\\lambda&1\end{pmatrix}^5$　　(3) $\begin{pmatrix}1&0&0\\0&1&0\\0&0&1\end{pmatrix}^6$

5．设$A=\begin{pmatrix}1&2\\1&3\end{pmatrix}$，$B=\begin{pmatrix}1&0\\1&2\end{pmatrix}$，问：

(1) $AB=BA$吗？

(2) $(A+B)^2=A^2+2AB+B^2$吗？

§2.3 逆 矩 阵

众所周知，对于任意一个数$a\neq 0$，一定存在唯一的数b，使得

$$ab=ba=1$$

这个b就是a的倒数，常记为$b=a^{-1}$.

对于方阵A，可类似地定义它的逆矩阵.

定义 2.8 设A为n阶方阵，若存在n阶方阵B，使得

$$AB=BA=E_n \tag{2-5}$$

则称A是**可逆矩阵(或非奇异矩阵)**，并称B为A的**逆矩阵**，记为$B=A^{-1}$.

若满足(2-5)式的方阵B不存在，则称A为**不可逆矩阵(或奇异矩阵)**.

例如，对于矩阵

$$A=\begin{pmatrix}2&3\\1&2\end{pmatrix},\quad B=\begin{pmatrix}2&-3\\-1&2\end{pmatrix}$$

显然有$AB=BA=E$，所以$B=A^{-1}$.

关于逆矩阵，有以下性质.

性质 1 若A有逆矩阵，则逆矩阵唯一.

证 设B、C都是A的逆矩阵，则

$$AB=BA=E$$
$$AC=CA=E$$

于是

$$B=BE=B(AC)=(BA)C=EC=C$$

性质 1 表明，任一可逆矩阵A的逆矩阵都是唯一的. 以后，用A^{-1}来表示逆矩阵.

性质 2 若A可逆，则A^{-1}也可逆，且$(A^{-1})^{-1}=A$.

证 $$(A^{-1})^{-1}=(A^{-1})^{-1}E=(A^{-1})^{-1}(A^{-1}A)=[(A^{-1})^{-1}A^{-1}]A=EA=A$$

性质 3 若A可逆，则A'也可逆，且$(A')^{-1}=(A^{-1})'$.

证 由转置矩阵的性质，得

$$A'(A^{-1})'=(A^{-1}A)'=E'=E$$
$$(A^{-1})'A'=(AA^{-1})'=E'=E$$
$$(A')^{-1}=(A^{-1})'$$

性质 4 若A、B为同阶可逆方阵，则AB也可逆，且$(AB)^{-1}=B^{-1}A^{-1}$.

证 $(AB)(B^{-1}A^{-1})=A(BB^{-1})A^{-1}=AEA^{-1}=AA^{-1}=E$

$(B^{-1}A^{-1})(AB)=B^{-1}(A^{-1}A)B=B^{-1}EB=B^{-1}B=E$

$$(AB)^{-1}=B^{-1}A^{-1}$$

推论　若 $A_1,A_2,\cdots,A_m$ 为同阶可逆方阵，则 $A_1A_2\cdots A_m$ 也可逆，且

$$(A_1A_2\cdots A_m)^{-1}=A_m^{-1}\cdots A_2^{-1}A_1^{-1}$$

性质 5　若 A 可逆，则

$$\left|A^{-1}\right|=\frac{1}{|A|}$$

证

$$AA^{-1}=E$$

$$\left|AA^{-1}\right|=|A|\left|A^{-1}\right|=1$$

从而

$$\left|A^{-1}\right|=\frac{1}{|A|}$$

有了逆矩阵，下面可以定义矩阵的非正数次幂.

设 A 为可逆矩阵，定义

$$A^0=E$$

$$A^{-k}=(A^{-1})^k\ (k\text{ 为正整数})$$

定义 2.9　n 阶方阵 $A=(a_{ij})$ 的行列式 $|A|$ 中元素 a_{ij} 的代数余子式 A_{ij} 构成的方阵

$$\begin{pmatrix} A_{11} & A_{21} & \cdots & A_{n1} \\ A_{12} & A_{22} & \cdots & A_{n2} \\ \vdots & \vdots & & \vdots \\ A_{1n} & A_{2n} & \cdots & A_{nn} \end{pmatrix}$$

称为 A 的**伴随矩阵**，记为 A^*.

注意　伴随矩阵 A^* 是把方阵 A 中的元素 a_{ij} 换成相应的代数余子式 A_{ij} 得到的方阵的转置.

由行列式的按行(列)展开性质，有

$$AA^*=\begin{pmatrix} a_{11} & a_{12} & \cdots & a_{1n} \\ a_{21} & a_{22} & \cdots & a_{2n} \\ \vdots & \vdots & & \vdots \\ a_{n1} & a_{n2} & \cdots & a_{nn} \end{pmatrix}\begin{pmatrix} A_{11} & A_{21} & \cdots & A_{n1} \\ A_{12} & A_{22} & \cdots & A_{n2} \\ \vdots & \vdots & & \vdots \\ A_{1n} & A_{2n} & \cdots & A_{nn} \end{pmatrix}=\begin{pmatrix} |A| & 0 & \cdots & 0 \\ 0 & |A| & \cdots & 0 \\ \vdots & \vdots & & \vdots \\ 0 & 0 & \cdots & |A| \end{pmatrix}$$

即

$$AA^*=|A|E_n \tag{2-6}$$

类似可得

$$A^*A=|A|E_n \tag{2-7}$$

若 $|A|\neq 0$，则在(2-6)、(2-7)两式的两边同乘以 $\dfrac{1}{|A|}$，得

$$A\left(\frac{A^*}{|A|}\right)=E_n,\quad \left(\frac{A^*}{|A|}\right)A=E_n$$

由此，可得定理 1.

定理 1 设 $\boldsymbol{A}$ 为 n 阶方阵，则 $\boldsymbol{A}$ 可逆的充分必要条件是 $|\boldsymbol{A}| \neq 0$，且 $\boldsymbol{A}^{-1} = \dfrac{1}{|\boldsymbol{A}|}\boldsymbol{A}^*$.

推论 若 $\boldsymbol{AB} = \boldsymbol{E}$，则 $\boldsymbol{B} = \boldsymbol{A}^{-1}$.

证 $|\boldsymbol{AB}| = |\boldsymbol{A}||\boldsymbol{B}| = |\boldsymbol{E}| = 1$

$|\boldsymbol{A}| \neq 0$，故 $\boldsymbol{A}$ 可逆

于是

$$\boldsymbol{B} = \boldsymbol{EB} = (\boldsymbol{A}^{-1}\boldsymbol{A})\boldsymbol{B} = \boldsymbol{A}^{-1}(\boldsymbol{AB}) = \boldsymbol{A}^{-1}\boldsymbol{E} = \boldsymbol{A}^{-1}$$

例 1 求 $\boldsymbol{A} = \begin{pmatrix} a & b \\ c & d \end{pmatrix}$ 的逆矩阵，其中 $ad - bc \neq 0$.

解 $|\boldsymbol{A}| = \begin{vmatrix} a & b \\ c & d \end{vmatrix} = ad - bc \neq 0$

$\boldsymbol{A}$ 可逆

又
$$A_{11} = d,\ A_{12} = -c,\ A_{21} = -b,\ A_{22} = a$$

$$\boldsymbol{A}^{-1} = \frac{1}{|\boldsymbol{A}|}\boldsymbol{A}^* = \frac{1}{ad-bc}\begin{pmatrix} d & -b \\ -c & a \end{pmatrix} = \begin{pmatrix} \dfrac{d}{ad-bc} & \dfrac{-b}{ad-bc} \\ \dfrac{-c}{ad-bc} & \dfrac{a}{ad-bc} \end{pmatrix}$$

例 2 已知 $\boldsymbol{A} = \begin{pmatrix} 1 & 2 & 3 \\ 2 & 2 & 1 \\ 3 & 4 & 3 \end{pmatrix}$，求 $\boldsymbol{A}^{-1}$.

解 $|\boldsymbol{A}| = \begin{vmatrix} 1 & 2 & 3 \\ 2 & 2 & 1 \\ 3 & 4 & 3 \end{vmatrix} = 2 \neq 0$

$\boldsymbol{A}$ 可逆

$$A_{11} = \begin{vmatrix} 2 & 1 \\ 4 & 3 \end{vmatrix} = 2,\ A_{12} = -\begin{vmatrix} 2 & 1 \\ 3 & 3 \end{vmatrix} = -3,\ A_{13} = \begin{vmatrix} 2 & 2 \\ 3 & 4 \end{vmatrix} = 2$$

$$A_{21} = -\begin{vmatrix} 2 & 3 \\ 4 & 3 \end{vmatrix} = 6,\ A_{22} = \begin{vmatrix} 1 & 3 \\ 3 & 3 \end{vmatrix} = -6,\ A_{23} = -\begin{vmatrix} 1 & 2 \\ 3 & 4 \end{vmatrix} = 2$$

$$A_{31} = \begin{vmatrix} 2 & 3 \\ 2 & 1 \end{vmatrix} = -4,\ A_{32} = -\begin{vmatrix} 1 & 3 \\ 2 & 1 \end{vmatrix} = 5,\ A_{33} = \begin{vmatrix} 1 & 2 \\ 2 & 2 \end{vmatrix} = -2$$

$$\boldsymbol{A}^* = \begin{pmatrix} 2 & 6 & -4 \\ -3 & -6 & 5 \\ 2 & 2 & -2 \end{pmatrix}$$

$$\boldsymbol{A}^{-1} = \frac{1}{|\boldsymbol{A}|}\boldsymbol{A}^* = \begin{pmatrix} 1 & 3 & -2 \\ -\dfrac{3}{2} & -3 & \dfrac{5}{2} \\ 1 & 1 & -1 \end{pmatrix}$$

例 3 证明：若 $\boldsymbol{A}$ 是可逆矩阵，且 $\boldsymbol{AB} = \boldsymbol{AC}$，则 $\boldsymbol{B} = \boldsymbol{C}$.

证 $\boldsymbol{A}$ 可逆

在 $\boldsymbol{AB}=\boldsymbol{AC}$ 的两边同时左乘 $\boldsymbol{A}^{-1}$，可得

$$\boldsymbol{A}^{-1}(\boldsymbol{AB})=\boldsymbol{A}^{-1}(\boldsymbol{AC})$$

从而

$$\boldsymbol{B}=\boldsymbol{C}$$

例4 设 $\boldsymbol{A}=\begin{pmatrix}1&2&3\\2&2&1\\3&4&3\end{pmatrix}$，$\boldsymbol{X}=\begin{pmatrix}x_{11}&x_{12}\\x_{21}&x_{22}\\x_{31}&x_{32}\end{pmatrix}$，$\boldsymbol{B}=\begin{pmatrix}1&3\\2&0\\3&1\end{pmatrix}$，解矩阵方程 $\boldsymbol{AX}=\boldsymbol{B}$.

解 $|\boldsymbol{A}|=\begin{vmatrix}1&2&3\\2&2&1\\3&4&3\end{vmatrix}=2\neq 0$

$\boldsymbol{A}$ 可逆

在矩阵方程 $\boldsymbol{AX}=\boldsymbol{B}$ 的两边同时左乘 $\boldsymbol{A}^{-1}$，得

$$\boldsymbol{X}=\boldsymbol{A}^{-1}\boldsymbol{B}$$

由例2可知

$$\boldsymbol{A}^{-1}=\begin{pmatrix}1&3&-2\\-\dfrac{3}{2}&-3&\dfrac{5}{2}\\1&1&-1\end{pmatrix}$$

$$\therefore \boldsymbol{X}=\begin{pmatrix}1&3&-2\\-\dfrac{3}{2}&-3&\dfrac{5}{2}\\1&1&-1\end{pmatrix}\begin{pmatrix}1&3\\2&0\\3&1\end{pmatrix}=\begin{pmatrix}1&1\\0&-2\\0&2\end{pmatrix}$$

习 题 2.3

1．选择题.

(1) 下列矩阵是奇异矩阵的是( ).

A. $\begin{pmatrix}1&2\\2&3\end{pmatrix}$　　B. $\begin{pmatrix}2&2\\3&3\end{pmatrix}$

C. $\begin{pmatrix}0&1&0\\1&0&1\\1&0&0\end{pmatrix}$　　D. $\begin{pmatrix}1&0&0\\0&1&0\\0&0&1\end{pmatrix}$

(2) 矩阵 $\boldsymbol{A}=\begin{pmatrix}1&2\\3&2\end{pmatrix}$ 的伴随矩阵是( ).

A. $\begin{pmatrix}-3&-2\\2&1\end{pmatrix}$　　B. $\begin{pmatrix}2&-3\\-2&1\end{pmatrix}$

C. $\begin{pmatrix} 2 & -2 \\ -3 & 1 \end{pmatrix}$　　　　D. $\begin{pmatrix} -3 & 1 \\ 2 & -2 \end{pmatrix}$

2．填空题.

(1) 若矩阵 $\boldsymbol{A}$ 可逆，则 $(\boldsymbol{A}')^{-1}=$__________，$|\boldsymbol{A}^{-1}|=$__________.

(2) 若 $\boldsymbol{A}$、$\boldsymbol{B}$、$\boldsymbol{C}$ 均为 n 阶可逆方阵，则 $(\boldsymbol{ABC})^{-1}=$__________.

(3) 设 $\boldsymbol{A}$ 为非奇异矩阵，且 $\boldsymbol{AB}=\boldsymbol{BA}$，则 $\boldsymbol{A}^{-1}\boldsymbol{B}=$__________.

(4) 设 $\boldsymbol{B}$ 为非奇异矩阵，若 $\boldsymbol{XB}=\boldsymbol{YB}$，则 $\boldsymbol{X}=$__________.

3．判断下列方阵是不是可逆矩阵，若是，则求出其逆矩阵.

(1) $\begin{pmatrix} \cos\theta & \sin\theta \\ -\sin\theta & \cos\theta \end{pmatrix}$　　　　(2) $\begin{pmatrix} 1 & 2 & -1 \\ 3 & 4 & -2 \\ 5 & -4 & 1 \end{pmatrix}$

4．解下列矩阵方程.

(1) $\begin{pmatrix} 2 & 5 \\ 1 & 3 \end{pmatrix}\boldsymbol{X}=\begin{pmatrix} 4 & -6 \\ 2 & 1 \end{pmatrix}$　　　　(2) $\begin{pmatrix} 1 & 0 & 1 \\ -1 & 1 & 1 \\ 2 & -1 & 1 \end{pmatrix}\boldsymbol{X}=\begin{pmatrix} 2 \\ 0 \\ -3 \end{pmatrix}$

5．利用逆矩阵解下列方程组.

(1) $\begin{cases} x_1+2x_2-x_3=1 \\ x_1+x_2-2x_3=2 \\ x_1-x_2-x_3=3 \end{cases}$　　　　(2) $\begin{cases} x_1-x_2-x_3=2 \\ 2x_1-x_2-3x_3=1 \\ 3x_1+2x_2-5x_3=0 \end{cases}$

§2.4　矩阵的初等变换

2.4.1　矩阵的初等变换

在用消元法解线性方程组时，用了以下 3 种同解变形.

(1) 交换两个方程的相对位置.

(2) 用非零常数乘以某个方程.

(3) 用一个常数乘以某个方程加到另一个方程上去.

如果把方程组对应到矩阵，那么解线性方程组的过程就对应到相应的矩阵作变换的过程，这就是矩阵的初等变换.

定义 2.10　下面的 3 种变换称为**矩阵的初等行(列)变换**，统称为**矩阵的初等变换**.

(1) 交换矩阵的两行(列).

(2) 用非零数 k 乘以矩阵的某一行(列).

(3) 把矩阵的某一行(列)的 k 倍加到另一行(列)上.

注意　矩阵的初等变换与行列式的计算有本质区别. 行列式的计算是求值过程，用“=”连接；矩阵的初等变换则是变换过程，用“→”连接变换前后的矩阵，而且不需要将矩阵改号或提取公因数.

在对某个矩阵进行具体的初等变换时，通常要注明是什么样的变换. 例如，对换第 i 行(列)和第 j 行(列)，表示为 $r_i \leftrightarrow r_j (c_i \leftrightarrow c_j)$；第 i 行(列)乘以非零数 k，表示为 $kr_i (kc_i)$；把第 i 行(列)的 k 倍加到第 j 行(列)，表示为 $r_j + kr_i (c_j + kc_i)$.

例如，对

$$\boldsymbol{A} = \begin{pmatrix} 2 & -1 & -1 & 1 \\ 1 & 1 & -2 & 1 \\ 3 & 6 & -9 & 7 \end{pmatrix}$$

作一系列的初等变换

$$\boldsymbol{A} = \begin{pmatrix} 2 & -1 & -1 & 1 \\ 1 & 1 & -2 & 1 \\ 3 & 6 & -9 & 7 \end{pmatrix} \xrightarrow{r_1 \leftrightarrow r_2} \begin{pmatrix} 1 & 1 & -2 & 1 \\ 2 & -1 & -1 & 1 \\ 3 & 6 & -9 & 7 \end{pmatrix} \xrightarrow[r_3 - 3r_1]{r_2 - 2r_1} \begin{pmatrix} 1 & 1 & -2 & 1 \\ 0 & -3 & 3 & -1 \\ 0 & 3 & -3 & 4 \end{pmatrix}$$

$$\xrightarrow{r_3 + r_2} \begin{pmatrix} 1 & 1 & -2 & 1 \\ 0 & -3 & 3 & -1 \\ 0 & 0 & 0 & 3 \end{pmatrix} \xrightarrow[\frac{1}{3}r_3]{-\frac{1}{3}r_2} \begin{pmatrix} 1 & 1 & -2 & 1 \\ 0 & 1 & -1 & \frac{1}{3} \\ 0 & 0 & 0 & 1 \end{pmatrix}$$

2.4.2 初等矩阵

定义 2.11 由单位矩阵 $\boldsymbol{E}$ 经过一次初等变换得到的矩阵称为**初等矩阵**.

3 种初等变换对应着 3 种初等矩阵.

(1) 交换 $\boldsymbol{E}$ 的第 i 行(列)与第 j 行(列)所得到的矩阵，记为 $\boldsymbol{E}(i,j)$，即

$$\boldsymbol{E}(i,j) = \begin{pmatrix} 1 & & & & & & & & \\ & \ddots & & & & & & & \\ & & 1 & & & & & & \\ & & & 0 & \cdots & 1 & & & \\ & & & & 1 & & & & \\ & & & \vdots & \ddots & \vdots & & & \\ & & & & & 1 & & & \\ & & & 1 & \cdots & 0 & & & \\ & & & & & & 1 & & \\ & & & & & & & \ddots & \\ & & & & & & & & 1 \end{pmatrix} \begin{matrix} \\ \\ \\ \leftarrow 第i行 \\ \\ \\ \\ \leftarrow 第j行 \\ \\ \\ \\ \end{matrix}$$

例如，将 $\boldsymbol{E}_3$ 的第 2 行与第 3 行交换，得到的初等矩阵为

$$\boldsymbol{E}(2,3) = \begin{pmatrix} 1 & 0 & 0 \\ 0 & 0 & 1 \\ 0 & 1 & 0 \end{pmatrix}$$

用 m 阶初等矩阵 $\boldsymbol{E}_m(i,j)$ 左乘矩阵 $\boldsymbol{A} = (a_{ij})_{m \times n}$，得

$$E_m(i,j)A=\begin{pmatrix} a_{11} & a_{12} & \cdots & a_{1n} \\ \vdots & \vdots & & \vdots \\ a_{j1} & a_{j2} & \cdots & a_{jn} \\ \vdots & \vdots & & \vdots \\ a_{i1} & a_{i2} & \cdots & a_{in} \\ \vdots & \vdots & & \vdots \\ a_{m1} & a_{m2} & \cdots & a_{mn} \end{pmatrix} \begin{matrix} \\ \\ \leftarrow 第i行 \\ \\ \leftarrow 第j行 \\ \\ \\ \end{matrix}$$

其结果相当于对矩阵 A 施行第一种初等行变换：把 A 的第 i 行和第 j 行对换 $(r_i \leftrightarrow r_j)$. 类似地，以 n 阶初等矩阵 $E_n(i,j)$ 右乘矩阵 $A=(a_{ij})_{m\times n}$，其结果相当于对矩阵 A 施行第一种初等列变换：把 A 的第 i 列和第 j 列对换 $(c_i \leftrightarrow c_j)$.

(2) 用非零常数 k 乘 E 的第 i 行(列)所得到的初等矩阵记为 $E(i(k))$，即

$$E(i(k))=\begin{pmatrix} 1 & & & & & & \\ & \ddots & & & & & \\ & & 1 & & & & \\ & & & k & & & \\ & & & & 1 & & \\ & & & & & \ddots & \\ & & & & & & 1 \end{pmatrix} \begin{matrix} \\ \\ \\ \leftarrow 第i行 \\ \\ \\ \\ \end{matrix}$$

可以验证：以 $E_m(i(k))$ 左乘矩阵 A，其结果相当于以数 k 乘 A 的第 i 行(kr_i)；以 $E_n(i(k))$ 右乘矩阵 A，其结果相当于以数 k 乘 A 的第 i 列(kc_i).

(3) 将 E 的第 j 行的 k 倍加到第 i 行上(或第 i 列的 k 倍加到第 j 列上)($i<j$)，得到的初等矩阵记为 $E(i,j(k))$，即

$$E(i,j(k))=\begin{pmatrix} 1 & & & & & \\ & \ddots & & & & \\ & & 1 & \cdots & k & & \\ & & & \ddots & \vdots & & \\ & & & & 1 & & \\ & & & & & \ddots & \\ & & & & & & 1 \end{pmatrix} \begin{matrix} \\ \\ \leftarrow 第i行 \\ \\ \leftarrow 第j行 \\ \\ \\ \end{matrix}$$

可以验证：以 $E_m(i,j(k))$ 左乘矩阵 A，其结果相当于把 A 的第 j 行的 k 倍加到第 i 行上 (r_i+kr_j)；以 $E_n(i,j(k))$ 右乘矩阵 A，其结果相当于把 A 的第 i 列的 k 倍加到第 j 列上 (c_j+kc_i).

综上所述，可得定理 2.

定理 2 设 A 是一个 $m\times n$ 矩阵，对 A 施行一次初等行变换相当于在 A 的左边乘以相应的 m 阶初等矩阵；对 A 施行一次初等列变换相当于在 A 的右边乘以相应的 n 阶初等矩阵.

可以证明：任意一个 $m\times n$ 矩阵 A 经过若干次的初等变换都可化为

$$D=\begin{pmatrix}1&0&\cdots&0&0&\cdots&0\\0&1&\cdots&0&0&\cdots&0\\\vdots&\vdots&&\vdots&\vdots&&\vdots\\0&0&\cdots&1&0&\cdots&0\\0&0&\cdots&0&0&\cdots&0\\\vdots&\vdots&&\vdots&\vdots&&\vdots\\0&0&\cdots&0&0&\cdots&0\end{pmatrix}$$

的形式，矩阵 $\boldsymbol{D}$ 称为矩阵 $\boldsymbol{A}$ 的**标准形矩阵**.

显然，可逆矩阵的标准形矩阵是单位阵.

例 1 求矩阵 $\boldsymbol{A}=\begin{pmatrix}2&0&-1&3\\1&2&-2&4\\0&1&3&-1\end{pmatrix}$ 的标准形矩阵.

解 $\boldsymbol{A}=\begin{pmatrix}2&0&-1&3\\1&2&-2&4\\0&1&3&-1\end{pmatrix}\xrightarrow{r_1\leftrightarrow r_2}\begin{pmatrix}1&2&-2&4\\2&0&-1&3\\0&1&3&-1\end{pmatrix}\xrightarrow{r_2-2r_1}\begin{pmatrix}1&2&-2&4\\0&-4&3&-5\\0&1&3&-1\end{pmatrix}$

$$\xrightarrow{r_2\leftrightarrow r_3}\begin{pmatrix}1&2&-2&4\\0&1&3&-1\\0&-4&3&-5\end{pmatrix}\xrightarrow{r_3+4r_2}\begin{pmatrix}1&2&-2&4\\0&1&3&-1\\0&0&15&-9\end{pmatrix}\xrightarrow{\frac{1}{15}r_3}\begin{pmatrix}1&2&-2&4\\0&1&3&-1\\0&0&1&-\frac{3}{5}\end{pmatrix}$$

$$\xrightarrow[r_1+2r_3]{r_2-3r_3}\begin{pmatrix}1&2&0&\frac{14}{5}\\0&1&0&\frac{4}{5}\\0&0&1&-\frac{3}{5}\end{pmatrix}\xrightarrow{r_1-2r_2}\begin{pmatrix}1&0&0&\frac{6}{5}\\0&1&0&\frac{4}{5}\\0&0&1&-\frac{3}{5}\end{pmatrix}\xrightarrow[\substack{c_4-\frac{4}{5}c_2\\c_4+\frac{3}{5}c_3}]{c_4-\frac{6}{5}c_1}\begin{pmatrix}1&0&0&0\\0&1&0&0\\0&0&1&0\end{pmatrix}$$

2.4.3 用矩阵的初等变换求矩阵的秩

定义 2.12 设 $\boldsymbol{A}$ 是 $m\times n$ 矩阵，在 $\boldsymbol{A}$ 中任取 k 行 k 列($1\leqslant k\leqslant\min(m,n)$)，位于这些行列交叉处的元素按原顺序构成的 k 阶行列式称为 $\boldsymbol{A}$ **的 k 阶子式**.

例如，在矩阵 $\boldsymbol{A}=\begin{pmatrix}1&0&2&-1\\2&-1&3&1\\0&2&1&3\end{pmatrix}$ 中，位于第一行与第二列、第四列和第三行与第二列、第四列交叉位置上的元素构成的二阶子式为 $\begin{vmatrix}0&-1\\2&3\end{vmatrix}$.

定义 2.13 在 $m\times n$ 矩阵 $\boldsymbol{A}$ 中，非零子式的最高阶数称为 $\boldsymbol{A}$ **的秩**，记为 $R(\boldsymbol{A})$.

例 2 求矩阵 $\boldsymbol{A}=\begin{pmatrix}2&-3&8&1\\2&12&-2&6\\1&3&1&2\end{pmatrix}$ 的秩.

解 A 的二阶子式 $\begin{vmatrix} 2 & -3 \\ 2 & 12 \end{vmatrix} = 30 \neq 0$，而 A 的所有三阶子式

$$\begin{vmatrix} 2 & -3 & 8 \\ 2 & 12 & -2 \\ 1 & 3 & 1 \end{vmatrix} = 0, \quad \begin{vmatrix} 2 & -3 & 1 \\ 2 & 12 & 6 \\ 1 & 3 & 2 \end{vmatrix} = 0, \quad \begin{vmatrix} 2 & 8 & 1 \\ 2 & -2 & 6 \\ 1 & 1 & 2 \end{vmatrix} = 0, \quad \begin{vmatrix} -3 & 8 & 1 \\ 12 & -2 & 6 \\ 3 & 1 & 2 \end{vmatrix} = 0$$

$R(A) = 2$

对于一般的矩阵，要确定它的非零子式的最高阶数并非一件容易的事，但对于被称为行阶梯形矩阵的矩阵来说，它的非零子式的最高阶数却是一目了然的.

定义 2.14 满足下列两个条件的矩阵称为**行阶梯形矩阵**.

(1) 矩阵如果存在全零行，则全零行都位于非零行的下方.

(2) 矩阵各非零行的首非零元素所在的列，该元素下方的所有元素均为零.

例如，矩阵 $A = \begin{pmatrix} 1 & 1 & -2 & 1 & 4 \\ 0 & 3 & -1 & 1 & 0 \\ 0 & 0 & 0 & 5 & -3 \\ 0 & 0 & 0 & 0 & 0 \end{pmatrix}$ 为行阶梯形矩阵，秩为 3.

注意 对任何矩阵，总可以经过有限次**初等行变换**把它化成行阶梯形矩阵.

定理 3 对矩阵施行初等变换，不改变矩阵的秩.

由定理 3 可知，对矩阵施行初等行变换，使其变成行阶梯形矩阵，则行阶梯形矩阵中非零行的行数就是原矩阵的秩.

例 3 已知矩阵 $A = \begin{pmatrix} 3 & 2 & 0 & 5 & 0 \\ 3 & -2 & 3 & 6 & -1 \\ 2 & 0 & 1 & 5 & -3 \\ 1 & 6 & -4 & -1 & 4 \end{pmatrix}$，求 $R(A)$.

解 $$A = \begin{pmatrix} 3 & 2 & 0 & 5 & 0 \\ 3 & -2 & 3 & 6 & -1 \\ 2 & 0 & 1 & 5 & -3 \\ 1 & 6 & -4 & -1 & 4 \end{pmatrix} \xrightarrow{r_1 \leftrightarrow r_4} \begin{pmatrix} 1 & 6 & -4 & -1 & 4 \\ 3 & -2 & 3 & 6 & -1 \\ 2 & 0 & 1 & 5 & -3 \\ 3 & 2 & 0 & 5 & 0 \end{pmatrix}$$

$$\xrightarrow[\substack{r_3-2r_1 \\ r_4-3r_1}]{r_2-r_4} \begin{pmatrix} 1 & 6 & -4 & -1 & 4 \\ 0 & -4 & 3 & 1 & -1 \\ 0 & -12 & 9 & 7 & -11 \\ 0 & -16 & 12 & 8 & -12 \end{pmatrix} \xrightarrow[r_4-4r_2]{r_3-3r_2} \begin{pmatrix} 1 & 6 & -4 & -1 & 4 \\ 0 & -4 & 3 & 1 & -1 \\ 0 & 0 & 0 & 4 & -8 \\ 0 & 0 & 0 & 4 & -8 \end{pmatrix}$$

$$\xrightarrow{r_4-r_3} \begin{pmatrix} 1 & 6 & -4 & -1 & 4 \\ 0 & -4 & 3 & 1 & -1 \\ 0 & 0 & 0 & 4 & -8 \\ 0 & 0 & 0 & 0 & 0 \end{pmatrix}$$

$R(A) = 3$.

定义 2.15 对于行阶梯形矩阵，若它还满足：

(1) 各非零行的第一个非零元素均为 1；

(2) 上述元素 1 所在的列的其他元素都为零.

则称该矩阵为**行最简阶梯形矩阵**.

例 4　求矩阵 $\boldsymbol{A}=\begin{pmatrix}2&2&-1&6\\1&-2&4&3\\5&7&1&28\end{pmatrix}$ 的行最简阶梯形矩阵.

解

$$\boldsymbol{A}=\begin{pmatrix}2&2&-1&6\\1&-2&4&3\\5&7&1&28\end{pmatrix}\xrightarrow{r_1\leftrightarrow r_2}\begin{pmatrix}1&-2&4&3\\2&2&-1&6\\5&7&1&28\end{pmatrix}$$

$$\xrightarrow[-5r_1+r_3]{-2r_1+r_2}\begin{pmatrix}1&-2&4&3\\0&6&-9&0\\0&17&-19&13\end{pmatrix}\xrightarrow{-\frac{17}{6}r_2+r_3}\begin{pmatrix}1&-2&4&3\\0&6&-9&0\\0&0&\dfrac{13}{2}&13\end{pmatrix}$$

$$\xrightarrow{\frac{2}{13}r_3}\begin{pmatrix}1&-2&4&3\\0&6&-9&0\\0&0&1&2\end{pmatrix}(\text{行阶梯形矩阵})\xrightarrow[-4r_3+r_1]{9r_3+r_2}\begin{pmatrix}1&-2&0&-5\\0&6&0&18\\0&0&1&2\end{pmatrix}$$

$$\xrightarrow{\frac{1}{6}r_2}\begin{pmatrix}1&-2&0&-5\\0&1&0&3\\0&0&1&2\end{pmatrix}\xrightarrow{2r_2+r_1}\begin{pmatrix}1&0&0&1\\0&1&0&3\\0&0&1&2\end{pmatrix}(\text{行最简阶梯形矩阵})$$

2.4.4 用矩阵的初等变换求逆矩阵

前面讲到，任意一个可逆矩阵 $\boldsymbol{A}$，通过一系列的初等变换可以化成单位矩阵 $\boldsymbol{E}$. 更进一步地讲，可以证明可逆矩阵 $\boldsymbol{A}$ 经过有限次的初等行变换就可以化成 $\boldsymbol{E}$. 从而由定理 2 可知，存在有限个初等矩阵 $\boldsymbol{P}_1,\boldsymbol{P}_2,\cdots,\boldsymbol{P}_s$，使

$$\boldsymbol{P}_s\cdots\boldsymbol{P}_2\boldsymbol{P}_1\boldsymbol{A}=\boldsymbol{E} \tag{2-8}$$

由定理 1 的推论可知

$$\boldsymbol{A}^{-1}=\boldsymbol{P}_s\cdots\boldsymbol{P}_2\boldsymbol{P}_1$$

即

$$\boldsymbol{P}_s\cdots\boldsymbol{P}_2\boldsymbol{P}_1\boldsymbol{E}=\boldsymbol{A}^{-1} \tag{2-9}$$

(2-8)、(2-9)两式说明，如果用一系列初等行变换把可逆矩阵 $\boldsymbol{A}$ 化成单位矩阵 $\boldsymbol{E}$，那么同样地用这一系列初等行变换可以把 $\boldsymbol{E}$ 化成 $\boldsymbol{A}^{-1}$.

于是，得到了用初等行变换求 $\boldsymbol{A}^{-1}$ 的方法，即

$$(\boldsymbol{A}\vdots\boldsymbol{E})\xrightarrow{\text{一系列初等行变换}}(\boldsymbol{E}\vdots\boldsymbol{A}^{-1})$$

注意　用初等行变换方法求逆矩阵时，不能同时用初等列变换. 在求出 $\boldsymbol{A}^{-1}$ 后，最好验证式子 $\boldsymbol{A}\boldsymbol{A}^{-1}=\boldsymbol{E}$，以避免计算错误.

例 5　求 $\boldsymbol{A}=\begin{pmatrix}1 & -1 & 3\\ 2 & -1 & 4\\ -1 & 2 & -4\end{pmatrix}$ 的逆矩阵.

解　$$(\boldsymbol{A}\quad \boldsymbol{E})=\begin{pmatrix}1 & -1 & 3 & 1 & 0 & 0\\ 2 & -1 & 4 & 0 & 1 & 0\\ -1 & 2 & -4 & 0 & 0 & 1\end{pmatrix}\xrightarrow[r_3+r_1]{r_2-2r_1}\begin{pmatrix}1 & -1 & 3 & 1 & 0 & 0\\ 0 & 1 & -2 & -2 & 1 & 0\\ 0 & 1 & -1 & 1 & 0 & 1\end{pmatrix}$$

$$\xrightarrow{r_3-r_2}\begin{pmatrix}1 & -1 & 3 & 1 & 0 & 0\\ 0 & 1 & -2 & -2 & 1 & 0\\ 0 & 0 & 1 & 3 & -1 & 1\end{pmatrix}\xrightarrow[r_1-3r_3]{r_2+2r_3}\begin{pmatrix}1 & -1 & 0 & -8 & 3 & -3\\ 0 & 1 & 0 & 4 & -1 & 2\\ 0 & 0 & 1 & 3 & -1 & 1\end{pmatrix}$$

$$\xrightarrow{r_1+r_2}\begin{pmatrix}1 & 0 & 0 & -4 & 2 & -1\\ 0 & 1 & 0 & 4 & -1 & 2\\ 0 & 0 & 1 & 3 & -1 & 1\end{pmatrix}$$

于是

$$\boldsymbol{A}^{-1}=\begin{pmatrix}-4 & 2 & -1\\ 4 & -1 & 2\\ 3 & -1 & 1\end{pmatrix}$$

例 6　求解矩阵方程 $\boldsymbol{AX}=\boldsymbol{B}$，其中 $\boldsymbol{A}=\begin{pmatrix}1 & -1 & 3\\ 2 & -1 & 4\\ -1 & 2 & -4\end{pmatrix},\boldsymbol{B}=\begin{pmatrix}1 & 1 & 3\\ 4 & 3 & 2\\ 1 & 2 & 5\end{pmatrix}$.

解　由例 5 可知

$$\boldsymbol{A}^{-1}=\begin{pmatrix}-4 & 2 & -1\\ 4 & -1 & 2\\ 3 & -1 & 1\end{pmatrix}$$

在矩阵方程 $\boldsymbol{AX}=\boldsymbol{B}$ 的两边同时左乘 $\boldsymbol{A}^{-1}$，得

$$\boldsymbol{X}=\boldsymbol{A}^{-1}\boldsymbol{B}=\begin{pmatrix}-4 & 2 & -1\\ 4 & -1 & 2\\ 3 & -1 & 1\end{pmatrix}\begin{pmatrix}1 & 1 & 3\\ 4 & 3 & 2\\ 1 & 2 & 5\end{pmatrix}=\begin{pmatrix}3 & 0 & -13\\ 2 & 5 & 20\\ 0 & 2 & 12\end{pmatrix}$$

习　题　2.4

1．选择题.

(1) 设 $\boldsymbol{A}$ 是 $m\times n$ 矩阵，把 $\boldsymbol{A}$ 的第一行与第二行对换，则下列说法正确的是(　　).

A．在 $\boldsymbol{A}$ 的右边乘以 m 阶初等矩阵 $\boldsymbol{E}(1,2)$

B．在 $\boldsymbol{A}$ 的左边乘以 m 阶初等矩阵 $\boldsymbol{E}(1,2)$

C．在 $\boldsymbol{A}$ 的右边乘以 n 阶初等矩阵 $\boldsymbol{E}(1,2)$

D．在 $\boldsymbol{A}$ 的左边乘以 n 阶初等矩阵 $\boldsymbol{E}(1,2)$

(2) 关于初等矩阵，下列说法正确的是(　　).

A．都是可逆矩阵　　B．所对应的行列式为 1

C．相乘仍为初等矩阵　　D．相加仍为初等矩阵

2．填空题.

(1) 设 $\boldsymbol{A}$ 是一个 4×5 矩阵，则 $\boldsymbol{AE}(2,4)$ 相当于是把 $\boldsymbol{A}$ 的____得到的.

(2) 设 $\boldsymbol{A}$ 是 $m\times n$ 矩阵，若存在有限个 m 阶初等矩阵 $\boldsymbol{P}_1,\boldsymbol{P}_2,\cdots,\boldsymbol{P}_k$，使 $\boldsymbol{P}_k\cdots\boldsymbol{P}_2\boldsymbol{P}_1\boldsymbol{A}=\boldsymbol{B}$，则 $\boldsymbol{A}=$____________________________.

3．求下列矩阵的标准形.

(1) $\begin{pmatrix}1&-1&2\\3&2&1\\1&0&2\end{pmatrix}$　　(2) $\begin{pmatrix}1&2&3\\-1&0&1\\0&2&-3\\2&1&4\end{pmatrix}$　　(3) $\begin{pmatrix}1&2&3&4\\0&-1&0&-2\\1&1&3&2\\2&2&6&4\end{pmatrix}$

4．求下列矩阵的秩，并求行最简阶梯形矩阵.

(1) $\boldsymbol{A}=\begin{pmatrix}1&2&3&4\\-1&-1&-4&-2\\3&4&11&8\end{pmatrix}$　　(2) $\boldsymbol{A}=\begin{pmatrix}-1&3&0&1\\4&-1&1&-2\\2&-2&0&0\end{pmatrix}$

(3) $\boldsymbol{A}=\begin{pmatrix}3&-1&-4&2&-2\\1&0&-1&1&0\\1&2&1&3&4\\-1&4&3&-3&0\end{pmatrix}$　　(4) $\boldsymbol{A}=\begin{pmatrix}1&-2&3&-4&4\\0&1&-1&1&-3\\1&3&0&1&1\\0&-7&3&1&-3\end{pmatrix}$

5．利用初等变换求下列矩阵的 $\boldsymbol{A}^{-1}$.

(1) $\boldsymbol{A}=\begin{pmatrix}1&2&0\\2&1&-1\\3&1&1\end{pmatrix}$　　(2) $\boldsymbol{A}=\begin{pmatrix}1&2&3\\2&-1&4\\0&-1&1\end{pmatrix}$

(3) $\boldsymbol{A}=\begin{pmatrix}1&-3&2\\-3&0&1\\1&1&-1\end{pmatrix}$　　(4) $\boldsymbol{A}=\begin{pmatrix}2&2&3\\1&-1&0\\-1&2&1\end{pmatrix}$

(5) $\boldsymbol{A}=\begin{pmatrix}1&1&1&1\\1&1&-1&-1\\1&-1&1&-1\\1&-1&-1&1\end{pmatrix}$

6．解下列矩阵方程.

(1) $\begin{pmatrix}3&-1\\-4&2\end{pmatrix}\boldsymbol{X}=\begin{pmatrix}-1&5\\2&-6\end{pmatrix}$　　(2) $\boldsymbol{X}\begin{pmatrix}3&-1\\-4&2\end{pmatrix}=\begin{pmatrix}-1&5\\2&-6\end{pmatrix}$

(3) $\begin{pmatrix}2&2&3\\1&-1&0\\-1&2&1\end{pmatrix}\boldsymbol{X}=\begin{pmatrix}4&2&3\\1&1&0\\-1&2&3\end{pmatrix}$　　(4) $\boldsymbol{X}\begin{pmatrix}1&1&-1\\0&2&2\\1&-1&0\end{pmatrix}=\begin{pmatrix}1&-1&-1\\1&1&0\\2&1&1\end{pmatrix}$

7. 设 $\boldsymbol{A}=\begin{pmatrix} 0 & a_1 & 0 & \cdots & 0 \\ 0 & 0 & a_2 & \cdots & 0 \\ \vdots & \vdots & \vdots & & \vdots \\ 0 & 0 & 0 & \cdots & a_{n-1} \\ a_n & 0 & 0 & \cdots & 0 \end{pmatrix}$，其中 $a_i \neq 0(i=1,2,\cdots,n)$，求 $\boldsymbol{A}^{-1}$.

§2.5 矩阵实验

1. 实验要求

(1) 掌握求矩阵的秩和转置的 MATLAB 命令.
(2) 掌握矩阵基本运算的 MATLAB 命令，并熟练地进行相关计算.
(3) 掌握求方阵行列式和逆矩阵的 MATLAB 命令，并熟练地进行相关计算.

2. 实验内容

本节应用的 MATLAB 命令见表 2-1.

表 2-1　MATLAB 命令

命令形式	功能简介
Rank (A)	求矩阵的秩
A′	求矩阵的转置矩阵
A ± B	两个同型矩阵相加(减)
K*A	数与矩阵相乘
A*B	两个矩阵相乘
det(A)	求方阵的行列式
inv(A)或 A^(−1)	求方阵的逆
A^n	矩阵的乘幂 ($\boldsymbol{A}^n$)
rref(A)	矩阵经行变换化最简形式

例 1　已知矩阵 $\boldsymbol{A}=\begin{pmatrix} 1 & 3 \\ 4 & 2 \\ 2 & 5 \end{pmatrix}$，求 $\boldsymbol{A}$ 的转置矩阵以及秩.

解　在 MATLAB 中输入：

```
>> A=[1,3;4,2;2,5];
>> A'
```

输出结果显示：

```
ans =
     1          4          2
     3          2          5
```

继续输入命令：

```
>> rank(A)
```

输出结果显示:

```
ans=2.
```

例 2　已知 $\boldsymbol{A}=\begin{pmatrix}-1 & 3 & -5\\ 3 & -4 & 0\end{pmatrix}$，$\boldsymbol{B}=\begin{pmatrix}2 & 5 & -1\\ 3 & 2 & 7\end{pmatrix}$，求 $\boldsymbol{A}+\frac{1}{2}\boldsymbol{B}$.

解　输入命令：

```
>> A=[-1,3, -5;3,-4,0];
>> B=[2,5,-1;3,2,7];
>> C=(1/2)*B
>> A+C
```

输出结果显示：

```
ans =
          0    5.5000   -5.5000
     4.5000   -3.0000    3.5000
```

即

$$\boldsymbol{A}+\frac{1}{2}\boldsymbol{B}=\begin{pmatrix}0 & 5.5 & -5.5\\ 4.5 & -3 & 3.5\end{pmatrix}$$

例 3　已知 $\boldsymbol{A}=\begin{pmatrix}2 & -3\\ 1 & 0\\ -4 & 2\end{pmatrix}$，$\boldsymbol{B}=\begin{pmatrix}-1 & 0 & 5\\ 3 & 2 & 4\end{pmatrix}$，求 $\boldsymbol{A}\cdot\boldsymbol{B}$.

解　输入命令：

```
>> A=[2,-3;1,0;-4,2];
>> B=[-1,0,5;3,2,4];
>> A*B
```

输出结果显示:

```
ans =
   -11    -6    -2
    -1     0     5
    10     4   -12
```

例 4　已知方阵 $\boldsymbol{A}=\begin{pmatrix}2 & 4 & -1\\ 3 & -4 & 0\\ 1 & 3 & 2\end{pmatrix}$，求 $|\boldsymbol{A}|$.

解　输入命令：

```
>> A=[2,4,-1;3,-4,0;1,3,2];
>>  det(A)
```

输出结果显示：

```
ans=-53.
```

例 5 已知方阵 $A=\begin{pmatrix}1&2&3\\2&1&2\\1&3&4\end{pmatrix}$，求 A^{-1}.

解 方法一

输入命令：

```
>> A=[1,2,3;2,1,2;1,3,4];
>> inv(A)
```

输出结果显示：

```
ans =
  -2.0000    1.0000    1.0000
  -6.0000    1.0000    4.0000
   5.0000   -1.0000   -3.0000
```

方法二

由矩阵 $B=\begin{pmatrix}1&2&3&1&0&0\\2&1&2&0&1&0\\1&3&4&0&0&1\end{pmatrix}$ 进行初等行变换.

输入命令：

```
>> B=[1,2,3,1,0,0;2,1,2,0,1,0;1,3,4,0,0,1];
>> C=rref(B)      %化行最简形
```

输出结果显示：

```
C =
     1     0     0    -2     1     1
     0     1     0    -6     1     4
     0     0     1     5    -1    -3
```

从而知

$$A^{-1}=\begin{pmatrix}-2&1&1\\-6&1&4\\5&-1&-3\end{pmatrix}$$

例 6 解矩阵方程 $\begin{pmatrix}1&0&1\\1&-1&0\\0&1&2\end{pmatrix}X=\begin{pmatrix}3&1\\1&0\\0&4\end{pmatrix}$.

解 令 $A=\begin{pmatrix}1&0&1\\1&-1&0\\0&1&2\end{pmatrix}$，$B=\begin{pmatrix}3&1\\1&0\\0&4\end{pmatrix}$，得

$$AX=B$$

在 MATLAB 中输入命令：

```
>> A=[1,0,1;1,-1,0;0,1,2];
>> B=[3,1;1,0;0,4];
```

```
>> C=inv(A);
>> X=C*B
```

输出结果显示：

```
X =
      5          -2
      4          -2
     -2           3
```

例7 求 $\boldsymbol{D}=\begin{vmatrix} 1+x & 1 & 1 & 1 \\ 1 & 1-x & 1 & 1 \\ 1 & 1 & 1+y & 1 \\ 1 & 1 & 1 & 1-y \end{vmatrix}$.

解 输入命令：

```
>> syms x y;
>> A=[1+x,1,1,1;1,1-x,1,1;1,1,1+y,1;1,1,1,1-y];
>> D=det(A)
```

输出结果显示：

```
D =
y^2*x^2
```

习 题 2.5

1．计算下列矩阵的秩.

(1) $\begin{pmatrix} 3 & 7 & -3 \\ -2 & -5 & 2 \\ -4 & -10 & 3 \end{pmatrix}$　　(2) $\begin{pmatrix} 2 & 4 & 7 \\ -1 & 3 & 2 \\ 5 & -6 & 8 \\ 6 & -2 & 1 \end{pmatrix}$

2．设 $\boldsymbol{A}=\begin{pmatrix} 1 & 2 & 0 \\ 2 & 1 & -1 \\ 3 & 1 & 1 \end{pmatrix}$，$\boldsymbol{B}=\begin{pmatrix} 1 & 2 & 3 \\ 0 & 1 & 2 \\ 4 & 5 & 3 \end{pmatrix}$，求

(1) $2\boldsymbol{A}+\boldsymbol{B}$；(2) $3(2\boldsymbol{A}-\boldsymbol{B})$；(3) $\boldsymbol{AB}'$.

3．计算下列行列式.

(1) $\begin{vmatrix} 2 & -5 & 1 & 2 \\ -3 & 7 & -1 & 4 \\ 5 & -9 & 2 & 7 \\ 4 & -6 & 1 & 2 \end{vmatrix}$　　(2) $\begin{vmatrix} a & 1 & 1 & 1 \\ 1 & a & 1 & 1 \\ 1 & 1 & a & 1 \\ 1 & 1 & 1 & a \end{vmatrix}$

(3) $\begin{vmatrix} 1 & 0 & a & 1 \\ 0 & -1 & b & -1 \\ -1 & -1 & c & -1 \\ -1 & 1 & d & 0 \end{vmatrix}$

4．求下列矩阵的逆矩阵．

(1) $\begin{pmatrix} 1 & 2 & 3 \\ 4 & 5 & 8 \\ 3 & 4 & 6 \end{pmatrix}$　　(2) $\begin{pmatrix} 1 & 2 & -1 \\ 3 & 4 & -2 \\ 5 & -4 & 1 \end{pmatrix}$

5．设 $\boldsymbol{A}=\begin{pmatrix} 4 & 2 & 3 \\ 1 & 1 & 0 \\ -1 & 2 & 3 \end{pmatrix}$，且 $\boldsymbol{AX}=\boldsymbol{A}+2\boldsymbol{X}$，求矩阵 $\boldsymbol{X}$．

§2.6　矩阵应用案例

案例 1　移民．

转移矩阵总结了两种“状态”间的转换信息，这种“状态”可以指社会阶层、收入层和地理区域．在此将考察表示两个区域的人口迁移的转移矩阵，工人的走与留取决于他们的经济条件．对于那些有稳定工作的人来说，留在原来的工作地点是明智的，但是对于那些失业的人来说，最好还是换个地方．设一个国家分成 3 个地区 1、2 和 3，那么，下面的转移矩阵就表示这 3 个地区留下或迁移到另一地区的人口比例．

$$\boldsymbol{P}=\begin{pmatrix} P_{11} & P_{12} & P_{13} \\ P_{21} & P_{22} & P_{23} \\ P_{31} & P_{32} & P_{33} \end{pmatrix}$$

在这个 3×3 矩阵中，P_{ij} 表示地区 j 迁往地区 i 的人口比例，j=1,2,3；i=1,2,3. 例如，如果地区 1 的 80%的人口停留不动，10%的人口迁往地区 2，10%的人口迁往地区 3，那么相应的元素为 $P_{11}=0.8, P_{21}=0.1, P_{31}=0.1$；如果地区 2 的 70%人口停留不动，15%的人口迁往地区 1，15%的人口迁往地区 3，那么相应的元素为 $P_{12}=0.15, P_{22}=0.7, P_{32}=0.15$；最后，如果地区 3 的 90%人口停留不动，5%的人口迁往地区 1，5%的人口迁往地区 2，那么 $P_{13}=0.05, P_{23}=0.05, P_{33}=0.9$．矩阵 $\boldsymbol{P}$ 可记作

$$\boldsymbol{P}=\begin{pmatrix} 0.80 & 0.15 & 0.05 \\ 0.10 & 0.70 & 0.05 \\ 0.10 & 0.15 & 0.90 \end{pmatrix}$$

转移矩阵可以用来评估长时期内地区间的人口流动．

现在考虑上面讲到的 3 个地区的迁移矩阵．用 $\boldsymbol{x}^0$ 表示在某时间点“0”时的 3 个地区的人口(单位：万人)，给定

$$\boldsymbol{x}^0=\begin{pmatrix} 500 \\ 1\,000 \\ 600 \end{pmatrix}$$

求 3 个地区在下一个时间的人口．设下一个时间的人口为 $\boldsymbol{x}^1$，
则

$$\boldsymbol{x}^1=\boldsymbol{P}\boldsymbol{x}^0=\begin{pmatrix} 0.80 & 0.15 & 0.05 \\ 0.10 & 0.70 & 0.05 \\ 0.10 & 0.15 & 0.90 \end{pmatrix}\begin{pmatrix} 500 \\ 1\,000 \\ 600 \end{pmatrix}$$

$$\begin{pmatrix} 0.80\times 500+0.15\times 1\,000+0.05\times 600 \\ 0.10\times 500+0.70\times 1\,000+0.05\times 600 \\ 0.10\times 500+0.15\times 1\,000+0.90\times 600 \end{pmatrix}=\begin{pmatrix} 580 \\ 780 \\ 740 \end{pmatrix}$$

例如，$\begin{pmatrix} 0.8 & 0.15 & 0.05 \end{pmatrix}\begin{pmatrix} 500 \\ 1\,000 \\ 600 \end{pmatrix}$是原来在地区 1 的人口(0.8×500)和原来在地区 2 迁至地区 1 的人口(0.15×1 000)以及原来在地区 3 迁至地区 1 的人口(0.05×600)的和，其值为 580 万. 可以看到 3 个地区的人口分布由 $\boldsymbol{x}^0$ 变为 $\boldsymbol{x}^1$，地区 1 和地区 3 的人口增多了，而地区 2 的人口减少了.

案例 2 矩阵的乘法——“劳动力市场的转换”模型.

设某经济个体在某时间点上有 3 种不同的状况：被雇佣(状况 E)、失业(状况 U)和不在劳动力市场中(不参与，状况 N). 转换概率矩阵包含诸如保持就业的平均概率 $Pr(E,E)$；有工作的人失业的平均概率 $Pr(U,E)$，即由就业状况转向失业状况；等等. 转换概率矩阵记作

$$\boldsymbol{P}=\begin{bmatrix} Pr(E,E) & Pr(E,U) & Pr(E,N) \\ Pr(U,E) & Pr(U,U) & Pr(U,N) \\ Pr(N,E) & Pr(N,U) & Pr(N,N) \end{bmatrix}$$

如果用 $\boldsymbol{x}^0$ 表示在每种就业状况下人数的初始向量，那么在 n 个时间之后，就业的、失业的和不参与劳动力市场的人数的数量为

$$\boldsymbol{x}^n=\boldsymbol{P}^n\boldsymbol{x}^0$$

分别用 E_n、U_n、N_n 表示在 n 时期就业者、失业者和不参加者的人数，有

$$\begin{bmatrix} E_n \\ U_n \\ N_n \end{bmatrix}=\begin{bmatrix} Pr(E,E) & Pr(E,U) & Pr(E,N) \\ Pr(U,E) & Pr(U,U) & Pr(U,N) \\ Pr(N,E) & Pr(N,U) & Pr(N,N) \end{bmatrix}^n\begin{bmatrix} E_0 \\ U_0 \\ N_0 \end{bmatrix}$$

这 3 种状况是互斥的，故 $\boldsymbol{P}$ 中每列的概率之和必为 1.

例 在一个时间段之后的劳动力市场状况如下.

设劳动力市场转换概率矩阵为

$$\boldsymbol{P}=\begin{bmatrix} 0.80 & 0.1 & 0.01 \\ 0.15 & 0.6 & 0.49 \\ 0.05 & 0.3 & 0.50 \end{bmatrix}$$

开始时的人口分布为

$\boldsymbol{x}^0=\begin{bmatrix} 10 \\ 1 \\ 5 \end{bmatrix}$，试求平均概率 $Pr(E,N)$和 $Pr(N,U)$，并求一个时间段之后的劳动力市场状况向量.

解 由不参加就业市场到直接找到工作的概率 $Pr(E,N)=0.01$ 很小，说明在一个时期内很多失业者在寻找工作. 概率 $Pr(N,U)$表示失业者离开劳动力市场的概率，这些个体叫做丧失信心的劳动者，这个概率表示退出率.

在一个时段以后有

$$x^1 = Px^0 = \begin{bmatrix} 0.80 & 0.1 & 0.01 \\ 0.15 & 0.6 & 0.49 \\ 0.05 & 0.3 & 0.50 \end{bmatrix} \begin{bmatrix} 10 \\ 1 \\ 5 \end{bmatrix} = \begin{bmatrix} 0.8\times 10 + 0.1\times 1 + 0.01\times 5 \\ 0.15\times 10 + 0.6\times 1 + 0.49\times 5 \\ 0.05\times 10 + 0.3\times 1 + 0.5\times 5 \end{bmatrix}$$

$$= \begin{bmatrix} 8.15 \\ 4.55 \\ 3.30 \end{bmatrix}$$

注意，失业者的增加，来自劳动力市场不参与者的净减少和就业者的净减少. 失业者增加伴随着劳动参与者增加的情况称为励志工作者效应.

练习题：动物繁殖问题

某农场饲养的某种动物所能达到的最大年龄为 15 岁，将其分成 3 个年龄组：第一组，0～5 岁；第二组，6～10 岁；第三组，11～15 岁. 动物从第二年龄组起开始繁殖后代，经过长期统计，第二年龄组的动物在其年龄段平均繁殖 4 个后代，第三年龄组的动物在其年龄段平均繁殖 3 个后代，第一年龄组和第二年龄组的动物能顺利进入下一个年龄组的存活率分别为 1/2 和 1/4，假设农场现有 3 个年龄段的动物各 1 000 头，问 15 年后农场 3 个年龄段的动物各有多少头？

第3章　线性方程组

在科学研究和生产实践中，许多实际问题往往涉及解线性方程组. 因此，研究线性方程组的解具有十分重要的意义，线性方程组本身也是线性代数的基本内容之一.

在第1章中应用克莱姆法则解线性方程组时，所给线性方程组要满足两个条件: 第一，方程的个数等于方程组中未知数的个数; 第二，方程组的系数行列式不能等于零. 但是，实际情况中常常遇到方程组中方程的个数不等于未知数的个数的情况，有时还会遇到方程组中方程的个数虽然与未知量的个数相等，但是其系数行列式等于零的情况. 在这些情况下，就不能用克莱姆法则直接求解. 本章针对一般形式的线性方程组讨论以下3个问题: ①如何判别一个线性方程组是否有解; ②解的个数; ③如何求解，即解的结构. 为了深入讨论线性方程组的问题，首先来学习 n 维向量的有关概念.

§3.1　n 维向量及其线性关系

本节将介绍 n 维向量的基本概念及其运算，并讨论 n 维向量的线性相关性，再利用矩阵的初等行变换讨论线性方程组的解和解的结构. 这些都是线性代数和近代数学中的最基本概念和性质，并且是学习后面内容的必要的预备知识.

3.1.1　n 维向量及其线性运算

在中学数学课程中，从有向线段出发，引进了平面向量的概念. 平面上的点和向量与二维数组 (x,y) 建立了一一对应的关系，(x,y) $(x,y\in\mathbf{R})$ 既表示平面上点的坐标，也表示平面上的二维向量. 与平面情形类似，在空间中引进笛卡儿坐标系后，空间中的点和向量都与三维数组 (a_1,a_2,a_3) 建立了一一对应的关系. 所以，三维数组 (a_1,a_2,a_3) $(a_1,a_2,a_3\in\mathbf{R})$ 既表示空间中点的坐标，也表示空间中的三维向量. 二维、三维向量及其运算在数学、物理的力学和电磁场理论、经济管理等领域起着重要作用，为获得向量概念的更广泛的应用，把二维、三维向量的概念推广到 n 维的情况.

定义 3.1　n 个数 $a_1,a_2,\cdots,a_n$ 组成的有序数组 $(a_1,a_2,\cdots,a_n)$ 称为 **n 维向量**，记作 $\boldsymbol{\alpha}=(a_1,a_2,\cdots,a_n)$. a_i 称为向量 $\boldsymbol{\alpha}$ 的第 i 个**分量**，分量 a_i 为实数时称 $\boldsymbol{\alpha}$ 为**实向量**，分量 a_i 为复数时称 $\boldsymbol{\alpha}$ 为**复向量**，本书主要讨论实向量. n 维向量一般用 $\boldsymbol{\alpha}$、$\boldsymbol{\beta}$、$\boldsymbol{\gamma}$ 等希腊字母表示，有时也用 $\boldsymbol{a}$、$\boldsymbol{b}$、$\boldsymbol{c}$ 等英文字母表示.

n 维向量的全体所组成的集合记为 $\boldsymbol{R}^n$.

通常把写成行的向量 $(a_1,a_2,\cdots,a_n)$ 称为**行向量**，把写成列的向量 $\begin{pmatrix} a_1 \\ a_2 \\ \vdots \\ a_n \end{pmatrix}$ 称为**列向量**.

可以把行向量看成行矩阵，列向量看成列矩阵，把 $\boldsymbol{\alpha}=(a_1,a_2,\cdots,a_n)'$，也称为 n 维列向量.

n 维向量是解析几何中向量的推广，但当 $n>3$ 时，n 维向量就没有了直观的几何意义，只是沿用了几何上的术语.

1. 零向量

分量都为零的向量称为**零向量**，记作 $\mathbf{0}=(0,0,\cdots,0)$.

2. 负向量

向量 $(-a_1,-a_2,\cdots,-a_n)$ 称为**向量** $\boldsymbol{\alpha}=(a_1,a_2,\cdots,a_n)$ **的负向量**，记作 $-\boldsymbol{\alpha}$.

3. 向量的相等

如果 n 维向量 $\boldsymbol{\alpha}=(a_1,a_2,\cdots,a_n)$ 与 $\boldsymbol{\beta}=(b_1,b_2,\cdots,b_n)$ 的对应分量相等，即 $a_i=b_i$ $(i=1,2,\cdots,n)$，则称**向量 $\boldsymbol{\alpha}$ 与 $\boldsymbol{\beta}$ 相等**，记作 $\boldsymbol{\alpha}=\boldsymbol{\beta}$.

4. 向量组

设 $m\times n$ 矩阵

$$\boldsymbol{A}=\begin{pmatrix} a_{11} & a_{12} & \cdots & a_{1n} \\ a_{21} & a_{22} & \cdots & a_{2n} \\ \vdots & \vdots & & \vdots \\ a_{m1} & a_{m2} & \cdots & a_{mn} \end{pmatrix}$$

中的每一行 $(a_{i1},a_{i2},\cdots,a_{in})$ $(i=1,2,\cdots,m)$ 都是一个 n 维行向量，那么 $\boldsymbol{A}$ 的 m 个 n 维行向量组成的向量组为

$$\boldsymbol{\beta}_i=(a_{i1},a_{i2},\cdots,a_{in})\quad(i=1,2,\cdots,m)$$

那么，矩阵 $\boldsymbol{A}$ 就可以看成由 m 个 n 维行向量组成，即

$$\boldsymbol{A}=\begin{pmatrix} \boldsymbol{\beta}_1 \\ \boldsymbol{\beta}_2 \\ \vdots \\ \boldsymbol{\beta}_m \end{pmatrix}$$

这样，向量组 $\boldsymbol{\beta}_1,\boldsymbol{\beta}_2,\cdots,\boldsymbol{\beta}_i,\cdots,\boldsymbol{\beta}_m$ 称为矩阵 $\boldsymbol{A}$ 的**行向量组**.

同样，$\boldsymbol{A}$ 的每一列都是一个 m 维列向量，即

$$\boldsymbol{\alpha}_j=\begin{pmatrix} a_{1j} \\ a_{2j} \\ \vdots \\ a_{mj} \end{pmatrix}\quad(j=1,2,\cdots,n)$$

从而矩阵 $\boldsymbol{A}$ 又可以看成由 n 个 m 维列向量组成，即 $\boldsymbol{A}=(\boldsymbol{\alpha}_1,\boldsymbol{\alpha}_2,\cdots,\boldsymbol{\alpha}_n)$，把向量组 $\boldsymbol{\alpha}_1$，$\boldsymbol{\alpha}_2,\cdots,\boldsymbol{\alpha}_j,\cdots,\boldsymbol{\alpha}_n$ 称为矩阵 $\boldsymbol{A}$ 的**列向量组**.

5. n 维向量的线性运算

向量可以看成行矩阵或列矩阵，因此规定行向量与列向量都按矩阵的运算规则进行运算.

定义 3.2　设同维向量 $\boldsymbol{\alpha}=(a_1,a_2,\cdots,a_n)$，$\boldsymbol{\beta}=(b_1,b_2,\cdots,b_n)$，把它们的对应分量相加得到一个 n 维向量，称为**向量 $\boldsymbol{\alpha}$ 与 $\boldsymbol{\beta}$ 的和**，记作 $\boldsymbol{\alpha}+\boldsymbol{\beta}$，即

$$\boldsymbol{\alpha}+\boldsymbol{\beta}=(a_1+b_1,a_2+b_2,\cdots,a_n+b_n)$$

把 $\boldsymbol{\alpha}+(-\boldsymbol{\beta})$ 定义为**向量 $\boldsymbol{\alpha}$ 与 $\boldsymbol{\beta}$ 的差**，记作 $\boldsymbol{\alpha}-\boldsymbol{\beta}$，即

$$\boldsymbol{\alpha}-\boldsymbol{\beta}=\boldsymbol{\alpha}+(-\boldsymbol{\beta})=(a_1-b_1,a_2-b_2,\cdots,a_n-b_n)$$

定义 3.3　设 $\boldsymbol{\alpha}=(a_1,a_2,\cdots,a_n)$，$k$ 为实数，把 $\boldsymbol{\alpha}$ 的各个分量都乘以 k 得到的向量称为数 k 与向量 $\boldsymbol{\alpha}$ 的数量乘积，简称数积，记作 $k\boldsymbol{\alpha}$，即 $k\boldsymbol{\alpha}=(ka_1,ka_2,\cdots,ka_n)$.

向量的加法与数乘运算统称为向量的线性运算. 由定义 3.2 可以得到向量的线性运算还满足以下的运算律.

设 $\boldsymbol{\alpha}=(a_1,a_2,\cdots,a_n)$，$\boldsymbol{\beta}=(b_1,b_2,\cdots,b_n)$，$\boldsymbol{\gamma}=(c_1,c_2,\cdots,c_n)$，则

(1) $\boldsymbol{\alpha}+\boldsymbol{\beta}=\boldsymbol{\beta}+\boldsymbol{\alpha}$；

(2) $(\boldsymbol{\alpha}+\boldsymbol{\beta})+\boldsymbol{\gamma}=\boldsymbol{\alpha}+(\boldsymbol{\beta}+\boldsymbol{\gamma})$；

(3) $\boldsymbol{\alpha}+\mathbf{0}=\boldsymbol{\alpha}$；

(4) $\boldsymbol{\alpha}+(-\boldsymbol{\alpha})=\mathbf{0}$;

(5) $1\boldsymbol{\alpha}=\boldsymbol{\alpha}$；

(6) $k(l\boldsymbol{\alpha})=(kl)\boldsymbol{\alpha}$；

(7) $k(\boldsymbol{\alpha}+\boldsymbol{\beta})=k\boldsymbol{\alpha}+k\boldsymbol{\beta}$；

(8) $(k+l)\boldsymbol{\alpha}=k\boldsymbol{\alpha}+l\boldsymbol{\alpha}$，其中 $k,l\in\mathbf{R}$.

例 1　设向量 $\boldsymbol{\alpha}=(4,7,-3,2)$，$\boldsymbol{\beta}=(11,-12,8,58)$，求满足 $5\boldsymbol{\gamma}-2\boldsymbol{\alpha}=2(\boldsymbol{\beta}-5\boldsymbol{\gamma})$的向量 $\boldsymbol{\gamma}$.

解　由 $5\boldsymbol{\gamma}-2\boldsymbol{\alpha}=2(\boldsymbol{\beta}-5\boldsymbol{\gamma})$得

$$5\boldsymbol{\gamma}-2\boldsymbol{\alpha}=2\boldsymbol{\beta}-10\boldsymbol{\gamma}，即\ 15\boldsymbol{\gamma}=2\boldsymbol{\alpha}+2\boldsymbol{\beta}$$

所以 $\boldsymbol{\gamma}=\dfrac{2}{15}(\boldsymbol{\alpha}+\boldsymbol{\beta})=\dfrac{2}{15}(15,-5,5,60)=(2,-\dfrac{2}{3},\dfrac{2}{3},8)$.

由 m 个线性方程式构成的 n 元线性方程组为

$$\begin{cases}a_{11}x_1+a_{12}x_2+\cdots+a_{1n}x_n=b_1\\a_{21}x_1+a_{22}x_2+\cdots+a_{2n}x_n=b_2\\\qquad\vdots\\a_{m1}x_1+a_{m2}x_2+\cdots+a_{mn}x_n=b_m\end{cases}\tag{3-1}$$

由未知量系数构成的 m 行 n 列矩阵 $\boldsymbol{A}$ 称为系数矩阵，即

$$A=\begin{pmatrix} a_{11} & a_{12} & \cdots & a_{1n} \\ a_{21} & a_{22} & \cdots & a_{2n} \\ \vdots & \vdots & & \vdots \\ a_{m1} & a_{m2} & \cdots & a_{mn} \end{pmatrix}$$

这个矩阵也可以等价地记为 $A=(\alpha_1,\alpha_2,\cdots,\alpha_n)$，其中 $\alpha_j=\begin{pmatrix} a_{1j} \\ a_{2j} \\ \vdots \\ a_{mj} \end{pmatrix}$ $(j=1,2,\cdots,n)$，并且记

$X=\begin{pmatrix} x_1 \\ x_2 \\ \vdots \\ x_n \end{pmatrix}$，$B=\begin{pmatrix} b_1 \\ b_2 \\ \vdots \\ b_m \end{pmatrix}$，则线性方程组(3-1)就等价地表示为 $x_1\alpha_1+x_2\alpha_2+\cdots+x_n\alpha_n=B$，或者表示为 $(\alpha_1,\alpha_2,\cdots,\alpha_n)X=B$，或者表示为 $AX=B$.

以后常用向量的线性运算 $x_1\alpha_1+x_2\alpha_2+\cdots+x_n\alpha_n=B$ 或 $AX=B$ 表示线性方程组(3-1).

3.1.2 线性组合与线性表示

从 3.1.1 节中可以看到，向量的线性运算可以表示线性方程组(3-1)，而常数列向量 B 能否用向量组 $(\alpha_1,\alpha_2,\cdots,\alpha_n)$ 表示的问题，其实就是线性方程组(3-1)是否有解的问题. 因此，为了讨论线性方程组解的结构，先来讨论向量组中向量间的线性关系.

定义 3.4 对 m 维向量 β 和 $\alpha_1,\alpha_2,\cdots,\alpha_n$，如果存在实数 $k_1,\cdots,k_n$ 使得 $\beta=k_1\alpha_1+k_2\alpha_2+\cdots+k_n\alpha_n$ 成立，则称向量 β 是向量组 $\alpha_1,\alpha_2,\cdots,\alpha_n$ 的一个**线性组合**，或称向量 β 可由向量组 $\alpha_1,\alpha_2,\cdots,\alpha_n$ **线性表示**.

例 2 已知，$\alpha_1=\begin{pmatrix} 1 \\ 0 \\ -1 \end{pmatrix}$，$\alpha_2=\begin{pmatrix} 1 \\ 1 \\ 1 \end{pmatrix}$，$\alpha_3=\begin{pmatrix} 3 \\ 1 \\ -1 \end{pmatrix}$，$\beta=\begin{pmatrix} 5 \\ 3 \\ 1 \end{pmatrix}$，判断 β 可否由 $\alpha_1,\alpha_2,\alpha_3$ 线性表示.

解 设 $\beta=k_1\alpha_1+k_2\alpha_2+k_3\alpha_3$，比较两端的对应分量得矩阵方程

$$\begin{pmatrix} 1 & 1 & 3 \\ 0 & 1 & 1 \\ -1 & 1 & -1 \end{pmatrix}\begin{pmatrix} k_1 \\ k_2 \\ k_3 \end{pmatrix}=\begin{pmatrix} 5 \\ 3 \\ 1 \end{pmatrix}$$

β 能否由 $\alpha_1,\alpha_2,\alpha_3$ 线性表示，也就是线性方程组 $\begin{cases} k_1+k_2+3k_3=5 \\ \quad\;\; k_2+k_3=3 \\ -k_1+k_2-k_3=1 \end{cases}$ 是否有解. 在§3.2 中学习了非齐次线性方程组的解后，就会知道这个方程组有无穷多解，其中一组解为 $\begin{pmatrix} k_1 \\ k_2 \\ k_3 \end{pmatrix}=\begin{pmatrix} 0 \\ 2 \\ 1 \end{pmatrix}$，于是有 $\beta=0\alpha_1+2\alpha_2+1\alpha_3$，即 β 可由 $\alpha_1,\alpha_2,\alpha_3$ 线性表示.

如果取另一组解$\begin{pmatrix} k_1 \\ k_2 \\ k_3 \end{pmatrix} = \begin{pmatrix} 2 \\ 3 \\ 0 \end{pmatrix}$时，有$\boldsymbol{\beta} = 2\boldsymbol{\alpha}_1 + 3\boldsymbol{\alpha}_2 + 0\boldsymbol{\alpha}_3$.

一般来说，n维向量$\boldsymbol{\beta}$能由n维向量组$\boldsymbol{\alpha}_1,\boldsymbol{\alpha}_2\cdots,\boldsymbol{\alpha}_m$线性表示，也就是方程组$\boldsymbol{\beta} = k_1\boldsymbol{\alpha}_1 + \cdots + k_m\boldsymbol{\alpha}_m$有解. 可见一个向量能否由一组向量线性表示就转化为非齐次线性方程组$\boldsymbol{A}_{n\times m}\boldsymbol{X} = \boldsymbol{\beta}$是否有解的问题，这里$\boldsymbol{A} = (\boldsymbol{\alpha}_1,\boldsymbol{\alpha}_2,\cdots,\boldsymbol{\alpha}_m)$，$\boldsymbol{X} = (x_1,x_2,\cdots,x_m)'$，$\boldsymbol{\beta} = (b_1,b_2,\cdots,b_n)'$.

3.1.3 线性相关与线性无关

例 2 中$\boldsymbol{\beta}$可由$\boldsymbol{\alpha}_1,\boldsymbol{\alpha}_2,\boldsymbol{\alpha}_3$线性表示，说明向量组中$\boldsymbol{\beta},\boldsymbol{\alpha}_1,\boldsymbol{\alpha}_2,\boldsymbol{\alpha}_3$有一个向量能由其余向量线性表示，而向量组

$$\boldsymbol{e}_1 = \begin{pmatrix} 1 \\ 0 \\ 0 \end{pmatrix},\quad \boldsymbol{e}_2 = \begin{pmatrix} 0 \\ 1 \\ 0 \end{pmatrix},\quad \boldsymbol{e}_3 = \begin{pmatrix} 0 \\ 0 \\ 1 \end{pmatrix}$$

中任一向量都不能被其他向量线性表示. 一个向量组中有没有某个向量能由其余向量线性表示是向量的一种属性，称为向量组的线性相关性，下面给出向量组线性相关和线性无关的定义.

定义 3.5　设n维向量组$\boldsymbol{\alpha}_1,\cdots,\boldsymbol{\alpha}_m$，若存在不全为零的数组$k_1,k_2,\cdots,k_m$，使得

$$k_1\boldsymbol{\alpha}_1 + k_2\boldsymbol{\alpha}_2 \cdots + k_m\boldsymbol{\alpha}_m = \boldsymbol{0} \tag{3-2}$$

则称向量组$\boldsymbol{\alpha}_1,\boldsymbol{\alpha}_2,\cdots,\boldsymbol{\alpha}_m$**线性相关**，否则称为**线性无关**. 换言之，若$\boldsymbol{\alpha}_1,\boldsymbol{\alpha}_2,\cdots,\boldsymbol{\alpha}_m$线性无关，则当且仅当$k_1 = k_2 = \cdots = k_m = 0$时上式成立.

由定义 3.5 可得如下结论.

(1) 仅含一个向量的向量组$\boldsymbol{\alpha}$，若$\boldsymbol{\alpha} = \boldsymbol{0}$，则$\boldsymbol{\alpha}$线性相关；若$\boldsymbol{\alpha} \neq \boldsymbol{0}$，则$\boldsymbol{\alpha}$线性无关.

(2) 任何包含零向量在内的向量组必线性相关.

(3) 两个向量$\boldsymbol{\alpha}_1,\boldsymbol{\alpha}_2$线性相关，当且仅当它们的对应分量成比例时成立；两个向量$\boldsymbol{\alpha}_1,\boldsymbol{\alpha}_2$线性无关，当且仅当它们的对应分量不成比例时成立.

(4) 向量组$\boldsymbol{\alpha}_1,\boldsymbol{\alpha}_2,\cdots,\boldsymbol{\alpha}_n$线性相关的充分必要条件是齐次线性方程组

$$x_1\boldsymbol{\alpha}_1 + x_2\boldsymbol{\alpha}_2 + \cdots + x_n\boldsymbol{\alpha}_n = \boldsymbol{0}$$

有非零解.

(5) 向量组$\boldsymbol{\alpha}_1,\boldsymbol{\alpha}_2,\cdots,\boldsymbol{\alpha}_n$线性无关的充分必要条件是齐次线性方程组

$$x_1\boldsymbol{\alpha}_1 + x_2\boldsymbol{\alpha}_2 + \cdots + x_n\boldsymbol{\alpha}_n = \boldsymbol{0}$$

只有零解.

例 3　设向量$\boldsymbol{\alpha}_1 = (1,2,-1)'$，$\boldsymbol{\alpha}_2 = (-2,3,6)'$，$\boldsymbol{\alpha}_3 = (0,0,0)'$，由于$0\cdot\boldsymbol{\alpha}_1 + 0\cdot\boldsymbol{\alpha}_2 + 1\cdot\boldsymbol{\alpha}_3 = \boldsymbol{0}$，所以$\boldsymbol{\alpha}_1$，$\boldsymbol{\alpha}_2$，$\boldsymbol{\alpha}_3$线性相关.

例 4　讨论向量组$\boldsymbol{\alpha}_1 = \begin{pmatrix} 2 \\ 3 \\ 1 \end{pmatrix}$，$\boldsymbol{\alpha}_2 = \begin{pmatrix} 1 \\ 2 \\ 1 \end{pmatrix}$，$\boldsymbol{\alpha}_3 = \begin{pmatrix} 3 \\ 2 \\ -1 \end{pmatrix}$的线性相关性.

解　判断向量组$\boldsymbol{\alpha}_1$，$\boldsymbol{\alpha}_2$，$\boldsymbol{\alpha}_3$是否线性相关，也就是看能否找到不全为零的数x_1,x_2,x_3，

使得$x_1\boldsymbol{\alpha}_1+x_2\boldsymbol{\alpha}_2+x_3\boldsymbol{\alpha}_3=\mathbf{0}$成立，即$(\boldsymbol{\alpha}_1,\boldsymbol{\alpha}_2,\boldsymbol{\alpha}_3)\begin{pmatrix}x_1\\x_2\\x_3\end{pmatrix}=\mathbf{0}$.

如果令$\boldsymbol{A}=(\boldsymbol{\alpha}_1,\boldsymbol{\alpha}_2,\boldsymbol{\alpha}_3)$，$\boldsymbol{X}=(x_1,x_2,x_3)'$，则讨论向量组$\boldsymbol{\alpha}_1$，$\boldsymbol{\alpha}_2$，$\boldsymbol{\alpha}_3$是否线性相关的问题就是判断齐次线性方程组$\boldsymbol{AX}=\mathbf{0}$是否有非零解的问题.

把向量组$\boldsymbol{\alpha}_1$，$\boldsymbol{\alpha}_2$，$\boldsymbol{\alpha}_3$中的每一个向量作为矩阵的列写成一个矩阵$\boldsymbol{A}$，则

$$\boldsymbol{A}=\begin{pmatrix}2&1&3\\3&2&2\\1&1&-1\end{pmatrix}\xrightarrow{r_1\leftrightarrow r_3}\begin{pmatrix}1&1&-1\\3&2&2\\2&1&3\end{pmatrix}$$

$$\xrightarrow[-2r_1+r_3]{-3r_1+r_2}\begin{pmatrix}1&1&-1\\0&-1&5\\0&-1&5\end{pmatrix}\xrightarrow[(-1)\times r_2]{-r_2+r_3}\begin{pmatrix}1&1&-1\\0&1&-5\\0&0&0\end{pmatrix}$$

可得$R(\boldsymbol{A})=2<3$，所以方程组$\boldsymbol{AX}=\mathbf{0}$即$x_1\boldsymbol{\alpha}_1+x_2\boldsymbol{\alpha}_2+x_3\boldsymbol{\alpha}_3=\mathbf{0}$有非零解，从而$\boldsymbol{\alpha}_1$，$\boldsymbol{\alpha}_2$，$\boldsymbol{\alpha}_3$线性相关.

由例4可见，判断一组向量是否线性相关的问题可转化为判断一个齐次线性方程组有无非零解的问题.

设向量组$\boldsymbol{\alpha}_1,\boldsymbol{\alpha}_2,\cdots,\boldsymbol{\alpha}_n$构成矩阵$\boldsymbol{A}=(\boldsymbol{\alpha}_1,\boldsymbol{\alpha}_2,\cdots,\boldsymbol{\alpha}_n)$，则该向量组线性相关就是齐次线性方程组$x_1\boldsymbol{\alpha}_1+x_2\boldsymbol{\alpha}_2+\cdots+x_n\boldsymbol{\alpha}_n=\mathbf{0}$，即$\boldsymbol{AX}=\mathbf{0}$有非零解. 由此可得下面的定理.

定理 1　向量组$\boldsymbol{\alpha}_1,\boldsymbol{\alpha}_2,\cdots,\boldsymbol{\alpha}_n$线性相关的充要条件是由它所构成的矩阵$\boldsymbol{A}=(\boldsymbol{\alpha}_1,\boldsymbol{\alpha}_2,\cdots,\boldsymbol{\alpha}_n)$的秩小于向量个数$n$，即$R(\boldsymbol{A})<n$；向量组$\boldsymbol{\alpha}_1,\boldsymbol{\alpha}_2,\cdots,\boldsymbol{\alpha}_n$线性无关的充要条件是$R(\boldsymbol{A})=n$.

推论　n个n维向量组$\boldsymbol{\alpha}_1,\boldsymbol{\alpha}_2,\cdots,\boldsymbol{\alpha}_n$线性相关的充要条件是行列式$\det(\boldsymbol{\alpha}_1,\boldsymbol{\alpha}_2,\cdots,\boldsymbol{\alpha}_n)=0$；$\boldsymbol{\alpha}_1,\boldsymbol{\alpha}_2,\cdots,\boldsymbol{\alpha}_n$线性无关的充要条件是$\det(\boldsymbol{\alpha}_1,\boldsymbol{\alpha}_2,\cdots,\boldsymbol{\alpha}_n)\neq\mathbf{0}$.

例 5　已知向量组　$\boldsymbol{\alpha}_1=(1,1,1)',\boldsymbol{\alpha}_2=(0,2,5)',\boldsymbol{\alpha}_3=(2,4,7)'$，试讨论它们的线性相关性.

解　构造矩阵$\boldsymbol{A}=(\boldsymbol{\alpha}_1,\boldsymbol{\alpha}_2,\boldsymbol{\alpha}_3)$，并利用初等行变换转化为阶梯形矩阵.

$$\boldsymbol{A}=\begin{pmatrix}1&0&2\\1&2&4\\1&5&7\end{pmatrix}\to\begin{pmatrix}1&0&2\\0&2&2\\0&5&5\end{pmatrix}\to\begin{pmatrix}1&0&2\\0&1&1\\0&0&0\end{pmatrix}$$

因为$R(\boldsymbol{A})=2<3$(向量个数)，所以向量组$\boldsymbol{\alpha}_1,\boldsymbol{\alpha}_2,\boldsymbol{\alpha}_3$线性相关. 另外，也可以看出，矩阵$(\boldsymbol{\alpha}_1,\boldsymbol{\alpha}_2)$的秩为2，故向量组$\boldsymbol{\alpha}_1,\boldsymbol{\alpha}_2$线性无关.

例5也可以做如下解答.

因为行列式$\begin{vmatrix}1&0&2\\1&2&4\\1&5&7\end{vmatrix}=\begin{vmatrix}1&0&0\\1&2&2\\1&5&5\end{vmatrix}=0$，所以向量组$\boldsymbol{\alpha}_1,\boldsymbol{\alpha}_2,\boldsymbol{\alpha}_3$线性相关.

例 6　已知向量组$\boldsymbol{\alpha}_1,\boldsymbol{\alpha}_2,\boldsymbol{\alpha}_3$线性无关，且$\boldsymbol{\beta}_1=\boldsymbol{\alpha}_1+\boldsymbol{\alpha}_2$，$\boldsymbol{\beta}_2=\boldsymbol{\alpha}_2+\boldsymbol{\alpha}_3$，$\boldsymbol{\beta}_3=\boldsymbol{\alpha}_3+\boldsymbol{\alpha}_1$，证明向量组$\boldsymbol{\beta}_1,\boldsymbol{\beta}_2,\boldsymbol{\beta}_3$线性无关.

证明　设存在数组k_1,k_2,k_3使　$k_1\boldsymbol{\beta}_1+k_2\boldsymbol{\beta}_2+k_3\boldsymbol{\beta}_3=\mathbf{0}$，则有

$$(k_1+k_3)\boldsymbol{\alpha}_1+(k_1+k_2)\boldsymbol{\alpha}_2+(k_2+k_3)\boldsymbol{\alpha}_3=\mathbf{0}$$

因为$\boldsymbol{\alpha}_1,\boldsymbol{\alpha}_2,\boldsymbol{\alpha}_3$线性无关，所以

$$\begin{cases} k_1+k_3=0 \\ k_1+k_2=0 \\ k_2+k_3=0 \end{cases}，即 \begin{pmatrix} 1 & 0 & 1 \\ 1 & 1 & 0 \\ 0 & 1 & 1 \end{pmatrix}\begin{pmatrix} k_1 \\ k_2 \\ k_3 \end{pmatrix}=\begin{pmatrix} 0 \\ 0 \\ 0 \end{pmatrix}$$

系数行列式$\begin{vmatrix} 1 & 0 & 1 \\ 1 & 1 & 0 \\ 0 & 1 & 1 \end{vmatrix}=2\neq 0$，依据克莱姆法则该齐次方程组只有唯一解，即只有零解. 这样$\boldsymbol{\beta}_1,\boldsymbol{\beta}_2,\boldsymbol{\beta}_3$的系数全为零，故$\boldsymbol{\beta}_1,\boldsymbol{\beta}_2,\boldsymbol{\beta}_3$线性无关.

例 7　判断 n 维向量组

$$\boldsymbol{\varepsilon}_1=(1,0,0,\cdots,0)，\boldsymbol{\varepsilon}_2=(0,1,0,\cdots,0)，\cdots，\boldsymbol{\varepsilon}_n=(0,0,\cdots,0,1)$$

的线性相关性.

解　设存在数组$k_1,k_2,\cdots,k_n$，则仅当$(k_1,k_2,\cdots,k_n)=\mathbf{0}$时，即$k_1=0,k_2=0,\cdots,k_n=0$时，$k_1\boldsymbol{\varepsilon}_1+k_2\boldsymbol{\varepsilon}_2+\cdots+k_n\boldsymbol{\varepsilon}_n=\mathbf{0}$式成立，故单位向量组$\boldsymbol{\varepsilon}_1,\boldsymbol{\varepsilon}_2,\cdots,\boldsymbol{\varepsilon}_n$线性无关.

定理 2　向量组$\boldsymbol{\alpha}_1,\boldsymbol{\alpha}_2,\cdots,\boldsymbol{\alpha}_m$ $(m\geqslant 2)$线性相关的充分必要条件是该向量组中至少有一个向量可由其余$m-1$个向量线性表示.

证明　必要性：已知$\boldsymbol{\alpha}_1,\boldsymbol{\alpha}_2,\cdots,\boldsymbol{\alpha}_m$线性相关，则存在不全为零的数组$k_1,k_2,\cdots,k_m$，使得

$$k_1\boldsymbol{\alpha}_1+k_2\boldsymbol{\alpha}_2+\cdots+k_m\boldsymbol{\alpha}_m=\mathbf{0}$$

不妨设$k_1\neq 0$，则有

$$\boldsymbol{\alpha}_1=(-\frac{k_2}{k_1})\boldsymbol{\alpha}_2+\cdots+(-\frac{k_m}{k_1})\boldsymbol{\alpha}_m$$

充分性：不妨设

$$\boldsymbol{\alpha}_1=k_2\boldsymbol{\alpha}_2+\cdots+k_m\boldsymbol{\alpha}_m，则有$$

$$(-1)\boldsymbol{\alpha}_1+k_2\boldsymbol{\alpha}_2+\cdots+k_m\boldsymbol{\alpha}_m=\mathbf{0}$$

因为$(-1),k_2,\cdots,k_m$不全为零，所以$\boldsymbol{\alpha}_1,\boldsymbol{\alpha}_2,\cdots,\boldsymbol{\alpha}_m$线性相关.

定理 3　若向量组$\boldsymbol{\alpha}_1,\boldsymbol{\alpha}_2,\cdots,\boldsymbol{\alpha}_m$线性无关，$\boldsymbol{\alpha}_1,\boldsymbol{\alpha}_2,\cdots,\boldsymbol{\alpha}_m,\boldsymbol{\beta}$线性相关，则$\boldsymbol{\beta}$可由$\boldsymbol{\alpha}_1,\boldsymbol{\alpha}_2,\cdots,\boldsymbol{\alpha}_m$线性表示，且表示式唯一.

证明　因为$\boldsymbol{\alpha}_1,\cdots,\boldsymbol{\alpha}_m,\boldsymbol{\beta}$线性相关，所以存在不全为零的数组$k_1,\cdots,k_m,k$，使得

$$k_1\boldsymbol{\alpha}_1+\cdots+k_m\boldsymbol{\alpha}_m+k\boldsymbol{\beta}=\mathbf{0}$$

假设$k=0$，则$k_1\boldsymbol{\alpha}_1+\cdots+k_m\boldsymbol{\alpha}_m=\mathbf{0}$，因为$k_1=0,\cdots,k_m=0,k=0$与$\boldsymbol{\alpha}_1,\cdots,\boldsymbol{\alpha}_m,\boldsymbol{\beta}$线性相关矛盾，故$k\neq 0$，从而有$\boldsymbol{\beta}=(-\frac{k_1}{k})\boldsymbol{\alpha}_1+\cdots+(-\frac{k_m}{k})\boldsymbol{\alpha}_m$.

下面证明表示式的唯一性.

若

$$\boldsymbol{\beta}=k_1\boldsymbol{\alpha}_1+\cdots+k_m\boldsymbol{\alpha}_m，\quad \boldsymbol{\beta}=l_1\boldsymbol{\alpha}_1+\cdots+l_m\boldsymbol{\alpha}_m$$

则有

$$(k_1-l_1)\boldsymbol{\alpha}_1+\cdots+(k_m-l_m)\boldsymbol{\alpha}_m=\mathbf{0}$$

因为$\boldsymbol{\alpha}_1,\boldsymbol{\alpha}_2,\cdots,\boldsymbol{\alpha}_m$线性无关，所以

$$k_1-l_1=0,\cdots,k_m-l_m=0\Rightarrow k_1=l_1,\cdots,k_m=l_m$$

即$\boldsymbol{\beta}$的表示式唯一.

定理 4　如果$\boldsymbol{\alpha}_1,\cdots,\boldsymbol{\alpha}_r$线性相关，那么$\boldsymbol{\alpha}_1,\cdots,\boldsymbol{\alpha}_r,\boldsymbol{\alpha}_{r+1},\cdots,\boldsymbol{\alpha}_m\ (m>r)$线性相关.

证明　因为$\boldsymbol{\alpha}_1,\boldsymbol{\alpha}_2,\cdots,\boldsymbol{\alpha}_r$线性相关，所以存在不全为零的数组$k_1,k_2\cdots,k_r$，使得

$$k_1\boldsymbol{\alpha}_1+k_2\boldsymbol{\alpha}_2+\cdots+k_r\boldsymbol{\alpha}_r=0 \Rightarrow k_1\boldsymbol{\alpha}_1+\cdots+k_r\boldsymbol{\alpha}_r+0\boldsymbol{\alpha}_{r+1}+\cdots+0\boldsymbol{\alpha}_m=0$$

则数组$k_1,\cdots,k_r,0,\cdots,0$不全为零，故$\boldsymbol{\alpha}_1,\cdots,\boldsymbol{\alpha}_r,\boldsymbol{\alpha}_{r+1},\cdots,\boldsymbol{\alpha}_m$线性相关.

定理 4 说明向量组中若“局部”相关，则“整体”相关.

推论　如果向量组中全体向量线性无关，那么向量组中的任意部分向量线性无关. 该推论说明向量组中若“整体”无关，则“局部”无关.

定理 5　任意$n+1$个n维向量必线性相关. (证明略)

定义 3.6　若向量组$\boldsymbol{A}$中$\boldsymbol{\alpha}_1,\boldsymbol{\alpha}_2,\cdots,\boldsymbol{\alpha}_r$线性无关，而$\boldsymbol{A}$中任意另外的$\boldsymbol{\alpha}_{r+1}$使$\boldsymbol{\alpha}_1,\boldsymbol{\alpha}_2,\cdots,\boldsymbol{\alpha}_r,\boldsymbol{\alpha}_{r+1}$线性相关，则$\boldsymbol{\alpha}_1,\boldsymbol{\alpha}_2,\cdots,\boldsymbol{\alpha}_r$叫向量组 A 的**极大无关组**.

极大无关组中所含向量的个数叫做向量组的秩.

习　题　3.1

1．选择题.

(1) 设向量$\boldsymbol{\varepsilon}_1=(1,0,0)',\boldsymbol{\varepsilon}_2=(0,1,0)',\boldsymbol{\varepsilon}_3=(0,0,1)'$，则(　　).

A. $(5,7,-1)^{\mathrm{T}}$可由$\boldsymbol{\varepsilon}_1,\boldsymbol{\varepsilon}_2,\boldsymbol{\varepsilon}_3$线性表示

B. $(5,7,-1)^{\mathrm{T}}$不能由$\boldsymbol{\varepsilon}_1,\boldsymbol{\varepsilon}_2,\boldsymbol{\varepsilon}_3$线性表示

C. $(0,0,0)^{\mathrm{T}}$不能由$\boldsymbol{\varepsilon}_1,\boldsymbol{\varepsilon}_2,\boldsymbol{\varepsilon}_3$线性表示

D. $(10,17,11)^{\mathrm{T}}$不能由$\boldsymbol{\varepsilon}_1,\boldsymbol{\varepsilon}_2,\boldsymbol{\varepsilon}_3$线性表示

(2) 已知向量$\boldsymbol{\alpha}_1=(1,0,0)',\boldsymbol{\alpha}_2=(0,0,1)'$，则当$\boldsymbol{\beta}$=(　　)时，$\boldsymbol{\beta}$是$\boldsymbol{\alpha}_1,\boldsymbol{\alpha}_2$的线性组合.

A. $(0,2,-1)'$　　B. $(-3,0,4)'$　　C. $(1,1,0)'$　　D. $(0,-1,0)'$

(3) 向量组$\boldsymbol{\alpha}_1,\boldsymbol{\alpha}_2,\cdots,\boldsymbol{\alpha}_s$线性相关的充要条件是(　　).

A. 存在一组均不为零的数$k_1,k_2,\cdots,k_s$，使得$k_1\boldsymbol{\alpha}_1+k_2\boldsymbol{\alpha}_2+\cdots+k_s\boldsymbol{\alpha}_s=\mathbf{0}$成立

B. 有且只有一个向量$\boldsymbol{\alpha}_i$可由其余向量线性表示

C. 至少有一个向量$\boldsymbol{\alpha}_i$可由其余向量线性表示

D. 每个向量都可由其余向量线性表示

(4) 下列说法错误的是(　　).

A. 单独一个非零向量线性无关

B. n+1 个n维向量的向量组一定线性相关

C. 如果存在一组不全为零的数$k_1,k_2,\cdots,k_r$，使得$k_1\boldsymbol{\alpha}_1+k_2\boldsymbol{\alpha}_2+\cdots+k_r\boldsymbol{\alpha}_r\neq\mathbf{0}$，则$\boldsymbol{\alpha}_1,\boldsymbol{\alpha}_2,\cdots,\boldsymbol{\alpha}_r$线性无关

D. 如果向量$\boldsymbol{\alpha}_1,\boldsymbol{\alpha}_2,\cdots,\boldsymbol{\alpha}_r$线性无关，且$k_1\boldsymbol{\alpha}_1+k_2\boldsymbol{\alpha}_2+\cdots+k_r\boldsymbol{\alpha}_r=\mathbf{0}$，则必有$k_1=k_2=\cdots=k_r=0$

(5) 设$\boldsymbol{A}$是n阶矩阵，且$\boldsymbol{A}$的行列式$|\boldsymbol{A}|$=0，则$\boldsymbol{A}$中(　　).

A. 必有一列元素全为零

B. 必有两列元素对应成比例

C. 必有一列向量是其余向量的线性组合

D. 任一列向量是其余向量的线性组合

2．填空题.

(1) 已知向量 $\boldsymbol{\alpha}_1=(1,-2,3,4)',\boldsymbol{\alpha}_2=(2,3,1,1)',\boldsymbol{\alpha}_3=(-3,2,-5,0)'$，且满足关系式 $\boldsymbol{\alpha}_1+2\boldsymbol{\alpha}_2+\frac{1}{2}\boldsymbol{\alpha}_3+\boldsymbol{\beta}=\mathbf{0}$，则 $\beta=$________________.

(2) 单个向量 $\boldsymbol{\alpha}$ 线性无关，则____________；两个向量线性相关的充要条件是__________；多个向量线性相关的充要条件是____________________.

(3) 已知向量组 $\boldsymbol{\alpha}_1=(1,0,0,2)',\boldsymbol{\alpha}_2=(0,0,1,4)',\boldsymbol{\alpha}_3=(0,1,0,3)'$，则该向量组的线性相关性为：$\boldsymbol{\alpha}_1,\boldsymbol{\alpha}_2,\boldsymbol{\alpha}_3$ 线性________________.

(4) 已知向量组 $\boldsymbol{\alpha}_1=(1,1,2,3)',\boldsymbol{\alpha}_2=(1,3,-\lambda,\ \lambda^2)',\boldsymbol{\alpha}_3=(1,-1,2,2)'$，若此向量组的秩为 2，则 $\lambda=$_______________________.

3．已知向量 $\boldsymbol{\alpha}_1=(2,5,1,3),\boldsymbol{\alpha}_2=(10,1,5,10),\boldsymbol{\alpha}_3=(4,1,-1,1)$，在下列各式中求向量 $\boldsymbol{\beta}$.

(1) $\boldsymbol{\beta}=-2\boldsymbol{\alpha}_1+\boldsymbol{\alpha}_2-3\boldsymbol{\alpha}_3$.

(2) $3(\boldsymbol{\alpha}_1-\boldsymbol{\beta})+2(\boldsymbol{\alpha}_2+\boldsymbol{\beta})=5(\boldsymbol{\alpha}_3+\boldsymbol{\beta})$.

4．设 $(x-y+1,2x-4)=(0,0)$，试求 x,y.

5．设向量 $\boldsymbol{\alpha}_1=(1,-1,0),\boldsymbol{\alpha}_2=(2,1,3),\boldsymbol{\alpha}_3=(3,1,2),\boldsymbol{\beta}=(5,0,7)$，试将 $\boldsymbol{\beta}$ 表示成 $\boldsymbol{\alpha}_1,\boldsymbol{\alpha}_2,\boldsymbol{\alpha}_3$ 的线性组合.

6．判断下列向量组是否线性相关，并求向量组的一个极大无关组及它的秩.

(1) $\boldsymbol{\alpha}_1=(1,2,4),\boldsymbol{\alpha}_2=(2,3,1),\boldsymbol{\alpha}_3=(-1,-1,3)$.

(2) $\boldsymbol{\alpha}_1=(1,3,4),\boldsymbol{\alpha}_2=(-2,0,1),\boldsymbol{\alpha}_3=(1,-1,6)$.

7．设向量组 $\boldsymbol{\alpha}_1=(2,0,1,3),\boldsymbol{\alpha}_2=(1,1,0,-1),\boldsymbol{\alpha}_3=(0,-2,1,5),\ \boldsymbol{\alpha}_4=(1,-3,2,9)$，试求向量组的一个极大无关组及它的秩.

§3.2 线性方程组

在§1.3 中看到应用克莱姆法则解线性方程组只适用于求解未知数个数和方程个数相等且系数行列式不等于零的线性方程组的情形，也就是只能解决唯一解的线性方程组的求解问题，且计算量大，容易出错，但有重要的理论价值，可用来证明很多命题.

本节将利用矩阵的初等变换求解线性方程组，它不但对未知数个数和方程个数相等或不等没有要求，而且适用于方程组有唯一解、无解以及有无穷多解的各种情形，全部运算在一个矩阵(数表)中进行，计算简单，易于编程实现，是有效的求解线性方程组的方法.

3.2.1 齐次线性方程组和非齐次线性方程组的概念

在线性方程组(3-1)中，即在线性方程组 $\begin{cases}a_{11}x_1+a_{12}x_2+\cdots+a_{1n}x_n=b_1\\a_{21}x_1+a_{22}x_2+\cdots+a_{2n}x_n=b_2\\\quad\vdots\\a_{m1}x_1+a_{m2}x_2+\cdots+a_{mn}x_n=b_m\end{cases}$ 中，若常数项 $b_1,b_2,\cdots,b_m$ 不全为零，则称(3-1)为非齐次线性方程组. 若常数项 $b_1,b_2,\cdots,b_m$ 全为 0，即线性方程组(3-1)变为

$$\begin{cases}a_{11}x_1+a_{12}x_2+\cdots+a_{1n}x_n=0\\a_{21}x_1+a_{22}x_2+\cdots+a_{2n}x_n=0\\\quad\vdots\\a_{m1}x_1+a_{m2}x_2+\cdots+a_{mn}x_n=0\end{cases}\tag{3-2}$$

这时把(3-2)称为齐次线性方程组.

显然，齐次线性方程组是非齐次线性方程组的特殊情况，因而先研究非齐次线性方程组解的情况，再研究它的特殊情况——齐次线性方程组解的情况.

3.2.2 高斯消元法

例 1 用消元法解线性方程组

$$\begin{cases}2x_1+2x_2-x_3=6\\x_1-2x_2+4x_3=3\\5x_1+7x_2+x_3=28\end{cases}$$

解 利用加减消元法解线性方程组. 下面在解方程的过程中把方程组的加减消元变换与增广矩阵的初等行变换对比如下.

$$\begin{cases}2x_1+2x_2-x_3=6\\x_1-2x_2+4x_3=3\\5x_1+7x_2+x_3=28\end{cases}\qquad \overline{A}=\begin{pmatrix}2&2&-1&6\\1&-2&4&3\\5&7&1&28\end{pmatrix}\tag{1}$$

$$\xrightarrow{r_1\leftrightarrow r_2}\begin{cases}x_1-2x_2+4x_3=3\\2x_1+2x_2-x_3=6\\5x_1+7x_2+x_3=28\end{cases}\qquad \xrightarrow{r_1\leftrightarrow r_2}\begin{pmatrix}1&-2&4&3\\2&2&-1&6\\5&7&1&28\end{pmatrix}\tag{2}$$

$$\xrightarrow[-5r_1+r_3]{-2r_1+r_2}\begin{cases}x_1-2x_2+4x_3=3\\\quad 6x_2-9x_3=0\\\quad 17x_2-19x_3=13\end{cases}\qquad \xrightarrow[-5r_1+r_3]{-2r_1+r_2}\begin{pmatrix}1&-2&4&3\\0&6&-9&0\\0&17&-19&13\end{pmatrix}\tag{3}$$

$$\xrightarrow{-\frac{17}{6}r_2+r_3}\begin{cases}x_1-2x_2+4x_3=3\\\quad 6x_2-9x_3=0\\\quad \frac{13}{2}x_3=13\end{cases}\qquad \xrightarrow{-\frac{17}{6}r_2+r_3}\begin{pmatrix}1&-2&4&3\\0&6&-9&0\\0&0&\frac{13}{2}&13\end{pmatrix}\tag{4}$$

$$\xrightarrow{\frac{2}{13}r_3}\begin{cases}x_1-2x_2+4x_3=3\\\quad 6x_2-9x_3=0\\\quad x_3=2\end{cases}\xrightarrow{\frac{2}{13}r_3}\begin{pmatrix}1&-2&4&3\\0&6&-9&0\\0&0&1&2\end{pmatrix}\text{行阶梯形矩阵}\tag{5}$$

$$\xrightarrow[-4r_3+r_1]{9r_3+r_2}\begin{cases}x_1-2x_2\quad=-5\\\quad 6x_2\quad=18\\\quad x_3=2\end{cases}\qquad \xrightarrow[-4r_3+r_1]{9r_3+r_2}\begin{pmatrix}1&-2&0&-5\\0&6&0&18\\0&0&1&2\end{pmatrix}\tag{6}$$

$$\xrightarrow{\frac{1}{6}r_2}\begin{cases}x_1-2x_2\quad=-5\\\quad x_2\quad=3\\\quad x_3=2\end{cases}\qquad \xrightarrow{\frac{1}{6}r_2}\begin{pmatrix}1&-2&0&-5\\0&1&0&3\\0&0&1&2\end{pmatrix}\tag{7}$$

$$\xrightarrow{2r_2+r_1}\begin{pmatrix}1 & 0 & 0 & 1\\0 & 1 & 0 & 3\\0 & 0 & 1 & 2\end{pmatrix}\text{行最简阶梯形矩阵}\qquad\begin{cases}x_1 & & & =1\\ & x_2 & & =3\\ & & x_3 & =2\end{cases}\tag{8}$$

最后一个增广矩阵所对应的线性方程组恰为原线性方程组的解$\begin{cases}x_1=1\\x_2=3\\x_3=2\end{cases}$.

例 1 中矩阵(5)～(8)就是把行阶梯形矩阵化为行最简阶梯形矩阵的具体做法.

上述解法为加减消元法，也叫高斯(Gauss)消元法. 在消元过程中，实质上对方程组进行了以下 3 种同解变换.

(1) 交换两个方程的位置.

(2) 用一个非 0 数乘以某方程的两端.

(3) 将某方程的 k 倍加到另一个方程的两端.

对方程组进行上述 3 种变换称为线性方程组的初等变换. 可以证明，方程组的初等变换把方程组化为同解方程组所得到的一系列方程组与原方程组同解.

在上述变换过程中，只对各方程的系数和常数项进行运算. 如消去某一个未知量，就是将这个未知量的系数化为零. 而消元和回代的过程都是针对方程组的系数和常数项组成的矩阵进行的. 一般把线性方程组的系数矩阵 $\boldsymbol{A}$ 的右边再增加一列常数项 $\boldsymbol{b}$，组成的矩阵$(\boldsymbol{A},\boldsymbol{b})$称为该方程组的**增广矩阵**，记作 $\overline{\boldsymbol{A}}$. 如例 1 中系数矩阵 $\boldsymbol{A}=\begin{pmatrix}2 & 2 & -1\\1 & -2 & 4\\5 & 7 & 1\end{pmatrix}$，增广矩阵 $\overline{\boldsymbol{A}}=\begin{pmatrix}2 & 2 & -1 & 6\\1 & -2 & 4 & 3\\5 & 7 & 1 & 28\end{pmatrix}$. 因而对方程组的系数和常数进行变换，就转化为对增广矩阵进行变换.

可见，线性方程组的 3 种同解变换恰好对应着矩阵的 3 种初等行变换. 因而，今后解线性方程组可仅就方程组的增广矩阵进行初等行变换，先化为行阶梯形矩阵，再化为行最简阶梯形矩阵. 其中，化阶梯阵的过程相当于消元过程，化行最简阶梯形矩阵的过程相当于回代过程.

3.2.3 线性方程组的解

1. 非齐次线性方程组的解

例 2 解线性方程组

$$\begin{cases}2x_1+2x_2-x_3=6\\x_1-2x_2+4x_3=3\\x_1+4x_2-5x_3=1\end{cases}$$

解 用初等行变换法解方程组.

先将增广矩阵 $\overline{\boldsymbol{A}}$ 化为阶梯形矩阵

$$\overline{\boldsymbol{A}}=\begin{pmatrix}2&2&-1&6\\1&-2&4&3\\1&4&-5&1\end{pmatrix}\xrightarrow{r_1\leftrightarrow r_2}\begin{pmatrix}1&-2&4&3\\2&2&-1&6\\1&4&-5&1\end{pmatrix}$$

$$\xrightarrow[-r_1+r_3]{-2r_1+r_2}\begin{pmatrix}1&-2&4&3\\0&6&-9&0\\0&6&-9&-2\end{pmatrix}\xrightarrow{-r_2+r_3}\begin{pmatrix}1&-2&4&3\\0&6&-9&0\\0&0&0&-2\end{pmatrix}$$

阶梯阵第三行所对应的方程为

$$0x_1+0x_2+0x_3=-2$$

即

$$0=-2$$

显然，该方程为矛盾方程，对于实数范围内所有的x_1、x_2和x_3，该方程都不可能成立，故该方程无解，所以该方程组无解.

例 3 解线性方程组

$$\begin{cases}x_1+x_2+x_3=-2 & (1)\\2x_1-3x_2-x_3=1 & (2)\\4x_1-x_2+x_3=-3 & (3)\\-3x_1+2x_2\quad\;=1 & (4)\end{cases}$$

解 用初等行变换法解方程组

$$\overline{\boldsymbol{A}}=\begin{pmatrix}1&1&1&-2\\2&-3&-1&1\\4&-1&1&-3\\-3&2&0&1\end{pmatrix}\xrightarrow[\substack{-4r_1+r_3\\3r_1+r_4}]{-2r_1+r_2}\begin{pmatrix}1&1&1&-2\\0&-5&-3&5\\0&-5&-3&5\\0&5&3&-5\end{pmatrix}$$

$$\xrightarrow[r_2+r_4]{-r_2+r_3}\begin{pmatrix}1&1&1&-2\\0&-5&-3&5\\0&0&0&0\\0&0&0&0\end{pmatrix}$$

得到的这个行阶梯形矩阵对应的阶梯形方程组为

$$\begin{cases}x_1+x_2+x_3=-2\\-5x_2-3x_3=5\end{cases}$$

其中原来的方程(3)、(4)均化为恒等式“0=0”，说明这两个方程与前两个方程是“相关”的，即方程(3)、(4)是“多余”的方程，在此就不再写出. 故上述方程组等价于下面的方程组

$$\begin{cases}x_1+x_2+x_3=-2\\-5x_2-3x_3=5\end{cases}$$

把上面最后一个行阶梯形矩阵化为最简行阶梯形矩阵，即

$$\overline{\boldsymbol{A}}\longrightarrow\begin{pmatrix}1&1&1&-2\\0&-5&-3&5\\0&0&0&0\\0&0&0&0\end{pmatrix}\xrightarrow[-r_2+r_1]{-\frac{1}{5}r_2}\begin{pmatrix}1&0&\dfrac{2}{5}&-1\\0&1&\dfrac{3}{5}&-1\\0&0&0&0\\0&0&0&0\end{pmatrix}$$

从而得到方程组的一般解

$$\begin{cases} x_1 = -1 - \dfrac{2}{5}x_3 \\ x_2 = -1 - \dfrac{3}{5}x_3 \end{cases}$$

当未知量 x_3 取定某一组值时，x_1、x_2 的值也随之确定，即得到方程组的一组解. 因此，对于未知量 x_3 的任一组取值，均能得到方程组的一组解，称满足这样条件的未知量为**自由未知量**，这里 x_3 为自由未知量. 若令 $x_3=C$(C 为任意常数)，将一般解表示为通解，即

$$\begin{cases} x_1 = -1 - \dfrac{2}{5}C \\ x_2 = -1 - \dfrac{3}{5}C \\ x_3 = C \end{cases} \quad (C\text{ 为任意常数})$$

在例 1 中可以看到，系数矩阵的秩等于增广矩阵的秩且等于未知数的个数，即 $R(\boldsymbol{A})=R(\overline{\boldsymbol{A}})=n=3$，此时，非齐次线性方程组有唯一解；在例 3 中，系数矩阵的秩等于增广矩阵的秩但小于未知数的个数，即 $R(\boldsymbol{A})=R(\overline{\boldsymbol{A}})=2<n=3$，此时，非齐次线性方程组有无穷多解；在例 2 中，系数矩阵的秩 $R(\boldsymbol{A})=2$，增广矩阵的秩 $R(\overline{\boldsymbol{A}})=3$，系数矩阵的秩不等于增广矩阵的秩，即 $R(\boldsymbol{A})\neq R(\overline{\boldsymbol{A}})$ 时，非齐次线性方程组无解.

定理 5　在 n 元非齐次线性方程组(3-1)中，有以下结论.

(1) 如果 $R(\boldsymbol{A})=R(\overline{\boldsymbol{A}})=n$，则非齐次线性方程组(3-1)有唯一的一组解.

(2) 如果 $R(\boldsymbol{A})=R(\overline{\boldsymbol{A}})<n$，则非齐次线性方程组(3-1)有无穷多组解.

(3) 如果 $R(\boldsymbol{A})\neq R(\overline{\boldsymbol{A}})$，则非齐次线性方程组(3-1)无解.

综上所述，当 $R(\boldsymbol{A})=R(\overline{\boldsymbol{A}})$ 时，非齐次线性方程组(3-1)有解；当 $R(\boldsymbol{A})\neq R(\overline{\boldsymbol{A}})$ 时，非齐次线性方程组(3-1)无解.

非齐次线性方程组有解时解的个数分两种情况，即有唯一解和有无穷多个解，这取决于有效方程的个数和未知数的个数.

当有效方程的个数等于未知数的个数时，每个未知数都被唯一限定，因而方程组有唯一解.

当有效方程的个数小于未知数个数时，有的未知数不被限制，产生自由未知量，这时方程组有无穷多个解，其中有 $n-r$ 个自由未知量.

例 4　判断下列线性方程组是否有解，若有解，有多少个解？

(1) $\begin{cases} x_1 + 2x_2 - x_3 = 1 \\ 2x_1 - 3x_2 + x_3 = 0 \\ 4x_1 + x_2 - x_3 = -1 \end{cases}$　　(2) $\begin{cases} x_1 - 2x_2 + x_3 + x_4 = 1 \\ 2x_1 + x_2 - x_3 - x_4 = 2 \\ 3x_1 - x_2 = 3 \end{cases}$

解　(1) $\overline{\boldsymbol{A}} = \begin{pmatrix} 1 & 2 & -1 & 1 \\ 2 & -3 & 1 & 0 \\ 4 & 1 & -1 & -1 \end{pmatrix} \xrightarrow[-4r_1+r_3]{-2r_1+r_2} \begin{pmatrix} 1 & 2 & -1 & 1 \\ 0 & -7 & 3 & -2 \\ 0 & -7 & 3 & -5 \end{pmatrix}$

$$\xrightarrow{-r_2+r_3}\begin{pmatrix}\underline{1} & 2 & -1 & 1\\ 0 & \underline{-7} & 3 & -2\\ 0 & 0 & 0 & \underline{-3}\end{pmatrix}$$

$\because R(A)\neq R(\overline{A})$ $\therefore$线性方程组无解.

(2) $\overline{A}=\begin{pmatrix}\underline{1} & -2 & 1 & 1 & 1\\ \underline{2} & 1 & -1 & -1 & 2\\ \underline{3} & -1 & 0 & 0 & 3\end{pmatrix}\xrightarrow[-3r_1+r_3]{-2r_1+r_2}\begin{pmatrix}\underline{1} & -2 & 1 & 1 & 1\\ 0 & \underline{5} & -3 & -3 & 0\\ 0 & \underline{5} & -3 & -3 & 0\end{pmatrix}$

$$\xrightarrow{-r_2+r_3}\begin{pmatrix}\underline{1} & -2 & 1 & 1 & 1\\ 0 & \underline{5} & -3 & -3 & 0\\ 0 & 0 & 0 & 0 & 0\end{pmatrix}$$

$\because R(A)=R(\overline{A})=2<n=4$ $\therefore$线性方程组有无穷多个解，有$4-2=2$个自由未知量.

例 5 k为何值时，线性方程组$\begin{cases}2x_1+2x_2-x_3=k\\ x_1-2x_2+4x_3=3\\ x_1+4x_2-5x_3=3\end{cases}$有解？有多少个解？

解 $\overline{A}=\begin{pmatrix}2 & 2 & -1 & k\\ 1 & -2 & 4 & 3\\ 1 & 4 & -5 & 3\end{pmatrix}\xrightarrow{r_1\leftrightarrow r_3}\begin{pmatrix}1 & 4 & -5 & 3\\ 1 & -2 & 4 & 3\\ 2 & 2 & -1 & k\end{pmatrix}$

$$\xrightarrow[-2r_1+r_3]{-r_1+r_2}\begin{pmatrix}1 & 4 & -5 & 3\\ 0 & -6 & 9 & 0\\ 0 & -6 & 9 & k-6\end{pmatrix}\xrightarrow{-r_2+r_3}\begin{pmatrix}1 & 4 & -5 & 3\\ 0 & -6 & 9 & 0\\ 0 & 0 & 0 & k-6\end{pmatrix}$$

$\because$方程组有解$\therefore R(A)=R(\overline{A})$

$\because R(A)=2$ $\therefore R(\overline{A})=2$，$k-6=0$，即$k=6$时线性方程组有解.

$\because R(A)=R(\overline{A})=2<n=3$ $\therefore$线性方程组有无穷多个解，有$3-2=1$个自由未知量.

2. 齐次线性方程组的解

在线性方程组(3-1)中，如果对常数项的取值$b_1,b_2,\cdots,b_m$不加以限制，那么齐次线性方程组(3-2)是非齐次线性方程组(3-1)的特殊情况，因而关于非齐次线性方程组的理论对齐次线性方程组也适用. 下面就用非齐次线性方程组解的理论讨论齐次线性方程组解的情况.

齐次线性方程组的增广矩阵$\overline{A}=\begin{pmatrix}a_{11} & a_{12} & \cdots & a_{1n} & 0\\ a_{21} & a_{22} & \cdots & a_{2n} & 0\\ \vdots & \vdots & & \vdots & \vdots\\ a_{m1} & a_{m2} & \cdots & a_{mn} & 0\end{pmatrix}$.

在对$\overline{A}$进行初等行变换转化为行阶梯形矩阵的过程中，最后一列永远为0，因而齐次线性方程组的$R(A)\equiv R(\overline{A})$，永远没有矛盾方程，所以齐次线性方程组一定有解，且

$$x_1=x_2=\cdots=x_n=0$$

一定是齐次线性方程组的解，称其为**零解**.

定理 6 齐次线性方程组总有零解.

定理 7 n 元齐次线性方程组仅有零解的充分必要条件为 $R(\boldsymbol{A})=n$.

定理 8 齐次线性方程组除零解外还有无穷多个非零解的充分必要条件为 $R(\boldsymbol{A})<n$.

例 6 解线性方程组

$$\begin{cases} x_1+x_2+x_3+4x_4-3x_5=0 \\ x_1-x_2+3x_3-2x_4-x_5=0 \\ 2x_1+x_2+3x_3+5x_4-5x_5=0 \\ 3x_1+x_2+5x_3+6x_4-7x_5=0 \end{cases}$$

解 用初等行变换法求方程组的解.

$$\boldsymbol{A}=\begin{pmatrix} 1 & 1 & 1 & 4 & -3 \\ 1 & -1 & 3 & -2 & -1 \\ 2 & 1 & 3 & 5 & -5 \\ 3 & 1 & 5 & 6 & -7 \end{pmatrix} \xrightarrow[\substack{-2r_1+r_3 \\ -3r_1+r_4}]{-r_1+r_2} \begin{pmatrix} 1 & 1 & 1 & 4 & -3 \\ 0 & -2 & 2 & -6 & 2 \\ 0 & -1 & 1 & -3 & 1 \\ 0 & -2 & 2 & -6 & 2 \end{pmatrix}$$

$$\xrightarrow[\substack{r_2+r_3 \\ 2r_2+r_4}]{-\frac{1}{2}r_2} \begin{pmatrix} 1 & 1 & 1 & 4 & -3 \\ 0 & -1 & 1 & -3 & 1 \\ 0 & 0 & 0 & 0 & 0 \\ 0 & 0 & 0 & 0 & 0 \end{pmatrix} \xrightarrow[(-1)\times r_2]{r_2+r_1} \begin{pmatrix} 1 & 0 & 2 & 1 & -2 \\ 0 & 1 & -1 & 3 & -1 \\ 0 & 0 & 0 & 0 & 0 \\ 0 & 0 & 0 & 0 & 0 \end{pmatrix}=\boldsymbol{B}$$

因为 $R(\boldsymbol{A})=R(\boldsymbol{B})=2<5$，所以方程组有非零解. 方程组的一般解为

$$\begin{cases} x_1=-2x_3-x_4+2x_5 \\ x_2=\quad x_3-3x_4+x_5 \end{cases}$$

设自由未知量 $x_3=k_1,x_4=k_2,x_5=k_3$，得通解

$$\begin{cases} x_1=-2k_1-k_2+2k_3 \\ x_2=\quad k_1-3k_2+k_3 \\ x_3=\quad k_1 \\ x_4=\quad k_2 \\ x_5=\quad k_3 \end{cases}$$

也可以整理为如下形式的通解

$$\begin{pmatrix} x_1 \\ x_2 \\ x_3 \\ x_4 \\ x_5 \end{pmatrix}=\begin{pmatrix} -2k_1-k_2+2k_3 \\ k_1-3k_2+k_3 \\ k_1 \\ k_2 \\ k_3 \end{pmatrix}=k_1\begin{pmatrix} -2 \\ 1 \\ 1 \\ 0 \\ 0 \end{pmatrix}+k_2\begin{pmatrix} -1 \\ -3 \\ 0 \\ 1 \\ 0 \end{pmatrix}+k_3\begin{pmatrix} 2 \\ 1 \\ 0 \\ 0 \\ 1 \end{pmatrix}$$

其中 k_1,k_2,k_3 为任意常数.

例 7 解线性方程组

$$\begin{cases} x_1+2x_2+x_3=0 \\ 4x_1+5x_2+2x_3=0 \\ 7x_1+8x_2+4x_3=0 \end{cases}$$

解　对方程组的系数矩阵进行初等行变换

$$A=\begin{pmatrix}1&2&1\\4&5&2\\7&8&4\end{pmatrix}\xrightarrow[-7r_1+r_3]{-4r_1+r_2}\begin{pmatrix}1&2&1\\0&-3&-2\\0&-6&-3\end{pmatrix}\xrightarrow{-2r_2+r_3}\begin{pmatrix}1&2&1\\0&-3&-2\\0&0&1\end{pmatrix}$$

由于 $R(A)=r=3$，所以该方程组只有零解.

3.2.4　线性方程组解的结构

1. 齐次线性方程组解的结构

对于齐次线性方程组(3-2)，即 $\begin{cases}a_{11}x_1+a_{12}x_2+\cdots+a_{1n}x_n=0\\a_{21}x_1+a_{22}x_2+\cdots+a_{2n}x_n=0\\\quad\vdots\\a_{m1}x_1+a_{m2}x_2+\cdots+a_{mn}x_n=0\end{cases}$，设系数矩阵 $A=\begin{pmatrix}a_{11}&a_{12}&\cdots&a_{1n}\\a_{21}&a_{22}&\cdots&a_{2n}\\\vdots&\vdots&&\vdots\\a_{m1}&a_{m2}&\cdots&a_{mn}\end{pmatrix}$，未知数矩阵 $X=\begin{pmatrix}x_1\\x_2\\\vdots\\x_n\end{pmatrix}$，则(3-2)式可以写成矩阵方程

$$AX=0 \tag{3-3}$$

根据方程组(3-2)，下面来讨论解向量的性质.

性质 1　如果 $X_1=(a_1,a_2,\cdots,a_n)$，$X_2=(b_1,b_2,\cdots,b_n)$ 是方程组(3-3)的两个解向量，则 $X_1+X_2=(a_1+b_1,a_2+b_2,\cdots,a_n+b_n)$ 也是方程组(3-3)的解向量.

证明　因为 X_1、X_2 是 $AX=0$ 的解向量，所以 $AX_1=0$，$AX_2=0$，从而必有 $A(X_1+X_2)=AX_1+AX_2=0+0=0$.

性质 2　如果 X_1 是方程组(3-3)的解向量，k 为任意常数，则 kX_1 也是方程组(3-3)的解向量.

证明　因为 X_1 是 $AX=0$ 的解向量，所以 $AX_1=0$，从而 $A(kX_1)=k(AX_1)=k\cdot 0=0$.

如果齐次线性方程组 $AX=0$ 有无穷多个解，这无穷多个解构成了一个 n 维解向量组，如果能找到极大无关的一组解向量 $X_1,X_2,\cdots,X_r$，使其他任一解向量 X 都可以由它们线性表示；另一方面，极大无关组 $X_1,X_2,\cdots,X_r$ 的任何线性组合

$$X=k_1X_1+k_2X_2+\cdots+k_rX_r$$

都是齐次线性方程组 $AX=0$ 的解，因此这一线性组合就是齐次线性方程组 $AX=0$ 的通解.

定义 3.6　如果 $X_1,X_2,\cdots,X_r$ 是齐次线性方程组 $AX=0$ 的解向量组的一个极大无关组，则称 $X_1,X_2,\cdots,X_r$ 是齐次线性方程组 $AX=0$ 的一个**基础解系**. 并把任意常数 $k_1,k_2,\cdots,k_r$ 和任意解向量 X 的线性组合

$$X=k_1X_1+k_2X_2+\cdots+k_rX_r \tag{3-4}$$

叫做方程组 $AX=0$ 的**一般解**，X 也叫**通解**.

定理 9　如果 n 元齐次线性方程组 $AX=0$ 的系数矩阵 A 的秩 $R(A)=r<n$，则方程组 $AX=0$ 必有基础解系，且基础解系中含有 $n-r$ 个解向量. (证明略.)

例如，在例 6 中也可以先求基础解系，再求方程组的通解.

对于原方程组的一般解

$$\begin{cases} x_1 = -2x_3 - x_4 + 2x_5 \\ x_2 = \quad x_3 - 3x_4 + x_5 \end{cases}$$

自由未知量为 $n-r=5-2=3$ 个，其中 x_3, x_4, x_5 为自由未知量.

分别取 $\begin{pmatrix} x_3 \\ x_4 \\ x_5 \end{pmatrix}$ 为极大无关向量组 $\begin{pmatrix} 1 \\ 0 \\ 0 \end{pmatrix}$，$\begin{pmatrix} 0 \\ 1 \\ 0 \end{pmatrix}$，$\begin{pmatrix} 0 \\ 0 \\ 1 \end{pmatrix}$，代入到原方程组的一般解中，即得

$\boldsymbol{X}_1 = \begin{pmatrix} -2 \\ 1 \\ 1 \\ 0 \\ 0 \end{pmatrix}, \boldsymbol{X}_2 = \begin{pmatrix} -1 \\ -3 \\ 0 \\ 1 \\ 0 \end{pmatrix}, \boldsymbol{X}_3 = \begin{pmatrix} 2 \\ 1 \\ 0 \\ 0 \\ 1 \end{pmatrix}$，这就是该方程组的基础解系. 该方程组的通解为

$$\boldsymbol{X} = \begin{pmatrix} x_1 \\ x_2 \\ x_3 \\ x_4 \\ x_5 \end{pmatrix} = k_1 \begin{pmatrix} -2 \\ 1 \\ 1 \\ 0 \\ 0 \end{pmatrix} + k_2 \begin{pmatrix} -1 \\ -3 \\ 0 \\ 1 \\ 0 \end{pmatrix} + k_3 \begin{pmatrix} 2 \\ 1 \\ 0 \\ 0 \\ 1 \end{pmatrix}.$$

需要注意的是，当 $R(\boldsymbol{A})=n$ 时，齐次方程组(3-3)只有零解，因此没有基础解系；当 $R(\boldsymbol{A})=r<n$ 时，齐次方程组(3-3)的基础解系含 $n-r$ 个向量，由极大无关组的性质可知，齐次方程组(3-3)的任何 $n-r$ 个线性无关的解都可以构成它的基础解系. 由此可知齐次方程组的基础解系并不是唯一的，因此它的通解形式也不唯一.

例 8 用基础解系表示方程组 $\begin{cases} x_1 + 2x_2 + x_3 - x_4 = 0 \\ 3x_1 + 6x_2 - x_3 - 3x_4 = 0 \\ 5x_1 + 10x_2 + x_3 - 5x_4 = 0 \end{cases}$ 的通解.

解 对该方程组的系数矩阵 $\boldsymbol{A}$ 进行初等行变换并化为行最简阶梯形矩阵.

$$\boldsymbol{A} = \begin{pmatrix} 1 & 2 & 1 & -1 \\ 3 & 6 & -1 & -3 \\ 5 & 10 & 1 & -5 \end{pmatrix} \xrightarrow[-5r_1+r_3]{-3r_1+r_2} \begin{pmatrix} 1 & 2 & 1 & -1 \\ 0 & 0 & -4 & 0 \\ 0 & 0 & -4 & 0 \end{pmatrix} \xrightarrow{-r_2+r_3}$$

$$\begin{pmatrix} 1 & 2 & 1 & -1 \\ 0 & 0 & -4 & 0 \\ 0 & 0 & 0 & 0 \end{pmatrix} \xrightarrow[-r_2+r_1]{-\frac{1}{4}r_2} \begin{pmatrix} 1 & 2 & 0 & -1 \\ 0 & 0 & 1 & 0 \\ 0 & 0 & 0 & 0 \end{pmatrix}$$

$R(\boldsymbol{A})=2<n=4$，所以原方程组有无穷多个非零解，并由上述最后一个矩阵得方程组的一般解

$$\begin{cases} x_1 = -2x_2 + x_4 \\ x_3 = 0 \end{cases}$$

自由未知量有 $n-r=4-2=2$ 个，其中 x_2, x_4 为自由未知量.

令 $\begin{pmatrix} x_2 \\ x_4 \end{pmatrix} = \begin{pmatrix} 1 \\ 0 \end{pmatrix}$ 及 $\begin{pmatrix} 0 \\ 1 \end{pmatrix}$，则对应地有 $\begin{pmatrix} x_1 \\ x_3 \end{pmatrix} = \begin{pmatrix} -2 \\ 0 \end{pmatrix}$ 和 $\begin{pmatrix} 1 \\ 0 \end{pmatrix}$.

这样基础解系为 $\boldsymbol{X}_1 = \begin{pmatrix} -2 \\ 1 \\ 0 \\ 0 \end{pmatrix}$， $\boldsymbol{X}_2 = \begin{pmatrix} 1 \\ 0 \\ 0 \\ 1 \end{pmatrix}$.

所以原方程组的通解为

$$\boldsymbol{X} = \begin{pmatrix} x_1 \\ x_2 \\ x_3 \\ x_4 \end{pmatrix} = k_1 \begin{pmatrix} -2 \\ 1 \\ 0 \\ 0 \end{pmatrix} + k_2 \begin{pmatrix} 1 \\ 0 \\ 0 \\ 1 \end{pmatrix} \quad (k_1, k_2 \text{ 为任意常数})$$

例 9 解齐次线性方程组

$$\begin{cases} 3x_1 + 2x_2 + 2x_3 - x_4 = 0 \\ 6x_1 + 2x_2 + 4x_3 + 2x_4 = 0 \\ 9x_1 + 6x_3 + x_4 + 8x_5 = 0 \\ x_2 - 2x_5 = 0 \end{cases}$$

并指出其基础解系.

解 (1) 判解.

$$\boldsymbol{A} = \begin{pmatrix} 3 & 2 & 2 & -1 & 0 \\ 6 & 2 & 4 & 2 & 0 \\ 9 & 0 & 6 & 1 & 8 \\ 0 & 1 & 0 & 0 & -2 \end{pmatrix} \xrightarrow[-3r_1+r_3]{-2r_1+r_2} \begin{pmatrix} 3 & 2 & 2 & -1 & 0 \\ 0 & -2 & 0 & 4 & 0 \\ 0 & -6 & 0 & 4 & 8 \\ 0 & 1 & 0 & 0 & -2 \end{pmatrix}$$

$$\xrightarrow{r_4 \leftrightarrow r_2} \begin{pmatrix} 3 & 2 & 2 & -1 & 0 \\ 0 & 1 & 0 & 0 & -2 \\ 0 & -6 & 0 & 4 & 8 \\ 0 & -2 & 0 & 4 & 0 \end{pmatrix} \xrightarrow[2r_2+r_4]{6r_2+r_3} \begin{pmatrix} 3 & 2 & 2 & -1 & 0 \\ 0 & 1 & 0 & 0 & -2 \\ 0 & 0 & 0 & 4 & -4 \\ 0 & 0 & 0 & 4 & -4 \end{pmatrix}$$

$$\xrightarrow{-r_3+r_4} \begin{pmatrix} \underline{3} & 2 & 2 & -1 & 0 \\ 0 & \underline{1} & 0 & 0 & -2 \\ 0 & 0 & 0 & \underline{4} & -4 \\ 0 & 0 & 0 & 0 & 0 \end{pmatrix}$$

$$\because R(\boldsymbol{A}) = 3 < n = 5$$

∴齐次线性方程组除零解外还有无穷多个非零解，有 $5-3=2$ 个自由未知量.

(2) 回代.

$$\xrightarrow{\frac{1}{4}r_3} \begin{pmatrix} \underline{3} & 2 & 2 & -1 & 0 \\ 0 & \underline{1} & 0 & 0 & -2 \\ 0 & 0 & 0 & \underline{1} & -1 \\ 0 & 0 & 0 & 0 & 0 \end{pmatrix} \xrightarrow{r_3+r_1} \begin{pmatrix} \underline{3} & 2 & 2 & 0 & -1 \\ 0 & \underline{1} & 0 & 0 & -2 \\ 0 & 0 & 0 & \underline{1} & -1 \\ 0 & 0 & 0 & 0 & 0 \end{pmatrix}$$

$$\xrightarrow{-2r_2+r_1} \begin{pmatrix} \underline{3} & 0 & 2 & 0 & 3 \\ 0 & \underline{1} & 0 & 0 & -2 \\ 0 & 0 & 0 & \underline{1} & -1 \\ 0 & 0 & 0 & 0 & 0 \end{pmatrix} \xrightarrow{\frac{1}{3}r_1} \begin{pmatrix} \underline{1} & 0 & \frac{2}{3} & 0 & 1 \\ 0 & \underline{1} & 0 & 0 & -2 \\ 0 & 0 & 0 & \underline{1} & -1 \\ 0 & 0 & 0 & 0 & 0 \end{pmatrix}$$

所以同解方程组为

$$\begin{cases} x_1+\dfrac{2}{3}x_3+x_5=0 \\ x_2-2x_5=0 \\ x_4-x_5=0 \end{cases}$$

得解的一般式

$$\begin{cases} x_1=-\dfrac{2}{3}x_3-x_5 \\ x_2=2x_5 \\ x_4=x_5 \end{cases}$$

设 $x_3=c_1, x_5=c_2\,(c_1, c_2\in\mathbf{R})$ 为自由未知量，则方程组的通解为

$$\begin{cases} x_1=-\dfrac{2}{3}c_1-c_2 \\ x_2=2c_2 \\ x_3=c_1 \\ x_4=c_2 \\ x_5=c_2 \end{cases} \qquad (c_1, c_2\in\mathbf{R})$$

也就是 $X=c_1\begin{pmatrix}-\dfrac{2}{3}\\0\\1\\0\\0\end{pmatrix}+c_2\begin{pmatrix}-1\\2\\0\\1\\1\end{pmatrix}$

所以基础解系为：$\begin{pmatrix}-\dfrac{2}{3}\\0\\1\\0\\0\end{pmatrix}, \begin{pmatrix}-1\\2\\0\\1\\1\end{pmatrix}$

2. 非齐次线性方程组解的结构

非齐次线性方程组的一般形式如方程组(3-1)，即

$$\begin{cases} a_{11}x_1+a_{12}x_2+\cdots+a_{1n}x_n=b_1 \\ a_{21}x_1+a_{22}x_2+\cdots+a_{2n}x_n=b_2 \\ \qquad\vdots \\ a_{m1}x_1+a_{m2}x_2+\cdots+a_{mn}x_n=b_m \end{cases}$$

仍然设系数矩阵 $\boldsymbol{A}=\begin{pmatrix} a_{11} & a_{12} & \cdots & a_{1n} \\ a_{21} & a_{22} & \cdots & a_{2n} \\ \vdots & \vdots & & \vdots \\ a_{m1} & a_{m2} & \cdots & a_{mn} \end{pmatrix}$，未知数矩阵 $\boldsymbol{X}=\begin{pmatrix} x_1 \\ x_2 \\ \vdots \\ x_n \end{pmatrix}$，常数项矩阵 $\boldsymbol{B}=\begin{pmatrix} b_1 \\ b_2 \\ \vdots \\ b_m \end{pmatrix}$，则非齐次线性方程组的矩阵形式为

$$\boldsymbol{AX}=\boldsymbol{B} \tag{3-5}$$

若把 $\boldsymbol{B}$ 改为零，得到相应的齐次线性方程组 $\boldsymbol{AX}=\boldsymbol{0}$，称为 $\boldsymbol{AX}=\boldsymbol{B}$ 的**导出组**.

性质 3　设 $\boldsymbol{X}_1$ 和 $\boldsymbol{X}_2$ 都是非齐次线性方程组(3-5)的解，则 $\boldsymbol{X}_1-\boldsymbol{X}_2$ 为对应的齐次线性方程组 $\boldsymbol{AX}=\boldsymbol{0}$ 的解.

证明　由于 $\boldsymbol{A}(\boldsymbol{X}_1-\boldsymbol{X}_2)=\boldsymbol{A}\boldsymbol{X}_1-\boldsymbol{A}\boldsymbol{X}_2=\boldsymbol{B}-\boldsymbol{B}=\boldsymbol{0}$，所以 $\boldsymbol{X}_1-\boldsymbol{X}_2$ 为对应的齐次线性方程组 $\boldsymbol{AX}=\boldsymbol{0}$ 的解.

性质 4　设 $\boldsymbol{X}_1$ 是非齐次线性方程组 $\boldsymbol{AX}=\boldsymbol{B}$ 的解，$\boldsymbol{X}_2$ 是齐次线性方程组 $\boldsymbol{AX}=\boldsymbol{0}$ 的解，则 $\boldsymbol{X}_1+\boldsymbol{X}_2$ 仍是非齐次线性方程组 $\boldsymbol{AX}=\boldsymbol{B}$ 的解.

证明　由于 $\boldsymbol{A}(\boldsymbol{X}_1+\boldsymbol{X}_2)=\boldsymbol{A}\boldsymbol{X}_1+\boldsymbol{A}\boldsymbol{X}_2=\boldsymbol{B}+\boldsymbol{0}=\boldsymbol{B}$，所以 $\boldsymbol{X}_1+\boldsymbol{X}_2$ 仍是非齐次线性方程组 $\boldsymbol{AX}=\boldsymbol{B}$ 的解.

由性质 4 可知，设齐次线性方程组 $\boldsymbol{AX}=\boldsymbol{0}$ 的通解为 $\boldsymbol{X}$，形如式(3-4)，即

$$\boldsymbol{X}=k_1\boldsymbol{X}_1+k_2\boldsymbol{X}_2+\cdots+k_{n-r}\boldsymbol{X}_{n-r}$$

设 η^* 为非齐次线性方程组 $\boldsymbol{AX}=\boldsymbol{B}$ 的一个特解，则非齐次线性方程组 $\boldsymbol{AX}=\boldsymbol{B}$ 的任意一个解总可以表示为 $\boldsymbol{X}=k_1\boldsymbol{X}_1+k_2\boldsymbol{X}_2+\cdots+k_{n-r}\boldsymbol{X}_{n-r}+\eta^*$.

对任意实数 $k_1,k_2,\cdots,k_{n-r}$，这个解总是非齐次线性方程组 $\boldsymbol{AX}=\boldsymbol{B}$ 的解，于是 $\boldsymbol{AX}=\boldsymbol{B}$ 的通解为

$$\boldsymbol{X}=k_1\boldsymbol{X}_1+k_2\boldsymbol{X}_2+\cdots+k_{n-r}\boldsymbol{X}_{n-r}+\eta^*$$

其中 $\boldsymbol{X}_1,\boldsymbol{X}_2,\cdots,\boldsymbol{X}_{n-r}$ 为导出组 $\boldsymbol{AX}=\boldsymbol{0}$ 的基础解系，η^* 为方程组 $\boldsymbol{AX}=\boldsymbol{B}$ 的一个特解，$k_1,k_2,\cdots,k_{n-r}$ 为任意实数.

例 10　求线性方程组 $\begin{cases} x_1-x_2-x_3+x_4=0 \\ x_1-x_2+x_3-3x_4=1 \\ x_1-x_2-2x_3+3x_4=-\dfrac{1}{2} \end{cases}$ 的通解，一个特解，对应的齐次线性方程组的通解及一个基础解系.

解　(1) 化为行阶梯形矩阵，判断解.

$$\overline{\boldsymbol{A}}=\begin{pmatrix} \underline{1} & -1 & -1 & 1 & 0 \\ \underline{1} & -1 & 1 & -3 & 1 \\ \underline{1} & -1 & -2 & 3 & -\dfrac{1}{2} \end{pmatrix} \xrightarrow[-r_1+r_3]{-r_1+r_2} \begin{pmatrix} \underline{1} & -1 & -1 & 1 & 0 \\ 0 & 0 & \underline{2} & -4 & 1 \\ 0 & 0 & \underline{-1} & 2 & -\dfrac{1}{2} \end{pmatrix}$$

$$\xrightarrow{\frac{1}{2}r_2+r_3} \begin{pmatrix} \underline{1} & -1 & -1 & 1 & 0 \\ 0 & 0 & \underline{2} & -4 & 1 \\ 0 & 0 & 0 & 0 & 0 \end{pmatrix}$$

$\because R(A)=R(\overline{A})=2<n=4$

$\therefore$线性方程组有无穷多个解，有$4-2=2$个自由未知量.

(2) 化为行最简阶梯形矩阵，回代求解.

$$\xrightarrow{\frac{1}{2}r_2}\begin{pmatrix}\underline{1} & -1 & -1 & 1 & 0\\ 0 & 0 & \underline{1} & -2 & \frac{1}{2}\\ 0 & 0 & 0 & 0 & 0\end{pmatrix}\xrightarrow{r_2+r_1}\begin{pmatrix}\underline{1} & -1 & 0 & -1 & \frac{1}{2}\\ 0 & 0 & \underline{1} & -2 & \frac{1}{2}\\ 0 & 0 & 0 & 0 & 0\end{pmatrix}$$

(3) 同解方程组为$\begin{cases}x_1-x_2-x_4=\frac{1}{2}\\ x_3-2x_4=\frac{1}{2}\end{cases}$，移项，有$\begin{cases}x_1=\frac{1}{2}+x_2+x_4\\ x_3=\frac{1}{2}+2x_4\end{cases}$.

令$\begin{pmatrix}x_2\\x_4\end{pmatrix}=\begin{pmatrix}0\\0\end{pmatrix}$，得非齐次方程组的特解$\boldsymbol{\eta}^*=\begin{pmatrix}\frac{1}{2}\\0\\\frac{1}{2}\\0\end{pmatrix}$，对应的导出组的一般解为$\begin{cases}x_1=x_2+x_4\\ x_3=2x_4\end{cases}$.

令$\begin{pmatrix}x_2\\x_4\end{pmatrix}=\begin{pmatrix}1\\0\end{pmatrix}$和$\begin{pmatrix}0\\1\end{pmatrix}$，得导出组的基础解系为

$$\boldsymbol{X}_1=\begin{pmatrix}1\\1\\0\\0\end{pmatrix},\quad \boldsymbol{X}_2=\begin{pmatrix}1\\0\\2\\1\end{pmatrix}$$

对应的齐次方程组的通解为

$$\boldsymbol{X}=k_1\begin{pmatrix}1\\1\\0\\0\end{pmatrix}+k_2\begin{pmatrix}1\\0\\2\\1\end{pmatrix}$$

所以非齐次方程组的通解为

$$\begin{pmatrix}x_1\\x_2\\x_3\\x_4\end{pmatrix}=k_1\begin{pmatrix}1\\1\\0\\0\end{pmatrix}+k_2\begin{pmatrix}1\\0\\2\\1\end{pmatrix}+\begin{pmatrix}\frac{1}{2}\\0\\\frac{1}{2}\\0\end{pmatrix}\ (k_1,k_2\in\mathbf{R})$$

例 11 某公司下属Ⅰ、Ⅱ、Ⅲ共3家企业，均生产甲、乙、丙3种产品，3家企业生产3种产品的单位成本见表3-1.

表 3-1　3 家企业生产 3 种产品的单位成本

单位成本　企业 产品	I	II	III
甲	3	2	3
乙	4	3	2
丙	2	4	3

现要生产 3 种产品，若 3 种产品都集中给企业Ⅰ生产的总成本为1 700，都集中给企业Ⅱ生产的总成本为2 000，都集中给企业Ⅲ生产的总成本为1 600，求 3 种产品的生产数量.

解　由于

单位成本×产量=总成本

又因为是多家企业、多种产品，因而有

单位成本矩阵×产量矩阵=总成本矩阵

或

产量矩阵×单位成本矩阵=总成本矩阵

本例中，已知单位成本矩阵和总成本矩阵，求产量矩阵，应按下述方法计算.

设：单位成本矩阵为 $\boldsymbol{A}=\begin{pmatrix}3&2&3\\4&3&2\\2&4&3\end{pmatrix}$，产量矩阵为 $\boldsymbol{X}=(x_1\quad x_2\quad x_3)$，总成本矩阵为 $\boldsymbol{C}=(1\,700\quad 2\,000\quad 1\,600)$. 且满足

$$\boldsymbol{XA}=\boldsymbol{C}$$

即

$$(x_1\quad x_2\quad x_3)\begin{pmatrix}3&2&3\\4&3&2\\2&4&3\end{pmatrix}=(1\,700\quad 2\,000\quad 1\,600)$$

即

$$\begin{cases}3x_1+4x_2+2x_3=1\,700\\2x_1+3x_2+4x_3=2\,000\\3x_1+2x_2+3x_3=1\,600\end{cases}$$

解该非齐次线性方程组

$$\overline{\boldsymbol{A}}=\begin{pmatrix}3&4&2&1\,700\\2&3&4&2\,000\\3&2&3&1\,600\end{pmatrix}\xrightarrow{-r_2+r_1}\begin{pmatrix}1&1&-2&-300\\2&3&4&2\,000\\3&2&3&1\,600\end{pmatrix}$$

$$\xrightarrow[-3r_1+r_3]{-2r_1+r_2}\begin{pmatrix}1&1&-2&-300\\0&1&8&2\,600\\0&-1&9&2\,500\end{pmatrix}\xrightarrow{r_2+r_3}\begin{pmatrix}1&1&-2&-300\\0&1&8&2\,600\\0&0&17&5100\end{pmatrix}$$

由于 $R(\boldsymbol{A})=R(\overline{\boldsymbol{A}})=n$，故线性方程组有唯一解.

$$\begin{pmatrix}1&1&-2&-300\\0&1&8&2600\\0&0&17&5100\end{pmatrix}\xrightarrow{\frac{1}{17}r_3}\begin{pmatrix}1&1&-2&-300\\0&1&8&2600\\0&0&1&300\end{pmatrix}$$

$$\xrightarrow[2r_3+r_1]{-8r_3+r_2}\begin{pmatrix}1&1&0&300\\0&1&0&200\\0&0&1&300\end{pmatrix}\xrightarrow{-r_2+r_1}\begin{pmatrix}1&0&0&100\\0&1&0&200\\0&0&1&300\end{pmatrix}$$

所以，线性方程组的解为$\begin{cases}x_1=100\\x_2=200\\x_3=300\end{cases}$.

答：产品甲、乙、丙的产量分别为100件、200件和300件.

习　题　3.2

1．选择题.

(1) 设A是$m\times n$矩阵，$AX=0$是非齐次线性方程组$AX=B$的导出组，则下列结论正确的是(　　).

A．若$AX=0$仅有零解，则$AX=B$有唯一解

B．若$AX=0$有非零解，则$AX=B$有无穷多个解

C．若$AX=B$有无穷多个解，则$AX=0$仅有零解

D．若$AX=B$有无穷多个解，则$AX=0$有非零解

(2) 非齐次线性方程组$AX=B$中未知数的个数为n，方程的个数为m，系数矩阵的秩为r，则(　　).

A．$r=m$时，方程组$AX=B$有解

B．$r=n$时，方程组$AX=B$有唯一解

C．$n=m$时，方程组$AX=B$有唯一解

D．$r<n$时，方程组$AX=B$有无穷多个解

(3) 线性方程组$\begin{cases}4x_1+3x_2-5x_3=0\\4x_2+3x_3=0\end{cases}$的基础解系为(　　).

A．$\eta=\begin{pmatrix}\frac{11}{6}\\\frac{3}{4}\\1\end{pmatrix}$　　B．$\eta=\begin{pmatrix}-\frac{11}{6}\\\frac{3}{4}\\1\end{pmatrix}$　　C．$\eta=\begin{pmatrix}\frac{29}{16}\\-\frac{3}{4}\\1\end{pmatrix}$　　D．$\eta=\begin{pmatrix}\frac{11}{6}\\\frac{3}{4}\\-1\end{pmatrix}$

(4) 设矩阵$A=\begin{pmatrix}2&-1&3&0&1\\4&-2&5&2&4\\2&-1&4&-2&-1\end{pmatrix}$，$R(A)=r$，则方程组$AX=0$的基础解系所含解向量的个数为(　　).

A．$n-r=1$　　B．$n-r=2$　　C．$n-r=3$　　D．$n-r=4$

(5) 若线性方程组$\begin{cases} x_1+2x_2-x_3-2x_4=0 \\ 2x_1-x_2-x_3+x_4=1 \\ 3x_1+x_2-2x_3-x_4=\lambda \end{cases}$有解，则(　　).

A．$\lambda=2$　　B．$\lambda=-1$　　C．$\lambda=1$　　D．$\lambda=-2$

2．填空题.

(1) 线性方程组$\boldsymbol{AX}=\boldsymbol{B}$有解的充要条件是__________；若$\boldsymbol{AX}=\boldsymbol{B}$有无穷多个解，则$\boldsymbol{AX}=\boldsymbol{0}$有__________；若$\boldsymbol{AX}=\boldsymbol{B}$有唯一解，则$\boldsymbol{AX}=\boldsymbol{0}$有__________.

(2) 已知线性方程组$\begin{cases} x_1+x_2+x_3+4x_4=0 \\ -x_2+x_3-3x_4=0 \end{cases}$，则其一般解可取__________为自由未知量，解得该线性方程组的一个基础解系为__________，__________.

(3) 线性方程组$\begin{cases} 4x+y+2z=0 \\ x+z=0 \\ 6x+y+4z=0 \end{cases}$的通解为__________.

(4) 已知$\eta_0=\begin{pmatrix} -2 \\ 5 \\ 0 \\ 0 \end{pmatrix}$是非齐次线性方程组$\begin{cases} x_1+x_2-x_3+2x_4=3 \\ -2x_1-2x_3+10x_4=4 \\ 2x_1+x_2-3x_4=1 \end{cases}$的一个特解，则该非齐次线性方程组的通解为$\boldsymbol{X}$=__________.

(5) 已知非齐次线性方程组$\boldsymbol{AX}=\boldsymbol{B}$的增广矩阵为$\overline{\boldsymbol{A}}=\begin{pmatrix} 2 & 3 & 4 & 1 \\ 1 & 0 & 3 & 5 \\ 0 & 0 & 0 & 4 \end{pmatrix}$，则该方程组解的个数为__________.

3．用初等行变换法解下列线性方程组.

(1) $\begin{cases} x_1+x_2-2x_3=-3 \\ 5x_1-2x_2+7x_3=22 \\ 2x_1-5x_2+4x_3=4 \end{cases}$　　(2) $\begin{cases} x_1+x_2+x_3+x_4=-7 \\ x_1+3x_3-x_4=8 \\ x_1+2x_2-x_3+x_4=-2 \\ 3x_1+3x_2+3x_3+2x_4=-11 \end{cases}$

(3) $\begin{cases} 2x_1+x_2+3x_3=6 \\ 3x_1+2x_2+x_3=1 \\ 5x_1+3x_2+4x_3=27 \end{cases}$　　(4) $\begin{cases} x_1+x_2-3x_4-x_5=0 \\ x_1-x_2+2x_3-x_4+x_5=0 \\ 4x_1-2x_2+6x_3-6x_4-x_5=0 \\ 2x_1+4x_2-2x_3-8x_4-3x_5=0 \end{cases}$

4．求下列齐次线性方程组的通解，如果方程组有基础解系，则求出一个基础解系.

(1) $\begin{cases} x_1-x_2-x_3+x_4=0 \\ x_1-x_2+2x_3+2x_4=0 \\ 2x_1-2x_2+x_3+3x_4=0 \end{cases}$　　(2) $\begin{cases} x_1-8x_2+10x_3+2x_4=0 \\ 2x_1+4x_2+5x_3-x_4=0 \\ 3x_1+8x_2+6x_3-2x_4=0 \end{cases}$

5．求下列非齐次线性方程组的一个特解、通解及导出组的一个基础解系.

(1) $\begin{cases} x_1-x_2+2x_3+x_4=1 \\ 2x_1-x_2+x_3+2x_4=3 \\ 3x_1-x_2+3x_4=5 \end{cases}$　　(2) $\begin{cases} x_1+2x_2-x_3+x_4=1 \\ -2x_1-4x_2+x_3-3x_4=4 \\ 4x_1+8x_2-3x_3+5x_4=-2 \end{cases}$

6．a,b 取何值时，线性方程组 $\begin{cases} x_1+x_2+x_3+x_4=1 \\ x_2-x_3+2x_4=1 \\ 2x_1+3x_2+(a+2)x_3+4x_4=b+3 \\ 3x_1+5x_2+x_3+(a+8)x_4=5 \end{cases}$ 无解？有唯一解？有无穷多个解？当方程组有无穷多个解时，求出其全部解.

§3.3　线性方程组数学实验

1．实验要求

掌握求解(非)齐次线性方程组的 MATLAB 命令.

2．实验内容

本节所用到的 MATLAB 命令见表 3-2.

表 3-2　MATLAB 命令

命令形式	功能简介
rref(A)	经行变换化矩阵为最简形式
null(A,' r')	求齐次线性方程组的基础解系

例 1　求如下齐次线性方程组的基础解系及通解.

$$\begin{cases} 2x_1+x_2+x_4+6x_5=0 \\ x_1+x_3+x_4+3x_5=0 \\ -x_1-x_3+2x_4+3x_5=0 \end{cases}$$

解　输入命令：

```
>> A=[2,1,0,1,6;1,0,1,1,3;-1,0,-1,2,3];
>> format rat                                   % 指定有理式格式输出
>> B=null(A,'r')                                % 求基础解系
```

输出结果显示：

```
B =
     -1            -1
      2            -2
      1             0
      0            -2
      0             1
```

即基础解系为 $\eta_1=\begin{pmatrix}-1\\2\\1\\0\\0\end{pmatrix}$，$\eta_2=\begin{pmatrix}-1\\-2\\0\\-2\\1\end{pmatrix}$；通解为 $\boldsymbol{X}=k_1\begin{pmatrix}-1\\2\\1\\0\\0\end{pmatrix}+k_2\begin{pmatrix}-1\\-2\\0\\-2\\1\end{pmatrix}$ (k_1, k_2 为任意常数).

例 2　求如下非齐次线性方程组的通解.

$$\begin{cases}3x_1-2x_2-5x_3-5x_4=17\\2x_1+x_2-7x_3=9\\2x_1+3x_2-6x_3+3x_4=3\\x_1+4x_2-7x_3+6x_4=0\end{cases}$$

解　输入命令：

```
>> A=[3,-2,-5,-5,17;2,1,-7,0,9;2,3,-6,3,3;1,4,-7,6,0];
>> rref(A)
```

输出结果显示：

```
ans =
     1          0          0          0          3
     0          1          0          0         -4
     0          0          1          0         -1
     0          0          0          1          1
```

从而知　$x_1=3$，$x_2=-4$，$x_3=-1$，　$x_4=1$.

例 3　求如下非齐次线性方程组的通解.

$$\begin{cases}x_1+x_2+x_4=1\\x_1+x_2+x_3+x_4=3\\2x_1+2x_2-x_3+2x_4=0\end{cases}$$

解　输入命令：

```
>> A=[1,1,0,1;1,1,1,1;2,2,-1,2];
>> b=[1,3,0]';
>> C=[A,b];
>> format rat
>> D=rref(C)             % 化增广矩阵为最简形
>> F=null(A, 'r')
```

输出结果显示：

```
D=
     1          1          0          1          1
     0          0          1          0          2
     0          0          0          0          0
F=
    -1         -1
     1          0
     0          0
     0          1
```

由 $\boldsymbol{D}$ 得非齐次线性方程组的一组特解为 $\eta_0=\begin{pmatrix}1\\0\\2\\0\end{pmatrix}$，由 $\boldsymbol{F}$ 得出对应的齐次线性方程组的

基础解系为$\eta_1=\begin{pmatrix}-1\\1\\0\\0\end{pmatrix}$, $\eta_2=\begin{pmatrix}-1\\0\\0\\1\end{pmatrix}$，从而得通解为$\boldsymbol{X}=\eta_0+k_1\eta_1+k_2\eta_2$($k_1$, k_2为任意常数).

习 题 3.3

1．求下列齐次线性方程组的通解.

(1) $\begin{cases}3x_1+x_2-6x_3-4x_4+2x_5=0\\2x_1+2x_2-3x_3-5x_4+3x_5=0\\x_1-5x_2-6x_3+8x_4-6x_5=0\end{cases}$

(2) $\begin{cases}x_1+x_2+x_3+x_4+x_5=0\\3x_1+2x_2+x_3+x_4-3x_5=0\\x_2+2x_3+2x_4+6x_5=0\\5x_1+4x_2+3x_3+3x_4-x_5=0\end{cases}$

2．求下列非齐次线性方程组的通解.

(1) $\begin{cases}2x_1+x_2-x_3+x_4=1\\x_1+2x_2+x_3-x_4=2\\x_1+x_2+2x_3+x_4=3\end{cases}$

(2) $\begin{cases}x_1+x_2+x_3+x_4=2\\2x_1+3x_2+x_3+x_4=0\\x_1+2x_3+2x_4=6\\4x_1+5x_2+3x_3+3x_4=4\end{cases}$

§3.4 线性方程组应用案例

案例 1 交通流量.

如图 3.1 所示，某城市市区的交叉路口由两条单向车道组成，图中给出了在交通高峰时段每小时进入和离开路口的车辆数，计算在 4 个交叉路口间车辆的数量.

在每一路口，必有进入的车辆数与离开的车辆数相等. 例如，在路口一，进入该路口的车辆数为x_1+550，离开路口的车辆数为x_2+600，因此

$$x_1+550=x_2+600\ (\text{路口一})$$

类似地

$$x_2+520=x_3+500\ (\text{路口二})$$
$$x_4+680=x_1+290\ (\text{路口三})$$
$$x_3+370=x_4+730\ (\text{路口四})$$

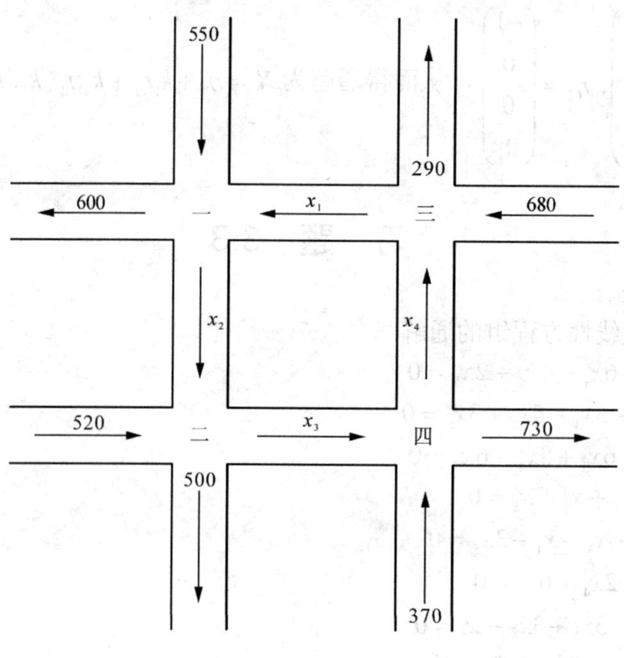

图 3.1

此方程组的增广矩阵为

$$\begin{pmatrix} 1 & -1 & 0 & 0 & 50 \\ 0 & 1 & -1 & 0 & -20 \\ 1 & 0 & 0 & -1 & 390 \\ 0 & 0 & 1 & -1 & 360 \end{pmatrix}$$

相应的行最简阶梯形矩阵为

$$\begin{pmatrix} 1 & 0 & 0 & -1 & 390 \\ 0 & 1 & 0 & -1 & 340 \\ 0 & 0 & 1 & -1 & 360 \\ 0 & 0 & 0 & 0 & 0 \end{pmatrix}$$

该方程组是相容的，因为系数矩阵的秩和增广矩阵的秩相等，且方程组中存在一个自由变量，因此有无穷多组解. 而交通示意图并未给出足够的信息来唯一确定 x_1, x_2, x_3, x_4. 如果知道在某一路口的车辆数量，则其他路口的车辆数量即可求得. 例如，假设在路口三和四之间的平均车辆数量为 300 辆，则相应的 x_1, x_2, x_3 为

$$x_1 = x_4 + 390 = 690$$
$$x_2 = x_4 + 340 = 640$$
$$x_3 = x_4 + 360 = 660$$

案例 2　商品交换的经济模型.

在一个原始社会的部落里，人们从事 3 种职业：农产品生产、工具和器皿的手工制作和

缝制衣物. 最初，假设部落中不存在货币制度，所有的商品和服务均进行实物交换. 记这 3 类人为 A、B、C，并假设有向图 3.2 表示实际的实物交易系统.

图 3.2 说明，农民把他们收成的 1/2 留给自己，1/4 给手工业者，并将 1/4 收成留给制衣工人；手工业者将他们产品的 1/3 留给自己，另外再平均分给农民和手工业者；制衣工人将 1/2 的衣物给农民，并将剩余的平均分给手工业者和他们自己. 综上所述，可以得到 3 类人的产品分配情况，见表 3-3。

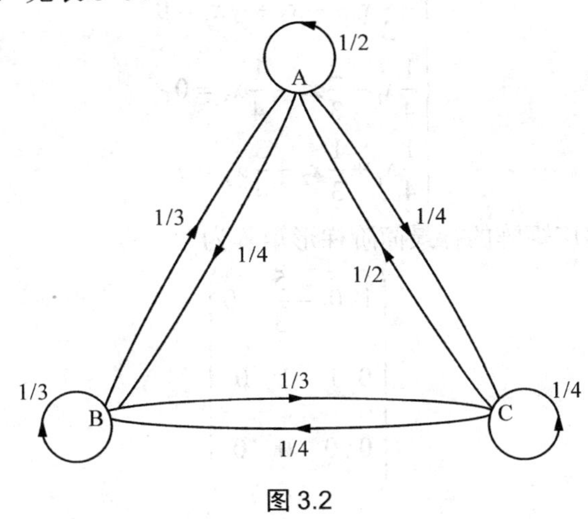

图 3.2

表 3-3　3 类人的产品分配情况

	A	B	C
A	1/2	1/3	1/2
B	1/4	1/3	1/4
C	1/4	1/3	1/4

表 3-3 的 A 列表示农民生产产品的分配，B 列表示手工业者生产产品的分配，C 列表示制衣工人生产产品的分配.

当部落规模扩大时，实物交易系统就变得非常复杂，因此，部落决定使用货币系统. 对于这个简单的经济体系，假设没有资本的累积和债务，并且每一种产品的价格均可反映实物交换系统中产品的价值. 问题是，如何给 3 种产品定价，才可以公平地体现当前的实物交易系统. 这个问题可以利用诺贝尔奖获得者 Wassily Leontief 提出的经济模型转化为线性方程组来解决. 对于这个模型，可以假设农产品的价值、手工业品的价值、服装的价值分别为 x_1, x_2, x_3. 由表 3-3 的 A 行可知农民获得的产品价值是所有农产品价值的 1/2，加上 1/3 的手工业品的价值，再加上 1/2 的服装价值，因此，农民总共获得的产品价值为 $\frac{1}{2}x_1+\frac{1}{3}x_2+\frac{1}{2}x_3$. 如果这个系统是公平的，那么农民获得的产品价值应等于农民生产的产品总价值 x_1，有线性方程

$$\frac{1}{2}x_1+\frac{1}{3}x_2+\frac{1}{2}x_3=x_1$$

对于手工业者，可以根据他所得到的和制造的产品价值相等写成方程，从而得到第二个方程

$$\frac{1}{4}x_1+\frac{1}{3}x_2+\frac{1}{4}x_3=x_2$$

对于制衣工人，根据他所得到和制造的产品价值，可以得到第三个方程

$$\frac{1}{4}x_1+\frac{1}{3}x_2+\frac{1}{4}x_3=x_3$$

这些方程可以写成三元齐次线性方程组

$$\begin{cases}-\frac{1}{2}x_1+\frac{1}{3}x_2+\frac{1}{2}x_3=0\\ \frac{1}{4}x_1-\frac{2}{3}x_2+\frac{1}{4}x_3=0\\ \frac{1}{4}x_1+\frac{1}{3}x_2-\frac{3}{4}x_3=0\end{cases}$$

该方程组对应的增广矩阵的行最简阶梯形矩阵为

$$\begin{pmatrix}1 & 0 & -\frac{5}{3} & 0\\ 0 & 1 & -1 & 0\\ 0 & 0 & 0 & 0\end{pmatrix}$$

它有一个自由未知量 x_3，令 $x_3=1$，得到一个解 $\left(\frac{5}{3},1,1\right)'$，那么原方程组的通解为 $\boldsymbol{x}=k\left(\frac{5}{3},1,1\right)'$. 这个简单的系统是 Wassily Leontief 的封闭生产–消费模型的例子，该模型是理解经济体系的基础.

练习题：小行星的轨道问题.

一位天文学家要确定一颗小行星绕太阳运行的轨道，他在轨道平面内建立以太阳为原点的直角坐标系，在两坐标轴上取天文测量单位(一天文单位为地球到太阳的平均距离：$4\,959\,787\times10^{11}$m). 在 5 个不同的时间对小行星做了 5 次观察，测得轨道上 5 个点的坐标数据见表 3-4.

表 3-4　轨道上 5 个点的坐标数据

	x_1	x_2	x_3	x_4	x_5
X 坐标	5.764	6.286	6.759	7.168	7.408
	y_1	y_2	y_3	y_4	y_5
Y 坐标	0.648	1.202	1.823	2.526	3.360

提示：① 线性代数方程组理论.

② 由开普勒第一定律知小行星运行的轨道为椭圆，椭圆的一般方程为

$$a_1x^2+2a_2xy+a_3y^2+2a_4x+2a_5y+1=0.$$

第 4 章　随机事件的概率和随机变量

恩格斯曾说:“在表面上是偶然性在起作用的地方，这种偶然性始终是受内部隐蔽着的规律支配着的，而问题只在于发现这些规律”. 概率论就是揭露与研究随机现象的规律性. 本章介绍了概率的古典定义、概率的性质、条件概率、乘法公式、全概率公式、贝叶斯公式以及事件的独立性，这些内容引导我们研究随机现象发生的规律性.

§4.1　随机事件及其概率

4.1.1　随机事件

1. 随机试验与样本空间

通常把对事物的一次观察或为此而进行的实验称为**试验**，而试验的结果称为**事件**. 随机试验是对随机现象的观察，用 E 表示.

具有下列 3 个特点的试验称为**随机试验**.

(1) 试验可以在相同的条件下重复地进行.

(2) 每次试验的结果可能不止一个，但事先知道每次试验所有可能的结果.

(3) 每次试验前不能确定哪一个结果会出现.

在随机试验中，每一个可能出现的不能再分解的最简单的试验结果称为**基本事件**或**样本点**，用 e 表示；由全体基本事件组成的集合称为**样本空间**，用 Ω 表示.

例 1　掷一枚骰子，观察出现的点数，写出试验的样本点和样本空间.

解　设 e_i 表示“出现 i 点”，则 $e_i\,(i=1,2,3,4,5,6)$为这个试验的全体基本事件，也就是样本点，样本空间 $\Omega=\{e_1,e_2,e_3,e_4,e_5,e_6\}$.

例 2　抛 3 枚硬币，观察哪些次字面向上，写出样本点和样本空间 Ω.

解　用 0，1 分别表示“图案向上”与“字面向上”.

$e_1=(0,0,0)$　　$e_2=(1,0,0)$　　$e_3=(0,1,0)$　　$e_4=(0,0,1)$

$e_5=(1,1,0)$　　$e_6=(1,0,1)$　　$e_7=(0,1,1)$　　$e_8=(1,1,1)$

$\Omega=\{e_1,e_2,e_3,e_4,e_5,e_6,e_7,e_8\}$

如果设 A={仅有一次字面向上}，B={至少有一次字面向上}，则

$$A=\{e_2,e_3,e_4\},B=\{e_2,e_3,e_4,e_5,e_6,e_7,e_8\}$$

由若干个基本事件组成的事件称为**复合事件**.

2. 随机事件

在随机试验中，把可能发生也可能不发生的事件称为**随机事件**，简称**事件**. 事件常用大写英文字母 A，B，C，D，…表示. 在随机试验中，每次试验中都发生的事件称为**必然事件**，记作 Ω；每次试验中都不发生的事件称为**不可能事件**，记作 ϕ. 通常把必然事件和不可能事件看作特殊的随机事件.

这样，随机事件就是样本点的某个集合，说某事件发生，就是当且仅当属于该集合的某一个样本点出现. 不可能事件就是空集，必然事件就是样本空间，于是事件间的关系可以用集合的运算来类比.

3. 事件的关系与运算

(1) **事件的包含**：若事件 A 发生一定导致事件 B 发生，那么称**事件 B 包含事件 A**，记作 $A\subset B$ （或 $B\supset A$），如图 4.1 所示.

(2) **事件的相等**：若两事件 A 与 B 相互包含，即 $A\supset B$ 且 $B\supset A$，那么，称**事件 A 与 B 相等**，记作 $A=B$.

例 3 分析下列事件的关系.

(1) 袋中装有两只白球和一只黑球，现从袋中依次摸出两个球，设 $A=$\{两次都摸得白球\}，$B=$\{第一次摸得白球\}.

(2) 抛两枚硬币，记 $C=$\{不出现反面朝上\}，$D=$\{两个都是正面朝上\}.

解 (1) 事件 A 发生必导致事件 B 发生，因而有 $A\subset B$ (或 $B\supset A$).

(2) “不出现反面朝上”即“出现两个正面”，所以 $C=D$.

(3) **和事件**：“事件 A 与事件 B 中至少有一个发生”这一事件称为 **A 与 B 的和事件**，记作 $A\cup B$，如图 4.2 所示.

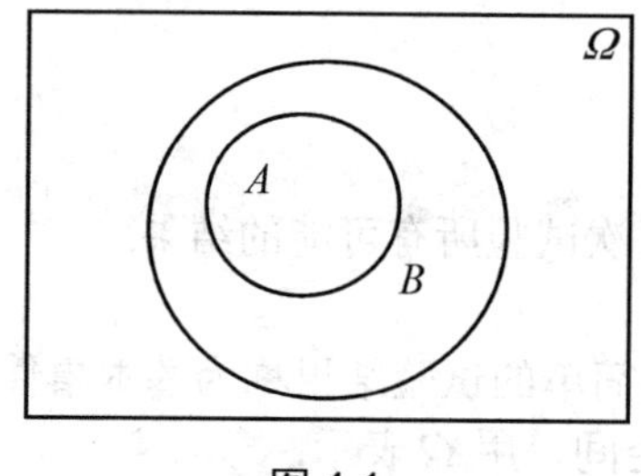

图 4.1

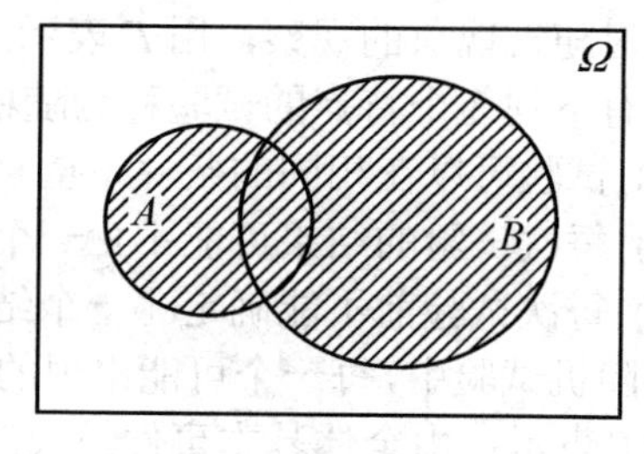

图 4.2

“n 个事件 $A_1,A_2,\cdots,A_n$ 中至少有一个事件发生”这一事件称为 $A_1,A_2,\cdots,A_n$ 的和事件，记作 $A_1\cup A_2\cup\cdots\cup A_n$，简记为 $\bigcup\limits_{i=1}^{n}A_i$.

例 4 甲、乙二人向同一目标射击，若 $A=$\{甲击中目标\}，$B=$\{乙击中目标\}，$C=$\{击中目标\}，用事件 A、B 表示 C.

解 $C=A\cup B$ (或 $A+B$)

(4) **积事件**:“事件 A 与事件 B 同时发生”这一事件称为 **A 与 B 的积事件**，记作 $A\cap B$ (简记为 AB)，如图 4.3 所示.

“n 个事件同时发生”这一事件称为 $A_1,A_2,\cdots,A_n$ 的积事件，记作 $A_1\cap A_2\cap\cdots\cap A_n$，简记为 $A_1A_2\cdots A_n$ 或 $\bigcap\limits_{i=1}^{n}A_i$.

例如，以直径和长度两项指标衡量某零件是否合格，$A=$\{直径合格的零件\}，$B=$\{长度合格的零件\}，$C=$\{合格零件\}，则 $C=A\cap B$(或AB).

(5) **互不相容**：若事件 A 和 B 不能同时发生，即 $AB=\phi$，那么称**事件 A 与 B 互不相容**(或**互斥**)，如图 4.4 所示.

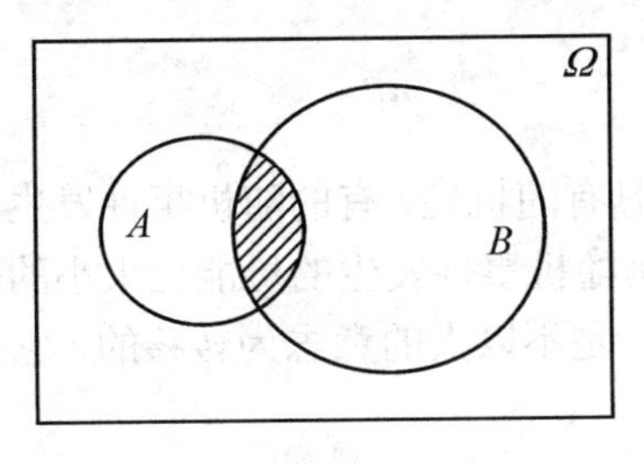

图 4.3

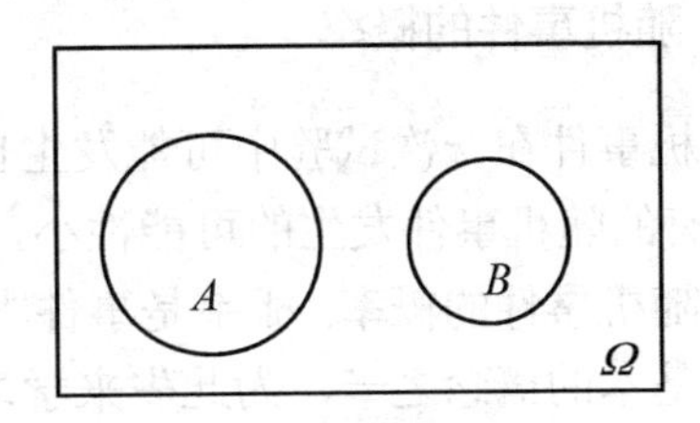

图 4.4

若 n 个事件 $A_1, A_2, \cdots, A_n$ 中任意两个事件不能同时发生，即 $A_iA_j = \phi\,(1 \leqslant i < j \leqslant n)$，那么称事件 $A_1, A_2, \cdots, A_n$ 互不相容．

例如，在一次射击中，A={命中 8 环}，B={至少命中 9 环}，那么事件 A 与事件 B 互不相容．

(6) **对立事件**：若事件 A 和 B 互不相容且它们中必有一事件发生，即 $AB = \Phi$ 且 $A \cup B = \Omega$，那么称 A 与 B 是对立事件．事件 A 的对立事件(或逆事件)记作 $\overline{A}$，如图 4.5 所示．

例 5　抛一枚硬币，设 A={正面向上}，B={反面向上}，求 $A \cup B$ 和 $A \cap B$．

解　由 $A \cup B = \Omega$，$A \cap B = \varnothing$ 可知 A 和 B 是对立事件．

(7) **差事件**：若事件 A 发生且事件 B 不发生，那么称这个事件为事件 A 与 B **的差事件**，记作 $A - B$ (或 $A\overline{B}$)，如图 4.6 所示．

例 6　掷一枚均匀的骰子，用事件 $\{i\}$ ($i = 1,2,\cdots,6$)，表示出现点数事件 $A = \{2,4,6\}$，$B = \{1,2\}$，$C = \{4,5,6\}$，D = {出现奇数点}，求 $A+B$，$A+C$，AB，D，AD，$A+D$，$A-B$．

解

$$A+B = \{1,2,4,6\}，A+C = \{2,4,5,6\}，AB = \{2\}，D = \{1,3,5\}$$

$$AD = \phi，A+D = \{1,2,3,4,5,6\} = \Omega，A-B = \{4,6\}$$

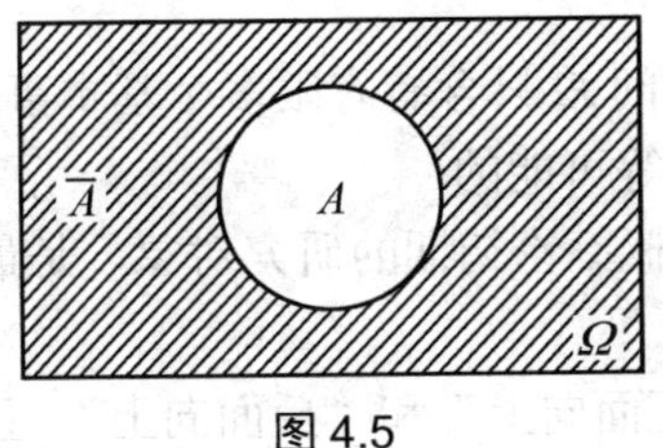

图 4.5

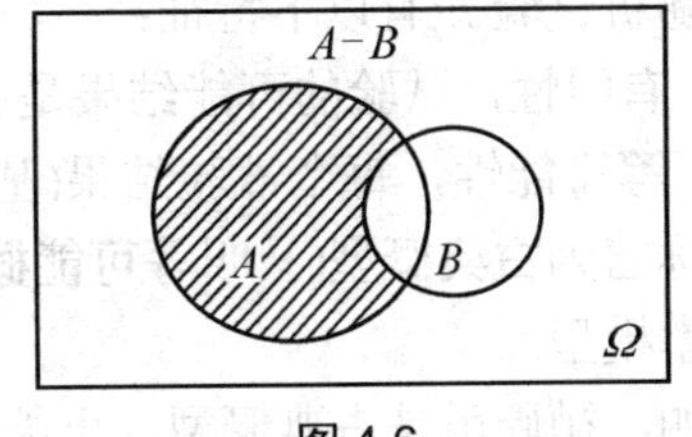

图 4.6

4. 事件的运算律

(1) **交换律**：对任意两个事件 A 和 B 有

$$A \cup B = B \cup A，\quad AB = BA$$

(2) **结合律**：对任意事件 A，B，C 有

$$A \cup (B \cup C) = (A \cup B) \cup C，\quad A \cap (B \cap C) = (A \cap B) \cap C$$

(3) **分配律**：对任意事件 A，B，C 有

$$A \cup (B \cap C) = (A \cup B) \cap (A \cup C)，\quad A \cap (B \cup C) = (A \cap B) \cup (A \cap C)$$

(4) **德·摩根(De Morgan)法则**：对任意事件 A 和 B 有

$$\overline{A \cup B} = \overline{A} \cap \overline{B}，\quad \overline{A \cap B} = \overline{A} \cup \overline{B}$$

4.1.2 随机事件的概率

随机事件在一次试验中可能发生也可能不发生，具有随机性，有的随机事件发生的可能性大，有的随机事件发生的可能性小，用来研究和刻画随机事件发生的可能性大小的数量指标称为**随机事件的概率**. 概率是事件本身固有的属性，是不以人的意志为转移的，它是概率论中最基本的概念之一，为此先来学习频率的概念.

1. 频率

定义 4.1　在 n 次重复试验中，事件 A 发生了 k 次，则称比值 $\frac{k}{n}$ 为事件 A 发生的**频率**，记为 $f_n(A)$. 即

$$f_n(A)=\frac{k}{n}$$

2. 概率的统计定义

定义 4.2　在不变的条件下，重复进行 n 次试验，事件 A 发生的频率稳定地在某一常数 p 附近摆动，且 n 越大，摆动幅度越小，则称常数 p 为事件 A 的概率，记作 $P(A)$，即 $P(A)=p$.

例如，对某报纸 100 天的销售情况观察发现，当天报纸当天销售完毕的有 80 天，可以说该报纸当天销售完毕的概率为 0.8. 频率与概率都是度量事件发生可能性大小的数量指标，但是频率是试验值，具有随机性，它只能近似地反映事件发生的可能性大小；而概率是一个理论值，它是由事件本身的特征确定的，只能取唯一值，它准确反映了事件发生的可能性大小.

3. 概率的古典定义

若随机试验 E 有以下特征：

(1) **有限性**，试验的可能结果是有限个，即样本空间 Ω 只含有有限多个基本事件；

(2) **等可能性**，每个试验结果(基本事件)的出现是等可能的.

则称它为**古典概型**(又叫**等可能概型**). 古典概型是概率论初期的研究对象，是最简单的一类概率模型.

例如，抛硬币是古典概型，可能出现的结果有“正面向上”和“反面向上”，且它们发生的可能性相等，即出现“正面向上”和“反面向上”的概率都是 $\frac{1}{2}$.

定义 4.3　若古典概型 E 的样本空间 Ω 中含有 n 个基本事件，事件 A 包含 m 个基本事件，则称 $\frac{m}{n}$ 为事件 A 发生的概率，记作 $P(A)$，即

$$P(A)=\frac{m}{n}=\frac{\text{事件}A\text{包含的基本事件的个数}}{\text{基本事件的总数}}$$

例 7　社会福利奖券一期共发行10 000张，其中有 1 张特等奖，2 张一等奖，10 张二等奖，100 张三等奖，其余不得奖. 问购买 1 张奖券中奖的概率是多少？

解　$n=10\,000$，设$A=\{$抽到任何一张中奖券$\}$，$m=1+2+10+100=113$，

则

$$P(A)=\frac{m}{n}=\frac{113}{10\,000}=0.0113$$

例 8　6 人排成一排，求某 2 人排在一起的概率.

解

$$n=A_6^6=6!$$

$$m=A_2^2A_5^5=2!5!$$

则

$$P(A)=\frac{m}{n}=\frac{2!5!}{6!}=\frac{1}{3}$$

4. 概率的性质

由概率定义不难证明随机事件的概率有下列性质.

(1) **非负性**　$0\leqslant P(A)\leqslant 1$

(2) **规范性**　$P(\Omega)=1$，$P(\phi)=0$

(3) **互补性**　$P(\overline{A})=1-P(A)$　　这也叫对立事件的概率性.

(4) **可加性**

一般地，对于随机试验 E 的任意两个随机事件 A,B 有

$$P(A\cup B)=P(A)+P(B)-P(AB)$$

该性质可以进行推广，设 A,B,C 为任意 3 个事件，则

$$P(A\cup B\cup C)=P(A)+P(B)+P(C)-P(AB)-P(AC)-P(BC)+P(ABC)$$

以上性质常称为多退少补原理.

特别地，如果事件 A、B 互不相容，则

$$P(A+B)=P(A)+P(B)$$

它也可以推广，若 $A_1,A_2,\cdots,A_n$ 是两两互不相容的 n 个事件，即 $A_iA_j=\phi(i\neq j)$，则有

$$P(\bigcup_{i=1}^{n}A_i)=\sum_{i=1}^{n}P(A_i)$$

这个性质称为概率的**有限可加性**. 同样若 $A_i,i=1,2,\cdots$两两互不相容，即 $A_iA_j=\phi$ $(i\neq j,i,j=1,2,\cdots)$. 则$P(\bigcup_{i=1}^{\infty}A_i)=\sum_{i=1}^{\infty}P(A_i)$. 这个性质称为概率的**可列可加性**.

例 9　在 1，2，3，…，1 000 这1 000 个整数中任取一个数，求它能被 2 或 3 整除的概率.

解　设$A=\{$能被2整除$\},B=\{$能被3整除$\}$

在这1 000 个正整数中有500 个偶数能被 2 整除，所以

$$P(A)=\frac{500}{1\,000}=0.5$$

在这1 000 个正整数中有 333 个数能被 3 整除，所以

$$P(B)=\frac{333}{1\,000}=0.333$$

事件 A，B 不是互斥的，因为取到的数可能同时被 2 和 3 整除，即能被 6 整除，在这1 000 个正整数中能被 6 整除的数有 166 个，所以

$$P(AB)=\frac{166}{1\,000}=0.166$$

因此

$$P(A+B)=P(A)+P(B)-P(AB)=0.5+0.333-0.166=0.667$$

例 10　在抛掷骰子的试验中，求出现的点数为奇数或大于 3 的概率.

解　　设 A={出现的点数为奇数}，B={出现的点数大于 3}

则

$$A+B=\{出现的点数为奇数或大于 3\}$$

而

$$P(A)=\frac{3}{6},P(B)=\frac{3}{6},P(AB)=\frac{1}{6}$$

由加法公式得

$$P(A+B)=P(A)+P(B)-P(AB)=\frac{3}{6}+\frac{3}{6}-\frac{1}{6}=\frac{5}{6}$$

例 11　根据统计数据，某厂产品的次品率为 0.01，在某月生产的 100 件产品中任取 4 件进行检验，发现有 1 件次品. 问这段时间的生产是否正常？

解　设 A={恰有 1 件次品}，则事件 A 的概率为

$$P(A)=\frac{C_1^1C_{99}^3}{C_{100}^4}=0.04$$

这个计算结果表明，事件 A 的概率是很小的，通常把这种概率很小的事件称为**小概率事件**，人们在长期的实践中认识到“小概率事件在一次试验中是几乎不可能发生的”，这一原理叫做**小概率原理**. 如果小概率事件在一次试验中发生了，就应该认为系统出现了某些不正常的情况.

在此例中，“从 100 件产品中任取 4 件，恰有 1 件次品”这一事件的概率为 4%，应视为小概率事件，但它在一次试验中就发生了，故可以认为生产受某些不正常因素的影响，故这段时间的生产不正常. 一般来说，把 5%以下的概率都叫做小概率，如果所述事件 A 涉及人身安全、重大财产或重大安全隐患，则 $P(A)$ 还应该取得更小些，如 0.01、0.001 或 0.0001.

5. 几何概型中概率的定义

若 Ω 是一个有界区域，以 $L(\Omega)$ 表示 Ω 的 m 维体积(一维体积是长度，二维体积是面积，三维体积是普通体积)，向区域 Ω 均匀地投掷一随机点，并满足以下要求：

(1) 随机点等可能地落到区域 Ω 的任何位置，但不会落到区域 Ω 以外；

(2) 随机点在区域 Ω 中均匀分布，即它落在 Ω 的任何区域的可能性与该区域的体积 $L(\Omega)$ 成正比，并且与该区域在 Ω 中的位置以及它的形状无关.

若 Ω 的 m 维体积为 $L(\Omega)$，事件 A 的 m 维体积为 $L(A)$，则称 $P(A)=\dfrac{L(A)}{L(\Omega)}$ 为 A 的几何概率.

例 12　两人约定在 0～T 时间内在某地相见，先到者等 $t(t\leqslant T)$ 时间后离去，求两人见面的概率.

解　以 x,y 分别表示两人到达的时刻，$0\leqslant x\leqslant T,0\leqslant y\leqslant T,$ 这样 (x,y) 构成一正方形 Ω，如图 4.7 所示.

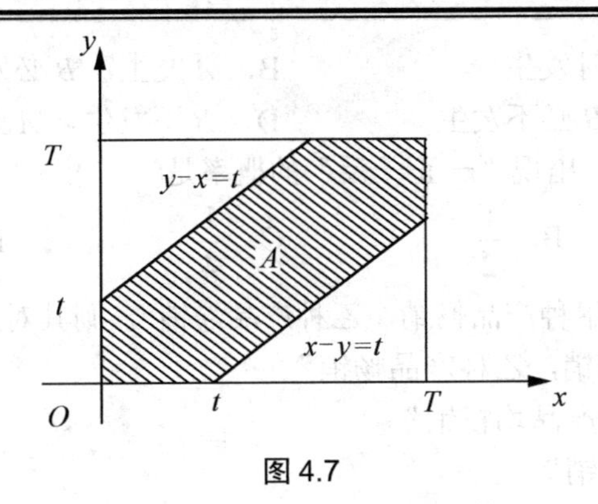

图 4.7

两人见面的充要条件为$|x-y|\leqslant t$，即$x-t\leqslant y\leqslant x+t$，故$A$在正方形中的区域为阴影部分

$$L(\Omega)=T^2, L(A)=T^2-(T-t)^2$$

所以

$$P(A)=\frac{T^2-(T-t)^2}{T^2}=1-(1-\frac{t}{T})^2$$

习 题 4.1

1．填空题

(1) 指出下列事件的包含关系(填“$\subset$”或“$\supset$”).

① G={击中飞机}，H={击落飞机}，则G______H.

② C={某产品的长度合格}，D={某产品合格}，则C______D.

(2) 设A={3 件产品中至少有 1 件次品}，B={3 件产品都是正品}，则$A\cap B$=_____，$A\cup B$=______.

(3) 甲、乙、丙 3 人各射一次靶，记A表示“甲中靶”，B表示“乙中靶”，C表示“丙中靶”，则可用上述 3 个事件的运算分别表示：“3 人中至多有 1 人中靶”_________，“3 人中至少 1 人中靶”_______________.

(4) 袋中有红、黄、白球各 1 个，每次任取 1 个，有放回地抽取 3 次. 求下列事件的概率.

① A={3 个都是红的}，则$P(A)$=________；

② B={3 个都是黄的}，则$P(B)$=________；

③ C={3 个都是白的}，则$P(C)$=________；

④ D={3 个颜色都相同}，则$P(D)$=________；

⑤ E={3 个颜色全不相同}，则$P(E)$=________；

⑥ F={3 个颜色不全相同}，则$P(F)$=________；

⑦ G={3 个球无红色}，则$P(G)$=________.

2．选择题

(1) 如果事件A和B有$B\subset A$，则下述结论正确的是(　　).

A．A与B必同时发生　　　　B．A发生，B必发生

C．A不发生，B必不发生　　　　D．B不发生，A必不发生

(2) 掷两枚均匀硬币，出现“一正一反”的概率是(　　).

A．$\frac{1}{3}$　　B．$\frac{1}{2}$　　C．$\frac{1}{4}$　　D．$\frac{3}{4}$

(3) 以A表示事件“甲种产品畅销，乙种产品滞销”，则其对立事件为(　　).

A．“甲种产品滞销，乙种产品畅销”

B．“甲、乙两种产品均畅销”

C．“甲种产品滞销”

D．“甲种产品滞销或乙种产品畅销”

(4) 从一副扑克牌的52张中任意抽出2张，都是黑桃的概率是(　　).

A．$\frac{1}{13}$　　B．$\frac{1}{17}$　　C．$\frac{3}{26}$　　D．$\frac{1}{26}$

3．某人进行1次射箭(10环靶)试验，观察其命中环数，写出样本空间Ω，并指出$A=\{$至少命中8环$\}$所含的基本事件.

4．进行连续4次抛掷硬币试验，求样本空间Ω中基本事件的个数，并求$A=\{$恰有2正2反$\}$，$B=\{$至少有3次正面向上$\}$所含的基本事件.

5．一个工人生产了3个零件，以事件A_i表示他生产的第i个零件是合格品$(i=1,2,3)$，试用$A_i(i=1,2,3)$表示下列事件：

(1) 只有第1个零件是合格品(B_1)；

(2) 3个零件中只有1个零件是合格品(B_2)；

(3) 第1个零件是合格品，但后2个零件中至少有1个是次品(B_3)；

(4) 3个零件中最多只有2个是合格品(B_4)；

(5) 3个零件都是次品(B_5).

6．从1～100这100个自然数中任取1个数，设$A=\{$取到的数能被5整除$\}$，$B=\{$取到的数小于50$\}$，$C=\{$取到的数大于30$\}$. 问AB，ABC，$B+C$，$(A+C)B$，$B-C$各表示什么？

7．在10件同类产品中，有6件一等品，4件二等品. 现从中任取4件，求下列事件的概率.

(1) $A=\{$4件产品全是一等品$\}$.

(2) $B=\{$4件产品中有1件二等品$\}$.

(3) $C=\{$4件产品中二等品数不超过1件$\}$.

8．有10张卡片，分别写有0，1，2，…，9，从这10张卡片中任取2张，求下列事件的概率.

(1) $A=\{$两数字都是奇数$\}$.

(2) $B=\{$两数字的和是偶数$\}$.

(3) $C=\{$两数字的积是偶数$\}$.

9．甲、乙两人约定在下午1～2时之间到某站乘公共汽车乘车，这段时间内有4班公共汽车，它们的开车时刻分别为1:15、1:30、1:45、2:00. 如果甲、乙约定见车就乘，求甲、

乙同乘一车的概率. 假定甲、乙两人到达车站的时刻是互相不牵连的，且每人在 1～2 时之间的任何时刻到达车站的概率是等可能的.

10. 甲、乙两人在同样条件下进行射击，击中目标的概率分别为 0.9 和 0.8，两人同时击中目标的概率为 0.72，求至少一人击中目标的概率和两人都未击中目标的概率.

§4.2 条件概率及事件的独立性

4.2.1 条件概率

在前面学习的事件 A 的概率 $P(A)$是在某些固定条件下事件 A 发生的概率. 但在实际问题中往往除了这些固定条件外，还要提出某些附加的条件，也就是在事件 B 已经发生的条件下事件 A 发生的概率，称这种概率为**条件概率**，记作 $P(A|B)$.

例 1 某特长班有 30 名学生，其中 20 名男生，10 名女生. 身高 1.80m 以上的学生有 15 名，其中 12 名男生，3 名女生.

(1) 任选 1 名学生，其身高在 1.80m 以上的概率是多少？

(2) 任选 1 名男生，其身高在 1.80m 以上的概率是多少？

解 设 A={身高在 1.80m 以上}，B={男生}

(1) 基本事件总数是 30，则

$$P(A)=\frac{C_{15}^{1}}{C_{30}^{1}}=\frac{15}{30}=0.5$$

(2)“男生”是一个随机事件 B,“身高在 1.80m 以上”是一个随机事件 A，任选 1 名男生其身高在 1.80m 以上可理解为在事件 B 发生的条件下，事件 A 发生的概率，这种概率被称为条件概率，记作 $P(A|B)$. 此时基本事件总数为 20，则

$$P(A|B)=\frac{C_{12}^{1}}{C_{20}^{1}}=\frac{12}{20}=0.6$$

定义4.4 在随机试验 E 中，事件 B 发生的条件下，事件 A 发生的概率称为 B 发生的条件下 A 发生的**条件概率**，记作 $P(A|B)$. 相应地把 $P(A)$叫做无条件概率.

事件 B 已经发生，则相当于 B 为必然事件，随机事件的样本空间缩减为 B. 计算条件概率的主要方法就是在缩减了的样本空间上求概率.

如图 4.8 所示，设随机试验的基本事件总数为 n，事件 B 包含 m 个基本事件，事件 AB 包含 r 个基本事件. 如果事件 B 已经发生，则样本空间由 Ω 缩减为 B，这样总的基本事件数就是 B 所包含的基本事件数 m. 这时事件 A 发生，必然是 A 与 B 的交事件 AB 中的某个基本事件发生了，含 r 个基本事件. 因此就古典概率来说，有

$$P(A|B)=\frac{AB\text{所含基本事件数}r}{B\text{所含基本事件数}m}=\frac{AB\text{所含基本事件数}r/\Omega\text{所含基本事件数}n}{B\text{所含基本事件数}m/\Omega\text{所含基本事件数}n}$$

$$=\frac{r/n}{m/n}=\frac{P(AB)}{P(B)}$$

对于一般的随机试验 E，规定条件概率为

$$P(B|A)=\frac{P(AB)}{P(A)},P(A)>0$$

$$P(A|B)=\frac{P(AB)}{P(B)},P(B)>0$$

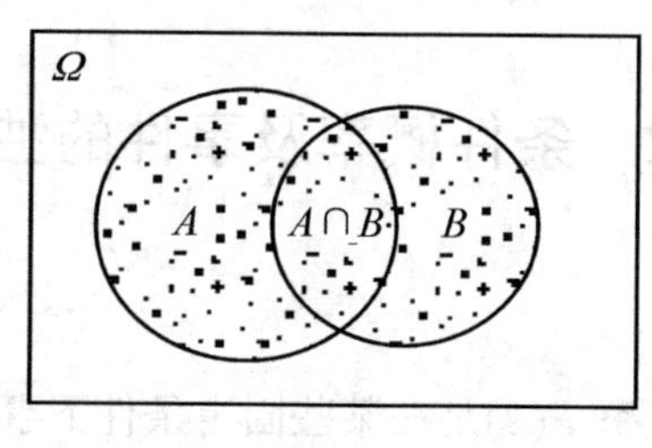

图 4.8

例 2　两人射击，B 击中目标的概率为 0.8，A、B 都击中目标的概率为 0.6，求在 B 击中目标的情况下，A 击中目标的概率.

解　因为

$$P(B)=0.8,P(AB)=0.6$$

所以

$$P(A|B)=\frac{P(AB)}{P(B)}=\frac{0.6}{0.8}=0.75$$

例 3　一个盒子中有新旧两种乒乓球，在新乒乓球中有白色的 40 只，橙色的 30 只；在旧乒乓球中有白色的 20 只，橙色的 10 只，见表 4-1. 任取一球，发现是新的，问这个球是白色的概率是多少？

表 4-1　盒中乒乓球的统计数据

类　别	C (白球)	D (橙球)	合　计
A (新球)	40	30	70
B (旧球)	20	10	30
合　计	60	40	100

解　基本事件总数即乒乓球总数为 100，依题意得

$$P(AC)=\frac{40}{100},P(A)=\frac{70}{100}$$

则所求概率为

$$P(C|A)=\frac{P(AC)}{P(A)}=\frac{\frac{40}{100}}{\frac{70}{100}}=\frac{4}{7}$$

4.2.2　乘法公式

由条件概率定义可以得到如下公式，常用它们来求 $P(AB)$.

$$P(AB)=P(A)P(B|A),P(A)>0$$

$$P(AB)=P(B)P(A|B),P(B)>0$$

上面的公式称为**乘法公式**，概率的乘法公式可以推广到多个事件的情形中去，例如

$$P(A_1A_2A_3)=P(A_1)P(A_2|A_1)P(A_3|A_1A_2)$$

例 4　在例 3 的随机试验中，求：(1)取到的是新球的概率；(2)取到的是白色球的概率；(3)取到的是新球又是白色球的概率.

解　(1) $P(A)=\dfrac{70}{100}=\dfrac{7}{10}$.

(2) $P(C)=\dfrac{60}{100}=\dfrac{3}{5}$.

(3) 解法一：$P(AC)=\dfrac{40}{100}=\dfrac{2}{5}$.

解法二：$P(C|A)=\dfrac{40}{70}=\dfrac{4}{7},P(AC)=P(A)P(C|A)=\dfrac{7}{10}\times\dfrac{4}{7}=\dfrac{2}{5}$.

例 5　一个盒子中有 8 只乒乓球，其中 4 只新球，4 只旧球. 新球用过后就视为旧球，每次使用时随意取 1 只，用后放回盒内. 求第三次所用球才是旧球的概率.

解　设 $A_i=\{第i次用新球\}$，$(i=1,2,3)$

则

$$P(A_1)=\frac{4}{8},P(A_2|A_1)=\frac{3}{8},P(\overline{A_3}|A_1A_2)=\frac{6}{8}$$

由乘法公式得

$$P(A_1A_2\overline{A_3})=P(A_1)P(A_2|A_1)P(\overline{A_3}|A_1A_2)=\frac{4}{8}\times\frac{3}{8}\times\frac{6}{8}=\frac{9}{64}$$

4.2.3　事件的独立性

定义 4.5　如果事件 A 发生的可能性不受事件 B 发生与否的影响，即 $P(A|B)=P(A)$，则称事件 A 对于事件 B 独立. 显然若 A 对于 B 独立，则 B 对于 A 也一定独立，则称事件 A 与 B **相互独立**.

代入乘法公式，得

$$P(AB)=P(A)P(B|A)=P(A)P(B)$$

事件 A 和 B 相互独立的充要条件是

$$P(AB)=P(A)P(B)$$

如果事件 A_1，A_2，…，A_n 中任一事件 $A_i(i=1,2,\cdots,n)$ 发生的概率不受其他事件发生的影响，那么事件 A_1，A_2，…，A_n 叫做相互独立事件，且有

$$P(A_1A_2\cdots A_n)=P(A_1)P(A_2)\cdots P(A_n)$$

例 6　加工某种零件共需 3 道工序，第一、第二、第三道工序的次品率分别是 2%，3%，1%. 假设各道工序互不影响，求加工出来的零件的次品率.

解　设 A_i={第 i 道工序出次品}$(i=1,2,3)$，A={加工出来的零件是次品}，则

$$\begin{aligned}P(A)&=P(A_1+A_2+A_3)\\&=P(A_1)+P(A_2)+P(A_3)-P(A_1A_2)-P(A_1A_3)-P(A_2A_3)+P(A_1A_2A_3)\\&=P(A_1)+P(A_2)+P(A_3)-P(A_1)P(A_2)-P(A_1)P(A_3)-P(A_2)P(A_3)\\&\quad+P(A_1)P(A_2)P(A_3)\end{aligned}$$

$$= 0.02+0.03+0.01-0.02\times0.03-0.02\times0.01-0.03\times0.01+0.02\times0.03\times0.01 \approx 0.0589$$

或

$$P(A)=P(A_1+A_2+A_3)=1-P(\overline{A_1+A_2+A_3})$$
$$=1-P(\bar{A}_1\bar{A}_2\bar{A}_3)=1-P(\bar{A}_1)P(\bar{A}_2)P(\bar{A}_3)$$
$$=1-0.98\times0.97\times0.99\approx0.0589$$

答：加工出来的零件的次品率约为0.058 9.

4.2.4　全概率公式

1. 完备事件组

定义 4.6　如果 n 个事件 $A_1,A_2,\cdots,A_n$ 满足 $A_iA_j=\phi\,(1\leqslant i<j\leqslant n)$，并且 $\sum\limits_{i=1}^{n}A_i=\Omega$，则称 $A_1,A_2,\cdots,A_n$ 为一个**完备事件组**. 完备事件组 $A_1,A_2,\cdots,A_n$ 也常称为样本空间 Ω 的一个划分，如图 4.9 所示.

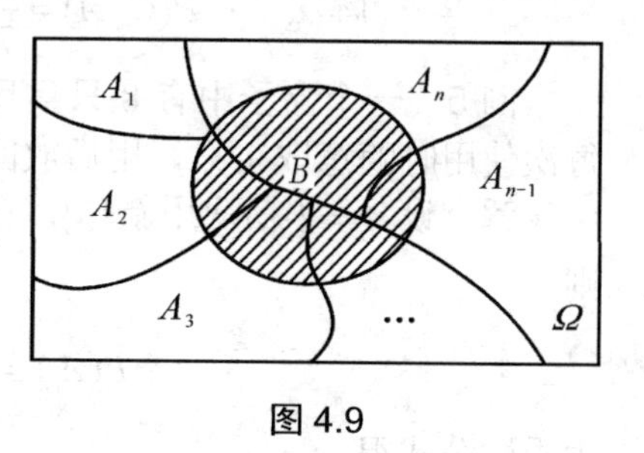

图 4.9

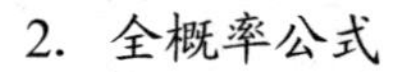
2. 全概率公式

定理 2　设 $A_1,A_2,\cdots,A_n$ 为一个完备事件组，且 $P(A_i)>0(i=1,2,\cdots,n)$，则对任意事件 B(如图 4.9 所示)，有 $P(B)=\sum\limits_{i=1}^{n}P(A_i)P(B\mid A_i)$，此公式称为**全概率公式**.

证明　因为

$$A_1+A_2+\cdots+A_n=\Omega$$

所以

$$B=B\Omega=BA_1+BA_2+\cdots+BA_n$$

由于 $A_1,A_2,\cdots,A_n$ 两两互斥，因此 $BA_1,BA_2,\cdots,BA_n$ 也两两互斥. 由概率的加法公式可得

$$P(B)=P(BA_1)+P(BA_2)+\cdots+P(BA_n)=\sum_{i=1}^{n}P(BA_i)$$

再由概率乘法公式可得

$$P(B)=\sum_{i=1}^{n}P(A_i)P(B|A_i)$$

全概率公式是概率论中的一个基本公式，它可以把一个复杂事件的概率计算分解成若干个互不相容的事件的概率之和.

例 7　有一批同一型号的产品，已知其中由一厂生产的占30%，由二厂生产的占50%，由三厂生产的占20%，又知这 3 个厂的产品的次品率分别为2%、1%、1%，问从这批产品中任取一件是次品的概率是多少?

解　设事件 B 为“任取一件为次品”，事件 A_i 为“任取一件为 i 厂的产品”($i=1,2,3$)，则

$$A_1 + A_2 + A_3 = \Omega，\quad A_iA_j = \phi\ (i, j = 1,2,3)$$

由全概率公式得

$$P(B) = P(A_1B) + P(A_2B) + P(A_3B)$$
$$= P(A_1)P(B \mid A_1) + P(A_2)P(B \mid A_2) + P(A_3)P(B \mid A_3)$$
$$P(A_1) = 0.3，\quad P(A_2) = 0.5，\quad P(A_3) = 0.2$$
$$P(B|A_1) = 0.02，\quad P(B|A_2) = 0.01，\quad P(B|A_3) = 0.01$$

故

$$P(B) = P(A_1)P(B \mid A_1) + P(A_2)P(B \mid A_2) + P(A_3)P(B \mid A_3)$$
$$= 0.02 \times 0.3 + 0.01 \times 0.5 + 0.01 \times 0.2 = 0.013$$

例 8　12 个不同号码中有 2 个号码为有奖号码，甲不放回地从中抽取 1 个号码后，由乙从剩余的号码中任取 1 个号码，求乙抽到中奖号码的概率.

解　设 A_1 为“甲抽到有奖号码”，A_2 为“甲抽到无奖号码”，B 为“乙抽到有奖号码”，则由全概率公式有

$$P(B) = P(A_1B) + P(A_2B) = P(A_1)P(B \mid A_1) + P(A_2)P(B \mid A_2)$$
$$= \frac{2}{12} \times \frac{1}{11} + \frac{10}{12} \times \frac{2}{11} = \frac{1}{6}$$

4.2.5　贝叶斯(Thomas Bayes)公式

定理 3　若 $A_1, A_2, \cdots, A_n$ 是随机试验 E 的样本空间的一个划分，且 $P(A_i) > 0(i = 1,2,\cdots, n)$，则对于任意一个概率不为零的事件 A 有

$$P(A_k \mid B) = \frac{P(A_k)P(B \mid A_k)}{\sum_{i=1}^{n} P(A_i)P(B \mid A_i)}$$

证明

$$P(A_k \mid B) = \frac{P(A_kB)}{P(B)} = \frac{P(A_k)P(B \mid A_k)}{\sum_{i=1}^{n} P(A_i)P(B \mid A_i)}$$

例 9　一盒子装有 4 只产品，其中有 3 只一等品，1 只二等品. 从中取产品两次，每次任取一只，做不放回抽样. 设事件 A 为“第一次取到的是一等品”，事件 B 为“第二次取到的是一等品”，试求条件概率 $P(B \mid A)$.

解　将产品编号，1,2,3 号为一等品，4 号为二等品，以 (i, j) 表示第一次、第二次分别取到第 i 号、第 j 号产品，则试验的样本空间为

$S = \{(1,2),\ (1,3),\ (1,4),\ (2,1),\ (2,3),\ (2,4), \cdots,\ (4,1),\ (4,2),\ (4,3)\}$

$A = \{(1,2),\ (1,3),\ (1,4),\ (2,1),\ (2,3),\ (2,4),\ (3,1),\ (3,2),\ (3,4)\}$

$AB = \{(1,2),\ (1,3),\ (2,1),\ (2,3),\ (3,1),\ (3,2)\}$

由条件概率的公式得

$$P(B \mid A) = \frac{P(AB)}{P(A)} = \frac{6/12}{9/12} = \frac{2}{3}$$

例 10　某电子设备制造厂所用的元件是由 3 家元件制造厂提供的，根据以往的记录有表 4-2 中的数据.

表 4-2　所用元件的数据

元件制造厂	次品率	提供元件的份额
1	0.02	0.15
2	0.01	0.80
3	0.03	0.05

设这 3 家工厂的产品在仓库中是均匀混合的，且无区分的标志.

(1) 在仓库中随机取一只元件，求它是次品的概率.

(2) 在仓库中随机取一只元件，若已知取到的是次品，求此次品由 3 家工厂生产的概率分别是多少.

解　设 A 表示“取到的是一只次品”，$B_i\ (i=1,2,3)$ 表示“所取的产品是由 i 家工厂提供的”，则 B_1,B_2,B_3 是样本空间 Ω 的一个划分，

且

$$P(B_1)=0.15,\quad P(B_2)=0.80,\quad P(B_3)=0.05$$
$$P(A\mid B_1)=0.02,\quad P(A\mid B_2)=0.01,\quad P(A\mid B_3)=0.03$$

(1) 由全概率公式得

$$P(A)=P(A\mid B_1)P(B_1)+P(A\mid B_2)P(B_2)+P(A\mid B_3)P(B_3)=0.012\,5$$

(2) 由贝叶斯公式得

$$P(B_1\mid A)=\frac{P(A\mid B_1)P(B_1)}{P(A)}=\frac{0.02\times 0.15}{0.012\,5}=0.24$$

$$P(B_2\mid A)=\frac{P(A\mid B_2)P(B_2)}{P(A)}=0.64$$

$$P(B_3\mid A)=\frac{P(A\mid B_3)P(B_3)}{P(A)}=0.12$$

贝叶斯定理有广泛的应用. 如应用在公安机关的破案过程中，假定已知罪犯是某城市的人，应用贝叶斯定理很容易知道罪犯在该城市中某个区的概率，这对破案是很有帮助的；又如，贝叶斯定理在现代软件技术中有广泛的应用，被称为现代软件技术的灵魂.

4.2.6　伯努利(Bernoulli)概型

若 $P(AB)=P(A)P(B)$，则事件 A、B 相互独立.

如果在重复试验中，每次试验的结果都互不影响，也就是说各次试验结果发生的概率互不影响，则称这类试验是相互独立的随机试验，具体举例如下.

(1) 一枚硬币抛 n 次.

(2) 一次抛 n 枚硬币.

(3) 有放回地抽样，例如 10 件产品中有 3 件次品，从中任取一件，取后放回，连取 3 次.

1. n 重独立性试验

若 E 可以在相同的条件下重复进行 n 次，各次试验的结果相互独立，则称这 n 次试验是独立的，或称为 n **重独立试验**(独立试验序列).

2. n 重伯努利试验

定义 4.7　如果构成 n 次独立试验的每一次试验都只有两个可能结果 A 及 $\overline{A}$，并且每次试验中 A 发生的概率不变，即 $P(A)=p,P(\overline{A})=1-p=q,(0<p<1)$，称这样的 n 次独立试验为 n **重伯努利试验**，如掷硬币、射击、种子发芽、投篮等.

3. 伯努利公式

定理 4　在 n 重伯努利试验中，事件 A 在每次试验中发生的概率均为 $p(0<p<1)$，则在 n 次试验中事件 A 恰好发生 k 次($0\leqslant k\leqslant n$)的概率为

$$P_n(k)=C_n^k p^k q^{n-k}\qquad (k=0,\ 1,\ 2,\ \cdots,\ n)$$

并且

$$\sum_{k=0}^{n} P_n(k)=1$$

其中 $p+q=1$.

例 11　对某厂的产品进行质量检查，现从一批产品中重复抽样，共取 200 件样品，结果发现其中有 4 件废品，问能否相信此工厂出废品的概率不超过 0.005?

解　假设此工厂出废品的概率为 0.005，一件产品要么是废品，要么不是废品. 因此取 200 件产品来观察废品数相当于 200 次独立重复试验，所以 200 件产品中出现 4 件废品的概率为

$$P_{200}(4)=C_{200}^4 0.005^4\times 0.995^{196}\approx 0.015$$

现在小概率事件“检查 200 件产品出现 4 件废品”竟然发生了，因而有理由怀疑“废品率为 0.005”这个假定的合理性，认为工厂的废品率不超过 0.005 的说法是不可信的.

例 12　有一批棉花种子，出苗率为 0.67，现每穴播 6 粒，求解下列问题.

(1) 恰有 k 粒种子出苗的概率.

(2) 至少有一粒种子出苗的概率.

(3) 要保证出苗率为 98%，应每穴至少播几粒?

解　设 A={种子出苗}，则依伯努利公式可得以下结论.

(1) 恰有 k 粒种子出苗的概率为

$$P_6(k)=C_6^k 0.67^k\times 0.33^{6-k}\ (k=0,1,2,3,4,5,6)$$

具体计算值见表 4-3.

表 4-3　k 取不同值时的概率

k	0	1	2	3	4	5	6
$P_6(k)$	0. 001 3	0. 015 7	0. 079 8	0. 216 2	0. 329 2	0. 267 3	0. 090 5

(2) 至少有一粒出苗的概率为

$$\sum_{k=1}^{6} P_6(k) = 1 - P_6(0) = 1 - C_6^0(0.67)^0(0.33)^6 \approx 0.998\,7$$

(3) 每穴播 n 粒，要保证出苗率为 98%，即要使

$$1 - P_n(0) \geqslant 0.98$$

解得

$$n = 4$$

习　题　4.2

1．填空题.

(1) 对于任意随机事件 A、B，有 $P(A)+P(\overline{A})=$______________________，$P(A+B)$ $=$__________ $P(AB)=P(A)\cdot$________，在 n 重伯努利实验中，$P(A)=p$，那么 P (A 发生 k 次) $= C_n^k \cdot$________（$k=0,1,2,\cdots,n$）.

(2) 甲、乙两人射击，击中目标概率分别为 0.8 和 0.7. 两人同时射击，假定中靶与否是独立的，则

① 两人都中靶的概率=_____________；

② 甲中乙不中的概率=_____________；

③ 乙中甲不中的概率=_____________；

④ 至少有一人中靶的概率=___________.

(3) 在 10 件产品中，有 6 件正品，4 件次品. 甲从中任取 1 件(不放回)后，乙再从中任取 1 件，记 $A=\{$甲取得正品$\}$, $B=\{$乙取得正品$\}$, $P(A)=$_________，$P(B|A)=$_________，$P(B|\overline{A})=$_________.

(4) 一种零件的加工由两道工序组成，第一道工序的废品率为 p，第二道工序的废品率为 q，则该零件加工的正品率为_________.

(5) 甲、乙两人独立地对同一目标射击一次，其命中率分别为 0.5 和 0.4，现已知目标被击中，则它是乙射中的概率为_________.

(6) 设 3 次独立试验中，事件 A 出现的概率相等，若已知 A 至少出现一次的概率为 $\dfrac{19}{27}$，则在一次试验中事件 A 出现的概率为_________.

2．选择题.

(1) 设 A、B 是两个相互独立的事件，则下面说法正确的是(　　).

A．A、B 互斥　　　　B．$P(A+B)=P(A)+P(B)$

C．$\overline{A}$、$\overline{B}$ 互斥　　　　D．$P(AB)=P(A)\ P(B)$

(2) 设 A、B 为任意两个事件，$A \subset B, P(B)>0$，则有(　　).

A．$P(A)<P(A|B)$　　　　B．$P(A)\leqslant P(A|B)$

C．$P(A)>P(A|B)$　　　　D．$P(A)\geqslant P(A|B)$

(3) 如果 $P(A)+P(B)>1$，则事件 A 与 B 必定(　　).

A．独立　　B．不独立　　C．相容　　D．不相容

3．某种动物由出生算起活到 20 岁以上的概率为 0.8，活到 25 岁以上的概率为 0.4，如果现在有一只 20 岁的这种动物，问它能活到 25 岁以上的概率是多少？

4．有一批同一型号的产品，已知其中由一厂生产的占 25%，由二厂生产的占 35%，由三厂生产的占 40%，又知这 3 个厂的产品次品率分别为 4%、2%、1%，求

(1) 从这批产品中任取一件是次品的概率；

(2) 抽取的一件是次品，该产品是一厂生产的概率.

5．生产某零件要经过甲、乙两台机器加工，每台机器正常运转的概率是 0.85，两台机器正常运转的概率是 0.72，求两台机器中至少有一台正常运转的概率.

6．制造一种零件可采用两种工艺，第一种工艺有 3 道工序，其废品率分别为 0.1、0.2、0.3；第二种工艺有两道工序，其废品率都是 0.3. 若采用第一种工艺，在合格品中一级品的概率为 0.9；而采用第二种工艺，在合格品中一级品的概率为 0.8. 问采用哪种工艺能保证得到一级品的概率较大？

7．已知某地区男女比例为 1∶1，男女色盲的概率分别为 0.04、0.01，现随机挑选一人，求

(1) 该人是色盲的概率；

(2) 如果该人是色盲，该人是男性的概率.

8．第一个盒子里有 4 只白球，5 只黑球；第二个盒子里有 5 只白球，4 只黑球. 现从第一个盒子里取出两只球放入第二个盒子里，再从第二个盒子里取出一只球.

(1) 求该球是白球的概率.

(2) 已知取出的球是白球，求从第一个盒子里取出的两只球都是白球的概率.

9．4 人独立地解一道题，他们能解答出来的概率分别是 $\frac{1}{5}$、$\frac{1}{3}$、$\frac{1}{4}$、$\frac{1}{3}$，求这道题能被解出的概率.

10．3 人命中率都是 0.8，他们各自独立地向同一目标射击，若命中目标的人数分别为 0、1、2、3，目标被击毁的概率分别为 0、0.2、0.5、0.8，求目标被击毁的概率. (用全概率公式，伯努利概型.)

§4.3　随机变量及其分布

4.3.1　事件的数量表示与随机变量

§4.2 用事件来表示随机试验的各种结果，这给概率的计算带来了很大方便，但这种表示方式对运用数学工具全面深入讨论随机试验结果的规律性有其自身的局限性. 为了便于运用数学的形式来描述、研究试验结果即事件的概率，可以将随机试验的结果数量化，即把事件用数量来表示.

事实上，在很多随机试验中，试验的结果本身就是由数量来表示的. 例如，在抛掷一枚骰子观察点数的试验中，结果可以分别用数 1，2，3，4，5，6 来表示；某同学在一天中收到的短信数可以用 0，1，2，…来表示. 在某些随机试验中，试验的结果不直接表现为数量，但可以使其数量化. 例如，在抛掷一枚硬币观察是正面还是反面的试验中，可以规定“出现

正面”记作 1，“出现反面”记作 0；抽取农民出售的粮食进行检验，可以规定“一级品”记作 3，“二级品”记作 2，“三级品”记作 1，这样，随机试验的结果总可以与数值相对应.

在抛掷一枚骰子的例子中，如果用 X 表示出现的点数，则 X 的可能取值为 1，2，3，4，5，6. X 实际上是一个变量，它取不同的数值表示试验的不同结果，即不同的事件发生. 而且 X 是以一定概率取值的，例如“ $X=3$ ”就表示事件“出现 3 点”，且 $P(X=3)=\frac{1}{6}$.

再例如，测试某种灯泡的寿命(单位：h)时，若用 X 表示其寿命，则 X 的取值由试验的结果确定，可为区间 $X=0$ 上的任意一个数. X 也是一个变量，它取不同的数值表示测试的不同结果，例如“ $1\,000 \leqslant X \leqslant 2\,000$ ”表示事件“灯泡寿命在 1 000～2 000h 之间”.

从上面的例子可以看出，以 X 表示随机试验的结果，X 是一个变量，X 的每一个取值都与随机试验的一个基本事件相对应. 由于试验结果的出现是具有一定概率的，因此 X 的取值也具有一定的概率.

通常把定义在样本空间 Ω 上的与各随机事件相对应的实数变量 X 称为随机变量. 通常用 X、Y、Z 等表示随机变量，用 x、y、z 等表示其取值.

随机变量不同于普通变量，在随机试验前只知道它可能的取值范围而不能预知它所取的值，同时随机变量取某个值或取某个范围的值都有着其相应的概率.

随机变量概念的产生是概率研究的重要转折，它突破了随机事件以静态的观点研究随机现象的局限性，以动态的观点来研究随机现象，也就是把对事件及事件概率的研究转化为对随机变量及其取值规律的研究，从而使概率研究进入了一个新的发展阶段.

本书主要研究离散型随机变量和连续型随机变量这两大类，对于其他类型的随机变量，在此就不讨论了.

4.3.2 离散型随机变量及其分布

1. 离散型随机变量

设 X 是一个随机变量，如果它全部可能的取值只有有限个或可数无穷个，则称 X 为一个离散型随机变量.

要掌握一个离散型随机变量 X 的统计规律，只要知道 X 的所有可能取值以及 X 取每一个可能值的概率就可以了.

定义 4.8 若离散型随机变量 X 所有可能取的值为 $x_k\,(k=1,2,\cdots)$，且取各个值的概率为

$$P(X=x_k)=p_k\ (k=1,2,\cdots)$$

则称它为离散型随机变量 X 的概率分布列，简称 X 的分布列.

为直观起见，X 的分布列也可以表格的形式来表示，见表 4-4.

表 4-4 X 的分布列的表现形式

X	x_1	x_2	…	x_k	…
P	p_1	p_2	…	p_k	…

概率分布列全面描述了离散型随机变量的概率分布规律.

根据概率的定义，离散型随机变量 X 的分布列具有下列性质.

(1) $P(X=x_k)=p_k \geqslant 0(k=1,2,\cdots)$.

(2) $\sum_{k=1}^{\infty} P(X = x_k) = \sum_{k=1}^{\infty} p_k = 1$.

例 1　设随机变量 X 只能取 1，2，3，4 这 4 个值，且取每个值的概率相等，求 X 的分布列.

解　因为 $P(X=k)$ ($k=1,2,3,4$)相等，而 $\sum_{k=1}^{4} P(X=k)=1$，所以 $P(X=k)=\frac{1}{4}$ ($k=1,2,3,4$)，这就是 X 的分布列.

例 2　有 10 件产品，其中有 2 件是次品. 现从中不放回任取 2 件，求取得的产品中的次品数 X 的分布列.

解　在本题中，X 的取值为 0，1，2.

$$P(X=0)=\frac{C_8^2}{C_{10}^2}=\frac{28}{45}, \quad P(X=1)=\frac{C_2^1 C_8^1}{C_{10}^2}=\frac{16}{45}, \quad P(X=2)=\frac{C_2^2}{C_{10}^2}=\frac{1}{45}$$

因此，X 的分布列见表 4-5.

表 4-5　次品数 X 的分布列

X	0	1	2
P	$\frac{28}{45}$	$\frac{16}{45}$	$\frac{1}{45}$

X 的分布列也可以表示为

$$P(X=k)=\frac{C_2^k C_8^{2-k}}{C_{10}^2} (k=0,1,2)$$

例 3　某篮球运动员的定点投篮的命中率是 0.4，假设在练习时每次投篮的条件相同，且结果互不影响. (1)求直到投中为止，投篮次数 X 的分布列. (2)求投篮不超过两次就能命中的概率.

解　(1)设 $A_i=\{第i次投中\}$ $(i=1,2,\cdots)$，则 $A_1, A_2, \cdots$ 相互独立，且

$$P(A_i)=0.4, \quad P(\overline{A_i})=0.6 \quad (i=1,2,\cdots)$$

设“ $X=k$ ”表示前 $k-1$ 次都没有投中而第 k 次投中，于是

$$P(k=1)=P(A_1)=0.4$$

$$P(k=2)=P(\overline{A_1}A_2)=P(\overline{A_1})P(A_2)=0.6\times 0.4$$

…

$$P(X=k)=P(\overline{A_1}\,\overline{A_2}\cdots\overline{A_{k-1}}A_k)=P(\overline{A_1})P(\overline{A_2})\cdots P(\overline{A_{k-1}})P(A_k)=(0.6)^{k-1}\times 0.4$$

因此，X 的分布列为

$$P(X=k)=0.4\times(0.6)^{k-1}, k=1,2,\cdots$$

(2) 事件{投篮不超过两次就命中}对应于随机变量 $X \leqslant 2$，根据加法公式，所求概率即为

$$P(X\leqslant 2)=P(X=1)+P(X=2)=0.4+0.6\times 0.4=0.64$$

2. 常见离散型分布

1) 两点分布

如果随机变量 X 只有两个可能取值 0 和 1，且分布列为

$$P(X=1)=p, P(X=0)=1-p, \quad 0<p<1$$

则称 X 服从以 p 为参数的两点分布，也称(0-1)分布，记作 $X\sim(0\text{-}1)$.

两点分布的分布列也可写成为表 4-6 的形式.

表 4-6 两点分布的分布列

X	0	1
P	$1-p$	p

当随机试验的结果只有两个时，如产品是否合格、射击是否命中、掷硬币是否出现正面等，在用随机变量表示这两个结果后，都可以用两点分布来描述，但不同的问题参数 p 的值可能不同. 两点分布是很常见也较简单的一种分布.

例 4 在一个袋中有 4 个红球和 6 个白球，现从中取出一球，求取到的红球数 X 的分布列.

解 X 只能取 1(取得红球)和 0(取得白球)，且 $P(X=1)=0.4$.

所以 X 服从参数为 0.4 的两点分布. X 的分布列见表 4-7.

表 4-7 取得红球数 X 的分布列

X	0	1
P	0.6	0.4

2) 二项分布

前面已经学习了伯努利概型，现在继续来看它的应用.

例 5 已知某批产品的次品率为 p，现在有放回地从中抽取 3 次，每次抽 1 件，求抽到的 3 件中恰有 2 件是次品的概率.

解 这是一个 3 重伯努利试验，每次试验的结果只有两个，设

$$A=\{抽到次品\}, \quad \overline{A}=\{抽到正品\}$$

则

$$P(A)=p, \quad P(\overline{A})=1-p=q$$

抽到的 3 件中恰有 2 件次品就是事件 A 在 3 次试验中发生了 2 次，而 $\overline{A}$ 发生了 1 次. 由于 A 发生 2 次可以有不同的排列顺序，共有 C_3^2 种不同的可能，而这 C_3^2 个事件是互不相容的，根据加法公式和事件的独立性得所求概率为 $C_3^2p^2q$.

以 X 表示抽取的 3 件产品中的次品数，则 X 是随机变量，所求概率可表示为

$$P(X=2)=C_3^2p^2q$$

进一步分析可知，X 可取的值为 0，1，2，3，则可得到

$$P(X=k)=C_3^kp^kq^{3-k}\,(k=0,1,2,3)$$

一般来说，在 n 次伯努利试验中，如果事件 A 在每次试验中发生的概率为 $p\,(0<p<1)$，

则事件 A 恰好发生 k 次的概率为

$$P_n(k)=C_n^k p^k q^{n-k}\ (k=0,1,2,\cdots,n)\text{，其中 } q=1-p$$

若以随机变量 X 表示事件 A 在 n 次伯努利试验中发生的次数，则有

$$P(X=k)=C_n^k p^k q^{n-k}\quad (k=0,1,2,\cdots,n)\text{，其中 } q=1-p$$

若一个随机变量 X 的分布列为 $P(X=k)=C_n^k p^k q^{n-k}$ ($k=0,1,2,\cdots,n$)，其中 $0<p<1$，$p+q=1$，则称 X 服从以 n,p 为参数的**二项分布(或伯努利分布)**，记作 $X\sim B(n,p)$. 例如在上面例 5 中，随机变量 $X\sim B(3,p)$.

二项分布是常见的分布，符合伯努利概型的随机变量都服从二项分布. 但需特别注意随机试验是否是独立而重复的. 例如，有放回的重复抽样是伯努利概型，而无放回的抽样就不是，只有在大量产品中的无放回重复抽样才可以近似看作伯努利概型.

注意到 $C_n^k p^k q^{n-k}$ 正好是二项式 $(p+q)^n$ 的展开式中的一般项，这就是二项分布名称的由来.

当 $n=1$ 时，二项分布就是两点分布，分布列为 $P(X=k)=p^k q^{1-k}\,(k=0,1)$. 因此当 X 服从两点分布时，常记为 $X\sim B(1,p)$.

容易证明 $\quad P(X=k)=C_n^k p^k q^{n-k}\geqslant 0$，且

$$\sum_{k=0}^{n}P(X=k)=\sum_{k=0}^{n}C_n^k p^k q^{n-k}=(p+q)^n=1$$

例 6　设有 8 门高射炮独立地向入侵的一架敌机开火，敌机若被 2 门以上(含 2 门)高射炮击中则被击落，已知每门高射炮的命中率为 0.6，求敌机被击落的概率.

解　设击中敌机的高射炮数为 X，因为 8 门炮均以 0.6 的概率独立地射击，这相当于 8 重伯努利试验. 所以 $X\sim B(8,0.6)$，于是所求概率为

$$\begin{aligned}P(X\geqslant 2)&=\sum_{k=2}^{8}P(X=k)=1-P(X=0)-P(X=1)\\&=1-C_8^0\times 0.6^0\times 0.4^8-C_8^1\times 0.6\times 0.4^7\approx 0.991\end{aligned}$$

3) 泊松分布

若随机变量 X 的所有可能的取值为 0，1，2，…，而

$$P(X=k)=\frac{\lambda^k}{k!}\mathrm{e}^{-\lambda}\,(k=0,1,2,\cdots)$$

其中 λ 是大于 0 的常数，则称 X 服从参数为 λ 的**泊松分布**，记为 $X\sim P(\lambda)$.

泊松分布是一种常见的重要分布，实际问题中许多类似“计数”的随机现象都服从或近似服从泊松分布. 例如，在一定时间内某电话交换台收到的电话的呼唤次数、某商店在一天内的顾客数、一段时间内某网站的被访问数、一段时间内某放射物质放射的粒子数等. 泊松分布的计算可以查附表 2.

例 7　某公交候车点候车人数服从参数为 4 的泊松分布，求

(1) 候车人数不超过 5 人的概率；

(2) 候车人数恰为 3 人的概率.

解　候车人数 $X\sim P(4)$，查表计算可得

(1) $P(X\leqslant 5)=1-P(X\geqslant 6)=1-0.214\,87\approx 0.785\,1$.

(2) $P(X=3)=P(X\geqslant 3)-P(X\geqslant 4)=0.761\,897-0.566\,530\approx 0.195\,4$.

在历史上，泊松分布是法国数学家泊松在研究二项分布的近似计算时引入的. 他发现，当n较大而p较小时，二项分布

$$P(X=k)=C_n^k p^k q^{n-k} \approx \frac{\lambda^k}{k!}\mathrm{e}^{-\lambda}\ (k=0,1,2,\cdots,n)$$

即二项分布可以用泊松分布来近似计算其概率，其中$\lambda=np$. 实际计算时只要$n>10$，$p<0.1$，这种近似程度就较高了. 顺便指出，若n足够大，二项分布也可以用后面学到的正态分布来近似计算.

例 8 一大批产品中有 2%是次品，现从中随机抽取 30 件进行检查，求其中次品不超过 3 件的概率.

解 设抽取的产品中有X件次品，由于产品的批量很大，故抽取 30 件近似于有放回抽样，所以抽取检查近似于 30 重伯努利试验，则$X\sim B(30,0.02)$.

于是

$$\begin{aligned}P(X\leqslant 3)&=\sum_{k=0}^{3}C_{30}^k 0.02^k\times 0.98^{30-k}\\&\approx 0.545\,5+0.334\,0+0.098\,8+0.018\,8\\&\approx 0.997\,1\end{aligned}$$

这样计算较复杂，下面用泊松分布近似计算.

这里$n=30, p=0.02$，于是$\lambda=np=30\times 0.02=0.6$，查泊松分布表得

$$P(X\leqslant 3)=1-P(X\geqslant 4)=1-0.003\,385\approx 0.996\,6$$

例 9 某地区有 1 万人参加了某保险公司的一项人身意外保险. 已知该地区人身意外死亡的概率为 0.000 1，每人投保的保费为 10 元，若投保人在一年内发生意外死亡，则保险公司赔付 2 万元. 试求保险公司在这项业务上

(1) 亏损的概率.

(2) 获利 4 万元以上的概率.

解 设X是一年内投保人意外死亡的人数，则$X\sim B(10\,000,0.000\,1)$.

保险公司在这项业务上的总收入为$1\times 10=10$万元.

由于$n=10\,000$很大，$p=0.000\,1$很小，故用泊松分布近似计算，$\lambda=np=1$.

(1) 保险公司在这项业务上亏损就是$X>5$，因此所求概率为

$$P(X>5)=P(X\geqslant 6)=0.000\,594\approx 0.000\,6$$

可见，保险公司在这项业务上亏损的可能性极小.

(2) 保险公司获利 4 万元以上就是$X<3$，因此所求概率为

$$P(X<3)=1-P(X\geqslant 4)=1-0.018\,988\approx 0.981\,0$$

4.3.3 连续型随机变量及其分布

1. 连续型随机变量与密度函数

设X是一个随机变量，如果X的取值不能一一列出，而是连续取值，则X就称为连续型随机变量. 如测量零件的尺寸、检验电池的寿命、某人在汽车站等待汽车的时间等.

例 10　在区间[0，10]上随意抛下一质点，设 X 表示原点到质点的位移，求 X 取值在区间[2，4]之间的概率.

解　这是一个几何概型，易知所求概率为 $\frac{1}{5}$.

这里 X 是一个连续型随机变量，其取值范围为 $(-\infty,+\infty)$，X 取区间[0，10]之外的值是不可能事件，“$0\leqslant X\leqslant 10$”或“$-\infty<X<+\infty$”是必然事件. 由于 X 取区间[0，10]内一点的概率几乎是 0，因而要讨论 X 取[0，10]内某一个部分的概率. 例 10 中所求概率即为 $P(2\leqslant X\leqslant 4)=\frac{1}{5}$.

众所周知，随机变量的分布列能够全面描述离散型随机变量的概率分布规律. 但对于连续型随机变量来说，由于随机变量在一点的概率微乎其微，且随机变量的取值是一个连续的区间，因而不能以分布列的形式来描述连续型随机变量，而应该从一段区间上的概率来描述. 连续型随机变量的取值在一段区间内的概率应是这个区间上所有点的概率的无限累积，可以用积分表示.

一般来说，给出连续型随机变量的定义如下.

定义 4.9　对于随机变量 X，如果存在一个定义在 $(-\infty,+\infty)$ 内的非负函数 $f(x)$，对于任意的 $a,b(a<b)$ 都有

$$P(a<X\leqslant b)=\int_a^b f(x)\mathrm{d}x$$

成立，则称 X 为**连续型随机变量**，称 $f(x)$ 为 X 的**概率密度函数或密度函数**，也称为**概率密度**.

$f(x)$ 称为密度函数实际上表示了随机变量 X 在 x 点处取值的密集程度. $f(x)$ 不是随机事件的概率，无穷小量 $f(x)\mathrm{d}x$ 表示随机变量 X 在点 x 处的概率. 若记 $f(x)=\frac{f(x)\mathrm{d}x}{\mathrm{d}x}$，则 $f(x)$ 可以理解为在点 x 处微小区间 $\mathrm{d}x$ 上所具有的概率，即概率的密度.

知道了随机变量的密度函数就可以通过积分来计算有关随机变量的各种概率了，所以密度函数描述了不同的连续型随机变量的概率分布特征，是描述连续型随机变量的主要方法.

密度函数 $f(x)$ 具有以下基本性质.

(1) $f(x)\geqslant 0(-\infty<x<+\infty)$.

(2) $\int_{-\infty}^{+\infty} f(x)\mathrm{d}x=1$.

反过来说，如果一个函数 $f(x)$ 满足上述两条性质，则它一定是某个连续型随机变量的密度函数.

需要指出的是，对于连续型随机变量 X 来说，它取任一特定值的概率是无穷小的，通常记为零. 因此

$$P(a<X\leqslant b)=P(a\leqslant X\leqslant b)=P(a<X<b)=P(a\leqslant X<b)$$

反过来说，对于连续型随机变量 X，概率为零的事件不一定是不可能事件，它是会发生的. 同理，必然事件的概率为 1，但概率为 1 的事件不一定是必然事件.

一般也可以从几何角度来理解连续型随机变量在某个区间上的概率. 已知 $f(x)$ 为密度

函数，则积分$\int_a^b f(x)\mathrm{d}x$在几何上表示在区间$[a,b]$上，密度曲线$f(x)$下的曲边梯形的面积，即随机变量X落在区间$[a,b]$上的概率可以用上述面积表示. 由于$\int_{-\infty}^{+\infty} f(x)\mathrm{d}x=1$，因此密度曲线下的全部面积为1.

通过概率的几何意义，很多复杂的概率关系都可以直观地表示出来，这给概率的计算带来了方便. 例如从图4.10中可以看出

$$P(X \geqslant a)=1-P(X<a)$$

例 11　设随机变量X具有概率密度函数

$$f(x)=\begin{cases} A\mathrm{e}^{-2x}, & x \geqslant 0 \\ 0, & x<0 \end{cases}$$

(1) 试确定常数A；(2)求$P(-3<X \leqslant 3)$.

解　(1) 因为$1=\int_{-\infty}^{+\infty} f(x)\mathrm{d}x=\int_0^{+\infty} A\mathrm{e}^{-2x}\mathrm{d}x=\frac{1}{2}A$，所以$A=2$.

于是

$$f(x)=\begin{cases} 2\mathrm{e}^{-2x}, & x \geqslant 0 \\ 0, & x<0 \end{cases}$$

(2) $P(-3<X \leqslant 3)=\int_{-3}^{3} f(x)\mathrm{d}x=\int_0^3 2\mathrm{e}^{-2x}\mathrm{d}x=1-\mathrm{e}^{-6}$.

2. 常见连续型随机变量的分布

1) 均匀分布

若随机变量X的概率密度函数为

$$f(x)=\begin{cases} \dfrac{1}{b-a}, & a \leqslant x \leqslant b \\ 0, & \text{其他} \end{cases}$$

则称X在区间$[a,b]$上服从**均匀分布**，记为$X \sim U(a,b)$，如图4.11所示.

服从均匀分布的随机变量X在区间$[a,b]$上所有取值的可能性都相同.

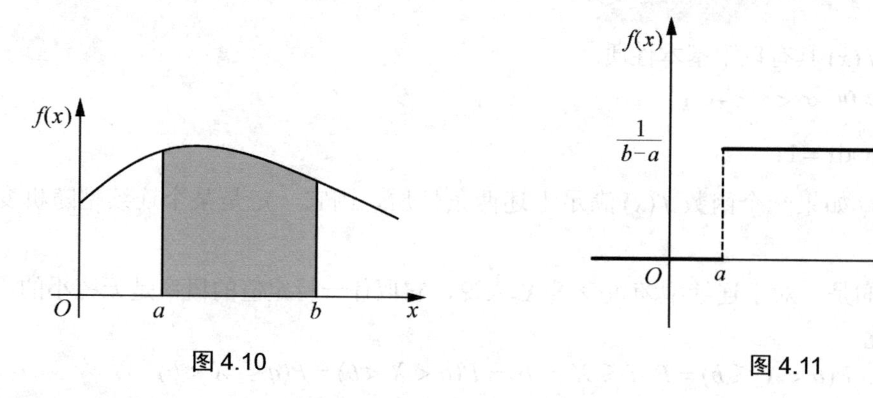

图 4.10　　　　　　　　图 4.11

例 12　设$X \sim U(a,b)$，如果$[c,d] \subset [a,b]$，求$P(c \leqslant X \leqslant d)$.

解　X的密度函数为

$$f(x)=\begin{cases}\dfrac{1}{b-a}, & a\leqslant x\leqslant b\\ 0, & 其他\end{cases}$$

于是

$$P(c\leqslant X\leqslant d)=\int_c^d f(x)\mathrm{d}x=\int_c^d \frac{1}{b-a}\mathrm{d}x=\frac{d-c}{b-a}$$

可见，X 落在 $[a,b]$ 中的一个子区间的概率是该小区间的长度与区间 $[a,b]$ 的长度之比，而与该子区间的具体位置无关，这正是均匀分布的“均匀”性.

2) 指数分布

若随机变量 X 的概率密度函数为

$$f(x)=\begin{cases}\lambda \mathrm{e}^{-\lambda x}, x>0\\ 0, \quad x\leqslant 0\end{cases}$$

其中 λ 是大于 0 的常数，则称 X 服从参数为 λ 的**指数分布**，记作 $X\sim E(\lambda)$，如图 4.12 所示.

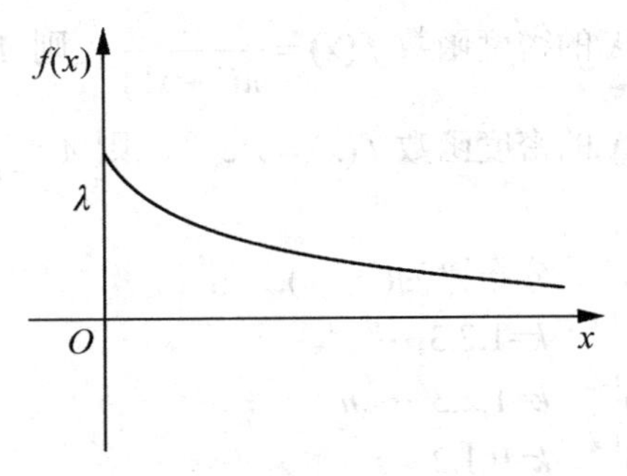

图 4.12

指数分布是一种重要的分布. 电子元件的寿命、动植物的寿命、电话的通话时间、访问某网站的时间等都服从或近似服从指数分布.

例 13　顾客在某银行窗口等待服务的时间 X 服从参数为 1/5 的指数分布，X 的计时单位为 min. 求该顾客能在 10min 内接受服务的概率.

解　X 的概率密度函数为

$$f(x)=\begin{cases}\dfrac{1}{5}\mathrm{e}^{-\frac{1}{5}x}, x>0\\ 0, \quad x\leqslant 0\end{cases}$$

因此

$$P(X\leqslant 10)=\int_0^{10}\frac{1}{5}\mathrm{e}^{-\frac{x}{5}}\mathrm{d}x=-\mathrm{e}^{-\frac{1}{5}x}\Big|_0^{10}=1-\mathrm{e}^{-2}$$

常见连续型随机变量的分布中，还有占有特殊地位的正态分布将在下节专门讨论.

习 题 4.3

1．填空题.

(1) 若随机变量ξ的分布列为

ξ	1	2	3	4
P	$\frac{a}{50}$	$\frac{a}{25}$	$\frac{3a}{50}$	$\frac{4a}{50}$

则常数a的值为____________________.

(2) 设随机变量$X\sim P(\lambda)$，且$P(X=2)=P(X=3)$，则$\lambda=$__________________.

(3) 设随机变量 $X\sim B(2,p)$，随机变量 $Y\sim B(3,p)$，若 $P(X\geqslant 1)=\frac{5}{9}$，则 $P(Y\geqslant 1)$ =____________.

(4) 设连续型随机变量X的密度函数$f(x)=\frac{A}{\pi(1+x^2)}$，则$A$=______________.

(5) 设连续型随机变量X的密度函数$f(x)=Ae^{-|x|}$，则A=______________.

2．选择题.

(1) 设X服从两点分布，其分布律为(　　).

A．$P(X=k)=p^k(1-p)^{1-k}$　$k=1,2,3,\cdots$

B．$P(X=k)=p^k(1-p)^{1-k}$　$k=1,2,3,\cdots,n$

C．$P(X=k)=p^k(1-p)^{1-k}$　$k=0,1,2$

D．$P(X=k)=p^k(1-p)^{1-k}$　$k=0，1$

(2) 随机变量X的概率分布为$P(X=k)=b\lambda^k,k=1,2,\cdots$，其中$b>0$，$0<\lambda<1$，则$\lambda$为(　　).

A．大于零的任意实数　　B．$\lambda=b+1$

C．$\lambda=\frac{1}{1+b}$　　D．$\lambda=\frac{1}{b-1}$

(3) 随机变量X的密度函数$f(x)=\begin{cases}2x, & 0\leqslant x\leqslant A\\ 0, & \text{其他}\end{cases}$，则常数$A$=(　　).

A．$\frac{1}{4}$　　B．$\frac{1}{2}$　　C．1　　D．2

(4) 随机变量X的密度函数$f(x)=\begin{cases}3x^2, & 0<x<1\\ 0, & \text{其他}\end{cases}$，且$P(X\geqslant a)=0.784$，则$a$=(　　).

A．0.6　　B．0.36　　C．0.56　　D．0.45

3．设随机变量X的分布列为$P(X=k)=\frac{k}{15},k=1,2,3,4,5$，试求以下概率.

(1) $P(\frac{1}{2}<X<\frac{5}{2})$　　(2) $P(1\leqslant X\leqslant 3)$　　(3) $P(X>3)$

4．某连锁总店每天向10家分店供应货物，每家分店订货与否相互独立，且每家分店订货的概率均为0.4，求10家分店中订货家数X的分布列.

5．一篮球运动员投篮命中率的统计值是 0.7，现投篮 10 次，假设每次投篮是独立进行的，问他投中 7 次的概率是多少？

6．一张考卷上有 5 道选择题，每道题列出 4 个被选答案，其中有 1 个答案是正确的.求某学生靠猜测能答对至少 4 道题的概率.

7．某公交车站的候车人数服从参数为 4 的泊松分布．求：(1)候车人数不超过 5 的概率；(2)候车人数恰为 3 的概率.

8．某一城市每天发生火灾的次数 X 服从参数 $\lambda=0.8$ 的泊松分布，求该城市一天内发生 3 次或 3 次以上火灾的概率.

9．一个繁忙的路段每天有大量汽车通过，设每辆汽车在一天的某段时间内出事故的概率为 0.000 2，在某天该段时间内有 1 000 辆汽车通过，问出事故的次数不小于 2 的概率是多少？(利用泊松分布近似计算.)

10．已知随机变量 X 的密度函数为

$$f(x)=\begin{cases}Ax^2, & |x|\leqslant 1\\ 0, & \text{其他}\end{cases}$$

求：(1) A 的值；(2) $P(-2\leqslant X<\frac{1}{2})$.

11．某城镇每天的用电量 X 万度是连续型随机变量，其密度函数为

$$f(x)=\begin{cases}kx(1-x^2), & 0<x<1\\ 0, & \text{其他}\end{cases}$$

试求：(1)常数 k 的值；(2)当每天供电量为 0.8 万度时，供电量不够的概率.

12．某型号电子管，其寿命(单位：h)为一随机变量，密度函数为

$$f(x)=\begin{cases}\dfrac{100}{x^2}, & x\geqslant 100\\ 0, & \text{其他}\end{cases}$$

在一电子设备内配有 3 个这样的电子管，求它们使用 150h 都不需要更换的概率.

13．若 $X\sim U(1,6)$，试求 $P(X\leqslant 2)$.

14．公共汽车站每隔 5min 有一辆汽车通过，乘客在 5min 时间内的任一时刻到达车站是等可能的，求乘客候车时间不超过 3min 的概率.

15．某电子元件的寿命 X 服从参数为 0.002 的指数分布，求这个电子元件使用 1 000h 后没有损坏的概率.

§4.4　随机变量的分布函数

4.4.1　随机变量的分布函数

对离散型随机变量来说，概率分布列全面描述了它的概率分布规律，既直观又便于计算概率；对连续型随机变量来说，用概率密度函数虽然能描述随机变量概率分布的本质，但不便于计算概率. 因此，下面引进随机变量分布函数的概念.

设 X 是一个随机变量，称

$$F(x)=P(X\leqslant x)\quad(-\infty<x<+\infty)$$

为随机变量 X 的**分布函数**. 它表示 X 落在区间 $(-\infty,x]$ 内的概率.

有了分布函数的概念，概率的表示就非常方便了，例如

$$P(X\leqslant b)=F(b),\quad P(X>a)=1-F(a),\quad P(a<X\leqslant b)=F(b)-F(a)$$

分布函数在形式上统一了离散型随机变量和连续型随机变量的概率分布的表示,但主要还是用于表示连续型随机变量的概率.

对于离散型随机变量 X，若它的分布列为 $P(X=x_k)=p_k\ (k=1,2,\cdots)$，则 X 的分布函数为

$$F(x)=P(X\leqslant x)=\sum_{x_k\leqslant x}p_k$$

对于连续型随机变量 X，若它的密度函数为 $f(x)$，则 X 的分布函数为

$$F(x)=P(X\leqslant x)=\int_{-\infty}^{x}f(t)\mathrm{d}t$$

这时 $F(x)$ 的几何意义是在密度曲线 $f(x)$ 之下、点 x 左方的所有面积，如图 4.13 所示.

分布函数 $F(x)$ 具有以下基本性质.

(1) $0\leqslant F(x)\leqslant 1$，且 $F(-\infty)=\lim\limits_{x\to-\infty}F(x)=0$，

$F(+\infty)=\lim\limits_{x\to+\infty}F(x)=1$.

(2) $F(x)$ 是单调不减函数.

(3) $F(x)$ 在任意点右连续.

对连续型随机变量 X 来说，$F(x)$ 是连续函数，且在 $F(x)$ 的可导点上有 $F'(x)=f(x)$，若记为 $\dfrac{\mathrm{d}F(x)}{\mathrm{d}x}=f(x)$，也可看出 $f(x)$ 被称为概率密度函数的原因.

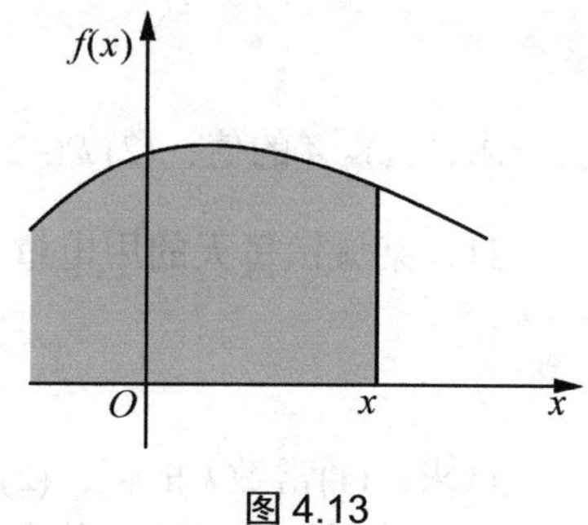

图 4.13

例 1　设随机变量的分布列为

X	1	3	5
P	0.3	0.5	0.2

求 X 的分布函数并画出图像.

解　当 $x<1$ 时，因为事件 $\{X\leqslant x\}=\Phi$，所以 $F(x)=0$;

当 $1\leqslant x<3$ 时，$F(x)=P\{X\leqslant x\}=P\{X=1\}=0.3$;

当 $3\leqslant x<5$ 时，$F(x)=P\{X\leqslant x\}=P\{X=1\}+P\{X=3\}=0.3+0.5=0.8$;

当 $x\geqslant 5$ 时，$F(x)=P\{X\leqslant x\}=P\{X=1\}+P\{X=3\}+P\{X=5\}=0.3+0.5+0.2=1$.

所以

$$F(x)=\begin{cases}0, & x<1\\ 0.3, & 1\leqslant x<3\\ 0.8, & 3\leqslant x<5\\ 1, & x\geqslant 5\end{cases}$$

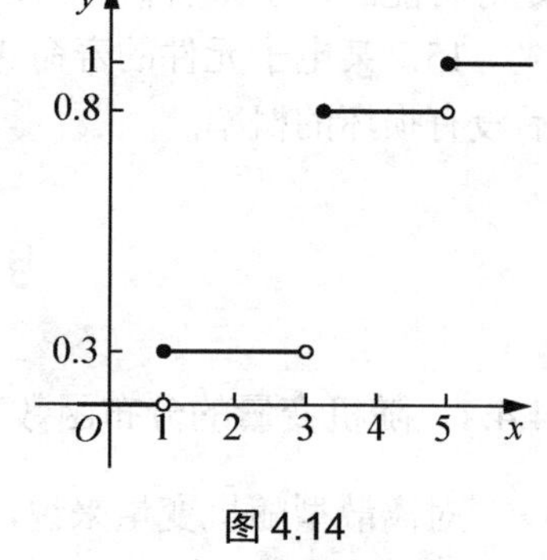

图 4.14

例 2　设 $X\sim U(a,b)$，求 X 的分布函数 $F(x)$.

解　X 的密度函数为

$$f(x)=\begin{cases}\dfrac{1}{b-a}, & a\leqslant x\leqslant b\\ 0, & 其他\end{cases}$$

当 $x<a$ 时，$f(x)=0$

故

$$F(x)=0$$

当 $a\leqslant x\leqslant b$ 时

$$F(x)=\int_{-\infty}^{x}\frac{1}{b-a}\mathrm{d}t=\int_{a}^{x}\frac{1}{b-a}\mathrm{d}t=\frac{x-a}{b-a}$$

当 $x>b$ 时

$$F(x)=\int_{-\infty}^{x}f(t)\mathrm{d}t=\int_{-\infty}^{a}0\mathrm{d}t+\int_{a}^{b}\frac{1}{b-a}\mathrm{d}t+\int_{b}^{x}0\mathrm{d}t=1$$

故 X 的分布函数 $F(x)$ 为

$$F(x)=\begin{cases}0, & x<a\\ \dfrac{x-a}{b-a}, & a\leqslant x\leqslant b\\ 1, & x>b\end{cases}$$

这里，分布函数 $F(x)$ 也可以根据 $F(x)$ 的几何意义进行计算.

若 $X\sim E(\lambda)$，容易求出随机变量 X 的分布函数为

$$F(x)=\begin{cases}1-\mathrm{e}^{-\lambda x}, & x\geqslant 0\\ 0, & x<0\end{cases}$$

4.4.2　正态分布与3σ原则

1. 正态分布

如果随机变量 X 的密度函数为

$$f(x)=\frac{1}{\sqrt{2\pi}\sigma}\mathrm{e}^{-\frac{(x-\mu)^2}{2\sigma^2}},-\infty<x<+\infty$$

其中 μ 和 σ 为常数，且 $\sigma>0$，则称 X 服从参数为 μ、σ 的**正态分布**，记作 $X\sim N(\mu,\sigma^2)$.

正态分布又称**高斯(Gauss)分布**，是由德国著名数学家高斯在研究误差的分布问题时首先提出的.

正态分布是最常见的也是最重要的分布. 在自然界中取值受众多微小独立因素综合影响但没有一种影响占主导地位的随机变量，一般都服从或近似服从正态分布. 如测量元件的误差、产品的质量指标、人群的身高和体重、学生的考试成绩、炮弹的射程等，它们的分布都具有“中间大，两头小”的特点. 另一方面，其他许多分布又可以用正态分布来近似或导出. 因此，无论在理论上还是在实践中，正态分布都有着极其广泛的应用.

可以证明

$$\int_{-\infty}^{+\infty}f(x)\mathrm{d}x=\int_{-\infty}^{+\infty}\frac{1}{\sqrt{2\pi}\sigma}\mathrm{e}^{-\frac{(x-\mu)^2}{2\sigma^2}}\mathrm{d}x=1$$

正态分布的密度函数 $f(x)$ 的图形如图 4.15 所示，称为正态曲线或高斯曲线，它是一条钟型曲线，以 $x=\mu$ 为对称轴，以 x 轴为水平渐进线，在 $x=\mu\pm\sigma$ 处有拐点，当 $x=\mu$ 时取最大值 $\frac{1}{\sqrt{2\pi}\sigma}$.

当 $\mu=0,\sigma=1$ 时，称 X 服从标准正态分布，记为 $X\sim N(0,1)$．标准正态分布的概率密度是

$$\varphi(x)=\frac{1}{\sqrt{2\pi}}\mathrm{e}^{-\frac{x^2}{2}},-\infty<x<+\infty$$

其分布函数记为

$$\Phi(x)=\frac{1}{\sqrt{2\pi}}\int_{-\infty}^{x}\mathrm{e}^{-\frac{t^2}{2}}\mathrm{d}t$$

标准正态分布的密度函数 $\varphi(x)$ 的图形如图 4.16 所示.

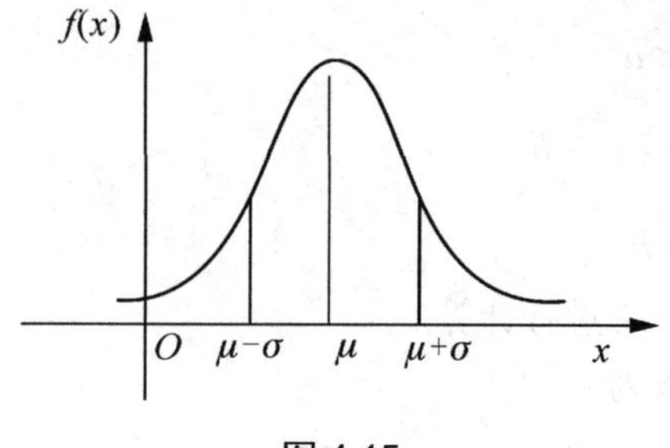

图 4.15

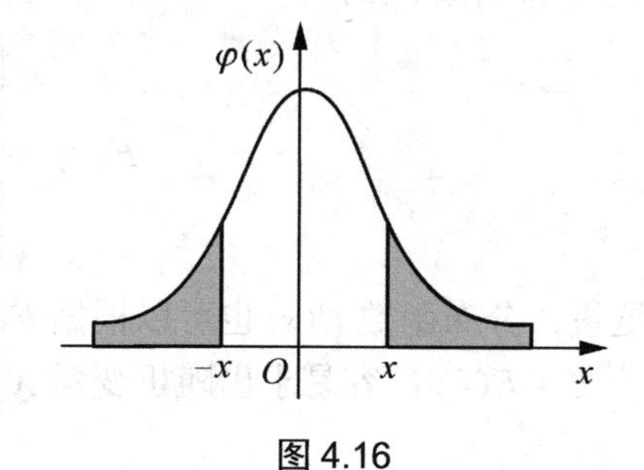

图 4.16

2．正态分布的概率计算与 3σ 原则

为了使用方便，标准正态分布的分布函数 $\Phi(x)$ 的函数值已编制成表供查用(见附表 1). 表中给出了 $x\geqslant 0$ 时 $\Phi(x)$ 的值，当 $x<0$ 时，根据密度函数 $\varphi(x)$ 的对称性，可由 $\Phi(x)=1-\Phi(-x)$ 求得 $\Phi(x)$ 的函数值(参考图 4.15).

例 3　已知 $X\sim N(0,1)$，求(1) $P(1<X<3)$；(2) $P(X\leqslant -3)$；(3) $P(|x|<3)$.

解　(1) $P(1<X<3)=\Phi(3)-\Phi(1)=0.998\,7-0.841\,3=0.157\,4$

(2) $P(X\leqslant -3)=\Phi(-3)=1-\Phi(3)=1-0.998\,7=0.001\,3$

(3) $P(|X|<3)=P(-3<X<3)=\phi(3)-\phi(-3)=\phi(3)-(1-\phi(3))$

$=2\Phi(3)-1=2\times 0.998\,7-1=0.997\,4$

一般来说，当 $X\sim N(0,1)$ 时，有

$$P(a<X<b)=\Phi(b)-\Phi(a),\quad P(|X|<x)=2\phi(x)-1\qquad (x>0)$$

对于一般的正态分布，可以通过变换化为标准正态分布计算.

设 $X\sim N(\mu,\sigma^2)$，则 X 的分布函数

$$F(x)=\frac{1}{\sqrt{2\pi}\sigma}\int_{-\infty}^{x}\mathrm{e}^{-\frac{(t-\mu)^2}{2\sigma^2}}\mathrm{d}t\overset{令u=\frac{t-\mu}{\sigma}}{=\!=\!=}\frac{1}{\sqrt{2\pi}}\int_{-\infty}^{\frac{x-\mu}{\sigma}}\mathrm{e}^{-\frac{u^2}{2}}\mathrm{d}u=\Phi\left(\frac{x-\mu}{\sigma}\right)，即 F(x)=\Phi(\frac{x-\mu}{\sigma})$$

即当 $X\sim N(\mu,\sigma^2)$ 时，有 $\frac{X-\mu}{\sigma}\sim N(0,1)$.

因此，当 $X \sim N(\mu,\sigma^2)$ 时，就有

$$P(X \leqslant x)=\Phi\left(\frac{x-\mu}{\sigma}\right)$$

$$P(a<X \leqslant b)=P(X \leqslant b)-P(X<a)=F(b)-F(a)=\Phi\left(\frac{b-\mu}{\sigma}\right)-\Phi\left(\frac{a-\mu}{\sigma}\right)$$

例 4　已知 $X \sim N(1,4)$，求(1) $P(1<X<3)$；(2) $P(|X|<3)$.

解　(1) $P(1<X<3)=\Phi\left(\frac{3-1}{2}\right)-\Phi\left(\frac{1-1}{2}\right)$

$$=\Phi(1)-\Phi(0)=0.841\,3-0.500\,0=0.341\,3$$

(2) $P(|X|<3)=P(-3<X<3)=\Phi(1)-\Phi(-2)$

$$=\Phi(1)+\Phi(2)-1=0.841\,3+0.977\,2-1=0.818\,5$$

例 5　若某地区每个家庭的年收入 X (万元)近似服从正态分布 $N(\mu,\sigma^2)$. 为建设和谐社会，政府在制定社会发展规划时，计划在未来一年内使家庭年平均收入 μ 达到 6 万元，使家庭年收入在 2 万元以下的低收入家庭减少到全地区家庭的 8%以下. 求规划中 σ 的值不能超过多少？

解　根据题意

$$X \sim N(6,\sigma^2)，\quad P(X \leqslant 2) \leqslant 0.08$$

由 $P(X \leqslant 2)=\Phi(\frac{2-6}{\sigma})=\Phi(-\frac{4}{\sigma})=1-\Phi(\frac{4}{\sigma}) \leqslant 0.08$ 得

$$\Phi(\frac{4}{\sigma}) \geqslant 0.92$$

查表可得 $\frac{4}{\sigma} \geqslant 1.41$，于是 $\sigma \leqslant 2.837$.

例 6　设 $X \sim N(\mu,\sigma^2)$，计算 $P(|X-\mu|<3\sigma)$.

解　$P(|X-\mu|<3\sigma)=P\left(\left|\frac{X-\mu}{\sigma}\right|<3\right)$

由于 $\frac{X-\mu}{\sigma} \sim N(0,1)$，所以

$$P(|X-\mu|<3\sigma)=\Phi(3)-\Phi(-3)=0.997\,4$$

这个结果说明，在一次随机试验中，X 落在区间 $(\mu-3\sigma,\mu+3\sigma)$ 内的概率超过 99.7%，落在这个区间之外的概率不到 0.3%，几乎不可能发生，这就是通常说的“3σ 原则”. 在实际工作中，人们往往根据“3σ 原则”来对产品的质量进行控制.

习　题　4.4

1．填空题.

(1) 设离散型随机变量 X 的分布列为 $P(X=x_k)=p_k\,(k=1，2，\cdots)$，则 $\sum_k p_k=$ ______，$P(x_1<X \leqslant x_2)=$ ______________.

(2) 设 $f(x)$ 为 X 的概率密度函数，$F(x)$为分布函数，那么 $P(a<X\leqslant b)=$ ________.

(3) 设随机变量 $X\sim N(\mu,\sigma^2)$，且 $P(X\geqslant C)=P(X\leqslant C)$，则 $C=$________.

(4) 如果 $X\sim N(\mu,\sigma^2)$，$\Phi(x)$ 是标准正态分布的分布函数，那么 $P(a<X<b)$ = ________.

2．选择题.

(1) 设 X 为连续型随机变量，分布函数是 $F(x)$，若 a 为常数，则下列等式中成立的是(　　).

A. $P(X\leqslant a)=F(a)$　　　　B. $P(X\geqslant a)=F(a)$

C. $P(X=a)=F(a)$　　　　D. $P(X=a)=1-F(a)$

(2) 设连续型随机变量 X 的分布函数是 $F(x)$，密度函数是 $f(x)$，则 $P(X=x)=$(　　).

A. $F(x)$　　B. $f(x)$　　C. 0　　D. 以上都不对

(3) 随机变量 $X\sim N(\mu,\sigma^2)$，且 $P(X<5)=P(X>1)$，密度函数 $f(x)$有极大值 $\dfrac{1}{\sqrt{2\pi}}$，则有(　　).

A. $\mu=2$，$\sigma=2$　　　　B. $\mu=3$，$\sigma=2$

C. $\mu=3$，$\sigma=1$　　　　D. $\mu=3$，$\sigma=3$

(4) 已知随机变量 $X\sim N(0,1)$，常数 $k>0$，则概率 $P(|X|\geqslant k)=$(　　).

A. $2\Phi(k)-1$　　B. $1-2\Phi(k)$　　C. $2\Phi(k)-2$　　D. $2-2\Phi(k)$

3．设随机变量 X 的分布函数为

$$F(x)=\begin{cases}0, & x<1\\ \ln x, & 1\leqslant x<\mathrm{e}\\ 1, & x\geqslant \mathrm{e}\end{cases}$$

试求：(1) $P(X<2)$；(2) $P(0<X\leqslant 3)$；(3) $P(2<X<2.5)$.

4．设连续型随机变量 X 的分布函数为 $F(x)=A+B\arctan x\ (-\infty<x<+\infty)$，求：(1) 常数 A 和 B；(2) X 落入(−1，1)的概率；(3) X 的密度函数 $f(x)$.

5．设 $X\sim N(0,1)$，求：(1) $P(X<-1)$；(2) $P(-2.32\leqslant X<1.2)$；(3) $P(X<0)$.

6．设 $X\sim N(10,4)$，求：(1) $P(10<X<13)$；(2) $P(X\geqslant 13)$；(3) $P(|X-10|<2)$.

7. 某批袋装大米的重量 Xkg 服从参数 $\mu=10\text{kg}$，$\sigma=0.1\text{kg}$ 的正态分布，任选一袋大米，求这袋大米重量在 9.9~10.2kg 之间的概率.

8．设某班一次数学考试成绩 $X\sim N(70,100)$，若规定低于 60 分为“不及格”，高于 85 分为“优秀”．试问该班级：(1)数学成绩“优秀”的学生约占总人数的百分之几？(2)数学成绩“不及格”的学生约占总人数的百分之几？

9．公共汽车车门的高度是按男子与车门碰头的机会在 0.01 以下来设计的，如果男子身高 $X\sim N(170,36)$ (单位：cm)，问车门的高度应不低于多少？

10．若 $X\sim E(\lambda)$，试推导随机变量 X 的分布函数为 $F(x)=\begin{cases}1-\mathrm{e}^{-\lambda x}, & x\geqslant 0\\ 0, & x<0\end{cases}$.

11. 设随机变量 X 的概率分布为

X	1	3	5
P	0.3	0.5	0.2

求：(1) 求 X 的分布函数，并作分布函数图形；

(2) 求 $P(X>0.5)$及 $P(1<X\leqslant 5)$．

§4.5　随机变量实验

1．实验要求

理解概率密度函数(pdf)、概率分布函数(cdf)的 MATLAB 命令及概率意义．

2．实验内容

(1) 概率密度函数(pdf)、概率分布函数(cdf)的 MATLAB 命令及概率意义．

表 4-8 给出了概率密度函数(pdf)、分布函数(cdf)的调用格式．下面以二项分布和正态分布为例来说明这两类函数的概率意义和计算功能，其中关于求概率分布函数的临界值的内容在 § 6.5 中再作介绍．

表 4-8　各种分布的 MATLAB 命令格式表

分布名称	概率密度函数	概率分布函数	概率分布函数的临界值
二项分布	binopdf(x，n，p)	binocdf(x，n，p)	binoinv(x，n，p)
几何分布	geopdf(x，p)	geocdf(x，p)	geoinv(x，p)
泊松分布	poisspdf(x，lambda)	poisscdf(x，lambda)	poissinv(p，lambda)
均匀分布	unifpdf(x，a，b)	unifcdf(x，a，b)	unifinv(p，a，b)
指数分布	exppdf(x，mu)	expcdf(x，mu)	expinv(p，mu)
正态分布	normpdf(x，mu，sigma)	normcdf(x，mu，sigma)	norminv(p，mu，sigma)

① 二项分布的分布列命令 binopdf(x，n，p)：根据二项分布的参数 n、p，设事件 A 发生的概率为 p，计算 n 次 Bernoulli 试验中，事件 A 发生 x 次的概率($x=0,1,2,\cdots,n$).

② 二项分布的分布函数命令 binocdf(x，n，p)：二项分布的概率分布函数的定义为

$$\text{binocdf(x, n, p)}=F(x \mid n,\ p)=\sum_{i=0}^{x} C_n^i p^i q^{n-i}\ (x=0,1,\cdots,n)$$

因此 binocdf(x，n，p)表示在 n 次伯努利(Bernoulli)实验中事件 A 发生的次数不超过 x 次的概率，其中任意一次事件 A 发生的概率为 p.

例 1　设某种药物对某种疾病的治愈率为 0.8，现有 10 名这种疾病的患者同时服用此药，求其中至少有 6 名被治愈的概率.

解　设事件 A={疾病被治愈}，则 $P(A)=0.8$，各患者被治愈是相互独立的，所以这是 10 次伯努利(Bernoulli)实验，事件 A 发生 6 次、7 次、8 次、9 次、10 次的概率和为

$$P(A\text{ 至少发生 6 次})=\sum_{k=6}^{10} P_{10}(k)=\sum_{k=6}^{10} C_{10}^k 0.8^k 0.2^{10-k}\approx 0.97$$

易见，即使通过对立事件求它的概率也不能减少计算量，而用 MATLAB 计算非常简便.

用 MATLAB 计算过程如下：

```
x=[6:10];
```

```
>> binopdf(x,10,0.8)
ans =
    0.0881    0.2013    0.3020    0.2684    0.1074
```

把得到的概率值相加即得

$P(A)$=0.088 1+0.201 3+0.302 0+0.268 4+0.107 4=0.967 2

如果用分布函数(cdf)计算就更简便了，看下面的计算；

```
>> binocdf(5,10,0.8)
ans =
    0.0328
```

$$P(A\text{ 至少发生 6 次})=\sum_{k=6}^{10}P_{10}(k)=1-\text{binocdf}(5,10,0.8)=0.967\,2$$

例 2 一个质量检验员每天检验 500 个零件，如果 1%的零件有缺陷，求解以下问题.

(1) 一天内检验员没有发现有缺陷零件的概率是多少？

(2) 检验员发现有缺陷零件的数量最有可能是多少？

解 设事件 A={零件有缺陷}，则 $P(A)$=0.01，零件有无缺陷是相互独立的，问题(1)是求 500 次伯努利(Bernoulli)实验，事件 A 发生 0 次的概率，所以

$$P_{500}(0)=C_{500}^{0}\,0.01^{0}0.99^{500}$$

用 MATLAB 计算过程如下：一天内检验员没有发现有缺陷零件，即求 x=0 的概率.

```
>> p=binopdf (0,500,0.01)
p =
   0.0066
```

问题(2)就是在概率数列 $P_{500}(k)=C_{500}^{k}\,0.01^{k}0.99^{500-k}$ (k=0,1,⋯, 500)中找出 P 的最大值对应的零件个数 k. MATALB 可以方便地解决这个问题.

```
>> y=binopdf ([0:500],500,0.01);
>> [p,x]=max(y)
p =
    0.1764
x =
     6
```

发现 5 个零件有缺陷的概率最大，所以有缺陷零件的数量最有可能是 5.

③ 正态分布概率密度函数命令 normpdf(x，mu，sigma)：根据正态变量 X 的均值 mu、标准差 sigma，计算正态变量 X 在点 x 上取值的概率密度函数值.

④ 正态分布概率分布函数命令 normcdf(x，mu，sigma)：根据正态变量 X 的均值 mu、标准差 sigma，计算正态变量 $X\leqslant x$ 的概率.

例 3 已知 $X\sim N(2,6)$，作该正态分布的概率密度图像并计算以下结果.

(1) X=0，1，2，3，4，5，6 时，计算 normpdf(x,2,6^0.5)和 normcdf(x,2,6^0.5).

(2) 读出 normpdf(2，2，6^0.5)和 normcdf(2，2，6^0.5)的值，解释 normpdf(x,2,6^0.5) 和 normcdf(x,2,6^0.5)计算结果的概率意义.

解 作图命令如下：

```
>> x=[-8:0.1:12];              %确定定义域时应充分考虑该分布曲线以μ=2为对称轴;
>> y=normpdf(x,2,6^0.5);
>> plot(x,y,'r-')
```

作出图形如图 4.17 所示：

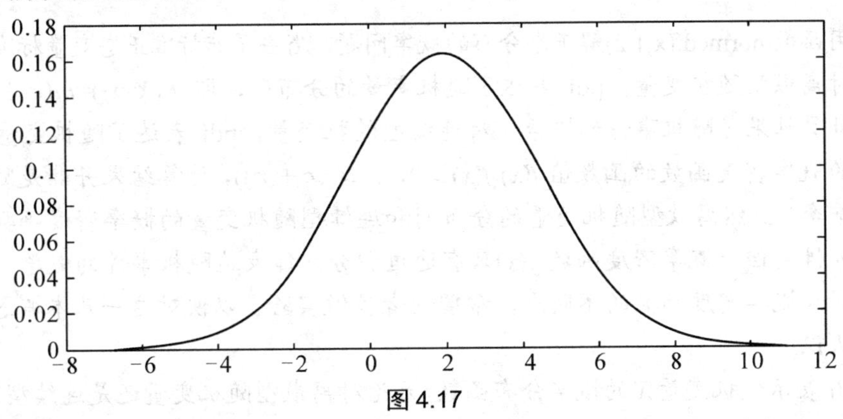

图 4.17

(1) 用 MATLAB 计算过程如下：

```
>> x=[0:6];
>> y=normpdf(x,2,6^0.5)
y =
   0.1167    0.1498    0.1629    0.1498    0.1167    0.0769    0.0429
>> y=normcdf(x,2,6^0.5)
y =
   0.2071    0.3415    0.5000    0.6585    0.7929    0.8897    0.9488
```

(2) normpdf(2，2，6^0.5)= 0.162 9，normcdf(2,2,6^0.5)= 0.500 0.

normpdf(2，2，6^0.5)= 0.162 9 表示 x=2 时，N(2，6)的密度函数 $f(x)=\frac{1}{\sqrt{2\pi}\sqrt{6}}\mathrm{e}^{\frac{(x-2)^2}{2\times 6}}$ 的函数值 f(2).

而 normcdf(2,2,6^0.5)表达的是 $P(X\leqslant 2)=\int_{-\infty}^{2}\frac{1}{\sqrt{2\pi}\sqrt{6}}\mathrm{e}^{\frac{(x-2)^2}{2\times 6}}\mathrm{d}x$，即事件“X≤2”的概率. 由对称性易知这个概率值等于 0.5.

例 4 已知 $X\sim N(1，4)$，求 $P(5<X\leqslant 7.2)$ 和 $P(0<X\leqslant 1.6)$.

解 X 服从的是 $\mu=1$，$\sigma^2=4$ 的非标准正态分布，传统计算概率的方法必须先把 X 标准化，再计算概率. 但是在 MATLAB 中可以直接求非标准正态变量落在某个区间内的概率.

```
>> normcdf(7.2,1,2)
ans = 0.9990
>>  normcdf(5,1,2)
ans =  0.9772
```

也就是 $P(5<X\leqslant 7.2)= P(X\leqslant 7.2)-P(x\leqslant 5)$=0.999 0−0.977 2=0.021 8

现有如下计算，试解释这个计算结果的意义.

```
>> x = [5:7.2];
```

```
>> normpdf(x,1,2)
ans =   0.0270    0.0088    0.0022
```

对比 normcdf(5,1,2)与 normpdf(5,1,2) 的计算结果，可以帮助正确理解概率密度函数 pdf 与概率分布函数 cdf 的概念.

说明：

① 用函数 normcdf(x,1,2)解正态分布的概率问题，省去了非标准正态变量标准化的过程.

② 对离散型随机变量，pdf 表达了随机变量的分布列，即 $P(X=x_k)=p_k(k=1,2,\cdots)$，其计算结果是随机事件的概率；对连续型随机变量，pdf 表达了随机变量 X 在点 x 的概率密度函数的函数值 $f(x)(f(x)\geqslant 0,\ x\in(-\infty,+\infty))$，计算结果并非是随机事件的概率. 虽然离散型随机变量的分布列和连续型随机变量的概率密度函数都具有规范性，但是概率密度函数 $f(x)$只有通过积分才能表达随机事件的概率，这是分布列和概率密度函数的不同点，希望读者多做实验，以便对这一基本概念有深刻的认识.

③ cdf 表示随机变量 X 的概率分布函数，无论对离散型随机变量还是连续型随机变量，cdf 都是求 $P(X\leqslant x)$的，即 cdf 的计算结果总表示随机事件的概率.

④ 标准正态分布的概率密度函数为 normpdf(X)，这时 MATLAB 默认均值 MU=0，标准差 SICMA=1.

例 5　某仪器由 8 个相互独立工作的元件构成，该仪器工作时每个元件发生故障的概率为 0.1.

(1) 求该仪器工作时发生故障的元件数 X 的分布列，并作出分布列的图像.

(2) 求发生故障不超过 4 次的概率，并作出这个二项分布的分布函数图像.

解　若把对每个元件的一次观察看成一次试验，且每次试验的结果只有两个，发生故障或正常，而发生故障的概率都是 0.1，且各元件发生故障与否是相互独立的. 因此该仪器发生故障的概率属于伯努利(Bernoulli)概型.

(1) $X\sim B(8,0.1)$，于是 X 的分布列为

$$P(X=k)=C_8^k\,0.1^k\,0.9^{8-k}\qquad k=0,1,2,\cdots,8$$

MATLAB 命令如下：

```
>>  x=[0:8];
>> y=binopdf(x,8,0.1)
y =
  Columns 1 through 8
    0.4305    0.3826    0.1488    0.0331    0.0046    0.0004    0.0000    0.0000
  Column 9
    0.0000
```

要求的分布列见表 4-9.

表 4-9　X 的分布列

X	0	1	2	3	4	5	6	7	8
P	0.430 5	0.382 6	0.148 8	0.033 1	0.004 6	0.000 4	0.000 0	0.000 0	0.000 0

使用 MATLAB 作图命令如下，分布图如图 4.18 所示.

```
>> plot(x,y,'rd')
>> title('发生故障的元件数 X 的分布图')
```

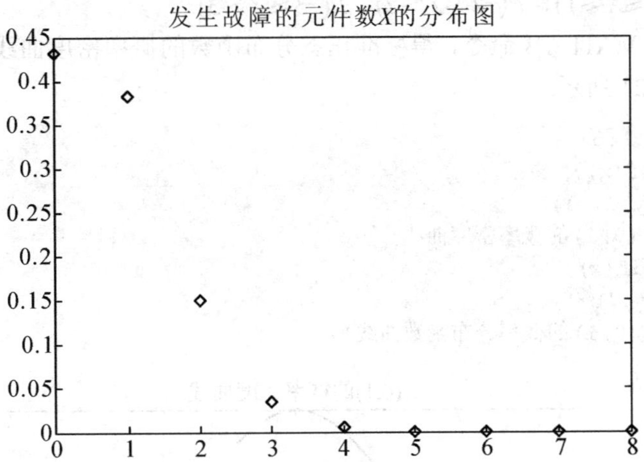

发生故障的元件数X的分布图
0.45
0.4
0.35
0.3
0.25
0.2
0.15
0.1
0.05
0
0
1
2
3
4
5
6
7
8

图 4.18

(2) 输入以下 MATLAB 命令，分布图如图 4.19 所示.

```
>> y=binocdf(4,8,0.1)
y = 0.9996
>> x=[0:8];
>>  y=binocdf(x,8,0.1)
y =
  Columns 1 through 8
    0.4305    0.8131    0.9619    0.9950    0.9996    1.0000    1.0000    1.0000
  Column 9
    1.0000
>> plot(x,y,'r-')
>> title('B(8,0.1)分布函数图像')
```

B(8,0.1)分布函数图像
1
0.9
0.8
0.7
0.6
0.5
0.4
0
1
2
3
4
5
6
7
8

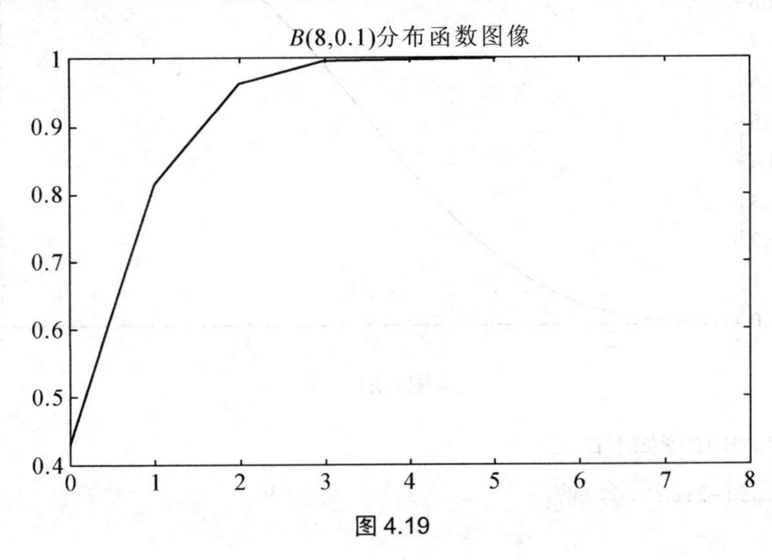

图 4.19

读者可结合该图像 pcd 的函数值思考离散型随机变量的分布函数的概率意义.

例 6　已知 $X\sim N(0,1)$，$x\in[-3,3]$时作标准正态分布的概率密度图像和分布函数图像.

(1) x=[−3:1:3]时，进行概率密度函数值的计算.

(2) 计算 $P(-1\leqslant X\leqslant 1)$、$P(-2\leqslant X\leqslant 2)$、$P(-3\leqslant X\leqslant 3)$.

解　输入以下 MATLAB 命令，得标准正态分布函数的概率密度曲线如图 4.20 所示，概率分布函数如图 4.21 所示.

```
>>  x=[-3:0.1:3];
>> y=normpdf(x);
>>  plot(x,y,'r-')
>> title('N(0,1)的概率密度曲线')
>>  y=normcdf(x);
>>  plot(x,y,'b-')
>> title('N(0,1)的概率分布函数曲线')
```

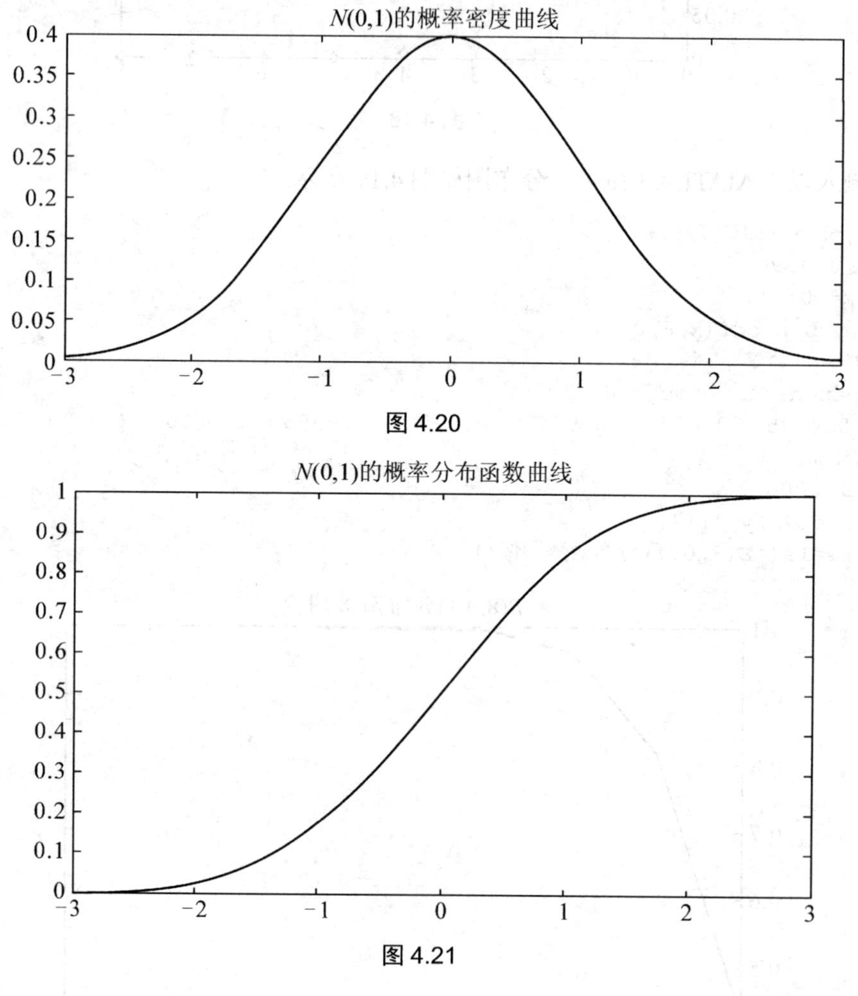

图 4.20

图 4.21

(1) MATLAB 命令如下：

```
y=normpdf(-3:1:3,0,1);
>> [y]
```

```
ans =
    0.0044    0.0540    0.2420    0.3989    0.2420    0.0540    0.0044
```

这是概率密度函数值，即 $f(-3)=0.0044$，…，$f(0)=0.3989$，…，这些函数值是对称的.

(2) 留给读者自己去完成，这个结论叫做“3σ 原理”，在统计推断中有重要的作用.

通过本节学习，试理解 MATLAB 中 pdf 和 cdf 的意义和作用.

例 7　用泊松分布的概率分布函数，进行 §4.3 中例 7、例 8、例 9 的求解。

习　题　4.5

1．某射手对同一目标作 3 次独立射击，每次射击命中目标的概率为 0.4，设 3 次射击中命中目标的总次数为 X，求 X 的分布列.

2．已知某种型号的电子元件的一级品率为 0.2，现从一大批元件中随机抽查 20 只，问最可能的一级品数是多少？

3．某车间有 5 台车床彼此独立地工作，由于工艺原因，每台车床实际开动率为 0.8.

(1) 求任一时刻车间内恰有 4 台车床在工作的概率，列出算式后，再用 MATLAB 命令求这个概率值.

(2) 求任一时刻车间内至少有 1 台车床在工作的概率，列出算式后，再用 MATLAB 命令求这个概率值.

4．设 $X\sim N(1.5,4)$，用 MATLAB 命令求 $P\{-4<X<3.5\}$ 和 $P\{X>2\}$.

5．已知 $X\sim N(0,1)$，$x\in[-3,3]$时作标准正态分布的概率密度图像和分布函数图像；再计算 $P(-1\leqslant X\leqslant 1)$、$P(-2\leqslant X\leqslant 2)$、$P(-3\leqslant X\leqslant 3)$的值.

§4.6　随机变量应用案例——肝癌普查

原发性肝癌的病因比较复杂，但据近年的研究资料表明，其发病与乙型肝炎的发病感染密切相关. 我国原发性肝癌的发病率较发达国家高 5～10 倍，肝癌的高发地区也是乙型肝炎的高发区. 如我国江苏省启东市是肝癌高发区，其自然人群中血清乙肝表面抗原(HBsAg)阳性率为 24.8%，高于一般地区 10%左右. 我国各地调查的原发性肝癌患者的血清 HBsAg 阳性率为 52%～91%. 据文献报道，我国肝癌病例 90%以上感染过乙型肝炎病毒. 世界各地的报告表明，HBsAg 阳性者较之阴性者发生原发性肝癌的相对危险性高 12.1～24.7 倍. 而原发性肝癌早期诊断的主要途径是进行肝癌普查. 其中甲胎蛋白(AFP)检测是肝癌早期发现及早期诊断的主要手段. 若甲胎蛋白呈阳性，那么患肝癌的可能性较高. 尽管如此，这种实验还是会有两种可能的误诊：首先，它可能会对某些真有肝癌的患者作出没有肝癌的诊断，这就是所谓的“假阴性”；其次，它可能会把某些没有肝癌的人误诊为有肝癌的人，这就是“假阳性”.

由过去的资料可知，该实验能正确识别患有肝癌的人中的 95%，因此将有 5%患有肝癌的人的甲胎蛋白检测结果将是“假阴性”. 进一步接受甲胎蛋白检测的未患肝癌的人中 90%的实验结果为阴性，这就意味着没有患肝癌的健康人中的 10%，其 AFP 值是“假阳性”(这也是 AFP 的一个较突出的弱点，即其“假阳性”可能较大). 对某地的居民保守估计大约 10 000 人中有 4 人患有肝癌.

我国是肝癌患者较多的国家，进行肝癌普查是非常有必要的，但有些科学家提出由于该检测方法费钱费力，同时收效也不明显. 那么这项计划该不该在该地区实施呢？如果该计划实施了，而某人又做了 AFP 检测，其检测结果为阳性，那么他得肝癌的可能性又有多大呢？

现在利用本章所学的知识来回答以上提出的关于肝癌普查的问题.

解 用甲胎蛋白法普查肝癌，记

$$C=\{\text{被检验者患肝癌}\}$$
$$A=\{\text{甲胎蛋白检验结果为阳性}\}$$

则

$$\overline{C}=\{\text{被检验者未患肝癌}\}$$
$$\overline{A}=\{\text{甲胎蛋白检验结果为阴性}\}$$

现在关心的是在查出甲胎蛋白为阳性时患有肝癌的可能性是多少，即条件概率 $P(C|A)$. 由题设知

$P(A|C)=0.95$，$P(\overline{A}|\overline{C})=0.90$，$P(C)=0.000\,4$，由贝叶斯公式可得

$$P(C|A)=\frac{P(C)P(A|C)}{P(C)P(A|C)+P(\overline{C})P(A|\overline{C})}$$
$$=\frac{0.000\,4\times 0.95}{0.000\,4\times 0.95+0.999\,6\times 0.1}=0.003\,8$$

这就是说，经甲胎蛋白法检验为阳性的人群中，其中真正患肝癌的人还是很少的(只占 0.38%). 因此，即使检验出是阳性，也不必惊惶失措，因为这时不能断定一定是肝癌，很可能是虚惊一场. 但是当病人患肝癌或未患肝癌时，甲胎蛋白检验的准确性还是比较高的，这从 $P(A|C)=0.95$ 和 $P(\overline{A}|\overline{C})=0.90$ 可以看出. 但如果病人是否患有肝癌未知，而要从甲胎蛋白检测结果为阳性这一事实出发，来判断病人是否患有肝癌，那么它的准确性还是很低的，因为 $P(C|A)$ 只有 0.003 8. 这个事实看起来似乎有点矛盾，一种检验方法“准确性”很高，在实际使用时“准确性”很低，这到底是怎么一回事呢？这从上述计算中用到的贝叶斯公式中可以得到解释. 已知 $P(A|\overline{C})=0.1$ 是不大的，即“假阳性”是不大的，但是患肝癌的人占大多数($P(\overline{C})=0.999\,6$)，这就使得检验结果是错误的部分 $P(\overline{C})P(A|\overline{C})$ 相对很大，从而造成 $P(C|A)$ 很小. 但是该结果是不是说明甲胎蛋白检验法不能用了呢？完全不是，通常医生总是先采取一些其他简单易行的辅助方法进行检查，当怀疑某个对象有可能患肝癌时，才建议用甲胎蛋白法检验. 这时，在被怀疑的对象中，肝癌的得病率已经显著地增加了. 假设，在被怀疑的对象中 $P(C)=0.5$，按照上述方法可以得到 $P(C|A)=0.9$，即实验呈阳性者中有 90%可能患有肝癌，这就有相当高的准确性了，这说明 $P(C|A)$ 是高度依赖于 $P(C)$ 的，图 4.22 就反映了 $P(C|A)$ 受 $P(C)$ 影响的变化情况. 同时，即使提高了实验的精度，降低了假阴性和假阳性的出现概率，情况也没有发生多少改变，其根本原因是肝癌患者在当地总人口中占极少部分. 因此，对所有人员进行普查的意义不大，但是对于处于肝癌高发地区的人员进行普查，这种方法还是很有效的.

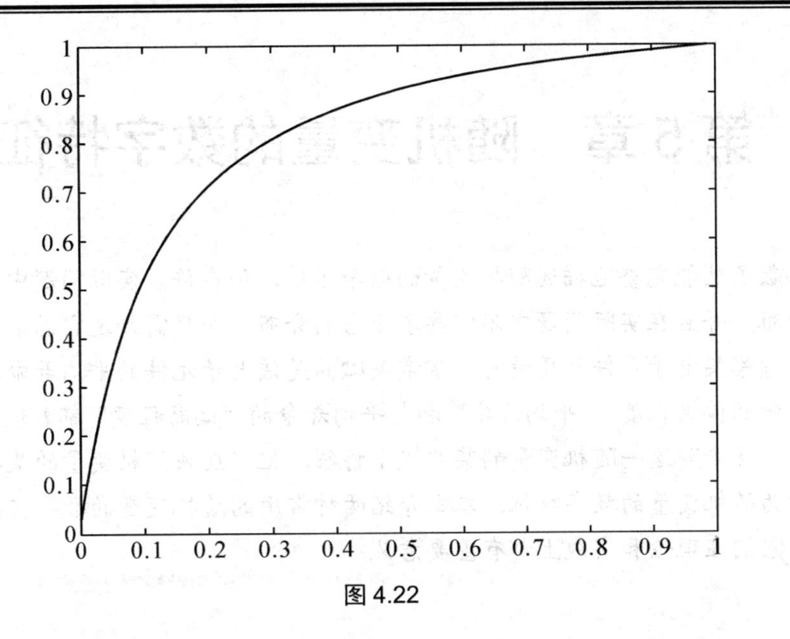

图 4.22

练习题：及时接车的概率模拟计算

甲在 11 点 50 分从昆山打电话告知上海的乙，他所坐的火车大约在 12 点开出，火车从昆山到上海的运行时间是均值为 30 分钟，标准差为 2 分钟的随机变量，乙接到电话在 10 分钟后开车到火车站接甲，分别根据相对频率求出乙及时接到甲的概率.

第 5 章　随机变量的数字特征

分布函数虽然能完整地描述随机变量的概率性质，但在许多实际问题中，求分布函数往往比较困难，并且在实际问题中不需要求出它的分布，而只需知道它的某些特征就可以了．例如在考察某电子元件的质量时，常常关心的是该电子元件的平均寿命以及与电子元件的平均寿命的偏离程度，“平均寿命”和与平均寿命的“偏离程度”都表现为数字，这些数字反映了“寿命”这一随机变量的某些概率特征．把能反映随机变量的某些方面的概率特征的量称为随机变量的数字特征．本章介绍两种常用的随机变量的数字特征——数学期望和方差，它们在理论和实践上都有重要意义．

§5.1　数学期望及其应用

5.1.1　离散型随机变量的数学期望

例 1　某射手在 100 次射击中命中环数与次数见表 5-1.

表 5-1　某射手射击命中的环数和次数

环数	8	9	10
次数	30	10	60

求该射手平均射中的环数.

显然平均射中的环数不能等于 $\frac{1}{3}(8+9+10)=9$，因为命中的环数为 8、9、10 的可能性不同. 由于在 100 次重复试验中命中 8 环的有 30 次，命中 9 环的有 10 次，命中 10 环的有 60 次，从而该射手平均射中的环数应该为 $\frac{1}{100}(8\times30+9\times10+10\times60)=9.3$.

本例中 $\frac{30}{100}=0.3$，$\frac{10}{100}=0.1$，$\frac{60}{100}=0.6$ 分别是事件$\{X=8\}$、$\{X=9\}$、$\{X=10\}$在 100 次试验中发生的频率(X 表示命中环数). 当射击次数相当大时，这些频率分别接近事件$\{X=8\}$、$\{X=9\}$、$\{X=10\}$在一次试验中发生的概率 p_8，p_9，p_{10}. 因而平均射中的环数可表示为 $\sum_{8}^{10} kp_k$，称为随机变量 X 的数学期望或均值.

定义 5.1　设离散型随机变量 X 的概率分布为

$$\mathrm{P}(X=x_k)=p_k, k=1,2,\cdots$$

若 X 的所有可能取值为有限个 $x_1, x_2, \cdots, x_n$，则称 $\sum_{i=1}^{n} x_i p_i$ 为**离散型随机变量 X 的数学期望**，记作

$$\mathrm{E}(X) = \sum_{i=1}^{n} x_i p_i = x_1 p_1 + x_2 p_2 + \cdots + x_n p_n$$

若 X 的所有可能取值为无限个 $x_1, x_2, \cdots$ 且无穷级数 $\sum_{i=1}^{\infty} |x_i| p_i$ 收敛，则称无穷级数 $\sum_{i=1}^{\infty} x_i p_i$ **为离散型随机变量 X 的数学期望**，记作

$$\mathrm{E}(X) = \sum_{i=1}^{\infty} x_i p_i$$

数学期望简称**期望**或**均值**. 若无穷级数 $\sum_{i=1}^{\infty} |x_i| p_i$ 发散，则称随机变量 X 的数学期望不存在.

例 2　随机变量 X 的概率分布见表 5-2.

表 5-2　随机变量 X 的概率分布 1

X	-1	0	2	3
P	$\frac{1}{8}$	$\frac{1}{4}$	$\frac{3}{8}$	$\frac{1}{4}$

求 $\mathrm{E}(X)$.

解　$\mathrm{E}(X) = (-1) \times \frac{1}{8} + 0 \times \frac{1}{4} + 2 \times \frac{3}{8} + 3 \times \frac{1}{4} = \frac{11}{8}$.

下面介绍几种常用的离散型随机变量的数学期望.

1. 两点分布

设 X 服从参数为 p 的两点分布，即

$$\mathrm{P}(X=1) = p, \mathrm{P}(X=0) = 1-p \ (0 < p < 1)$$

$$\mathrm{E}(X) = 1 \times p + 0 \times (1-p) = p \tag{5-1}$$

2. 二项分布

设 $X \sim B(n, p)$，其概率分布为

$$\mathrm{P}(X=k) = C_n^k p^k q^{n-k}, k = 0, 1, 2, \cdots, n$$

其中 $0 < p < 1, p + q = 1$.

$$\mathrm{E}(X) = \sum_{k=0}^{n} k p_k = \sum_{k=0}^{n} k C_n^k p^k q^{n-k} = \sum_{k=0}^{n} k \cdot \frac{n!}{k!(n-k)!} p^k q^{n-k}$$

$$= np \sum_{k=1}^{n} \frac{(n-1)!}{(k-1)![(n-1)-(k-1)]!} p^{k-1} q^{(n-1)-k-1}$$

$$= np \sum_{k=1}^{n} C_{n-1}^{k-1} p^{k-1} q^{(n-1)-(k-1)} = np \sum_{k=0}^{n-1} C_{n-1}^{k} p^k q^{(n-1)-k}$$

$$= np(p+q)^{n-1}$$

$$= np \tag{5-2}$$

3. 泊松分布

设 $X \sim P(\lambda)$，其概率分布为

$$P\{X=k\} = \frac{\lambda^k}{k!}e^{-\lambda}, k=0,1,2,\cdots, \lambda>0$$

$$E(X) = \sum_{k=0}^{\infty} kp_k = \sum_{k=0}^{\infty} k \cdot \frac{\lambda^k}{k!}e^{-\lambda} = \lambda e^{-\lambda}\sum_{k=1}^{\infty}\frac{\lambda^{k-1}}{(k-1)!}$$

$$= \lambda e^{-\lambda}\sum_{k=0}^{\infty}\frac{\lambda^k}{k!} = \lambda e^{-\lambda} \cdot e^{\lambda}$$

$$= \lambda \tag{5-3}$$

5.1.2 连续型随机变量的数学期望

定义 5.2 设连续型随机变量 X 的密度函数是 $f(x)$，若积分 $\int_{-\infty}^{+\infty}|x|f(x)dx$ 收敛，则称积分 $\int_{-\infty}^{+\infty}xf(x)dx$ 为随机变量 X 的**数学期望**，简称**期望**或**均值**. 记作

$$E(X) = \int_{-\infty}^{+\infty} xf(x)dx$$

若积分 $\int_{-\infty}^{+\infty}|x|f(x)dx$ 发散，则称随机变量 X 的数学期望不存在.

例 3 若随机变量 X 的密度函数是 $f(x) = \frac{1}{2}e^{-|x|}(-\infty < x < +\infty)$，求 $E(X)$.

解 $E(X) = \int_{-\infty}^{+\infty} x \cdot \frac{1}{2}e^{-|x|}dx = \frac{1}{2}\int_{-\infty}^{0} xe^{x}dx + \frac{1}{2}\int_{0}^{+\infty} xe^{-x}dx$，使用分部积分法可得

$$E(X) = 0$$

例 4 若随机变量 X 的密度函数是 $f(x)$，$E(X) = \frac{7}{12}$，且 $f(x) = \begin{cases} ax+b, & x \in [0,1] \\ 0, & x \notin [0,1] \end{cases}$，求 a,b.

解

$$\int_{-\infty}^{+\infty} f(x)dx = \int_0^1 (ax+b)dx = \frac{a}{2} + b = 1$$

$$E(X) = \int_{-\infty}^{+\infty} xf(x)dx = \int_0^1 (ax^2+bx)dx = \frac{a}{3} + \frac{b}{2} = \frac{7}{12}$$

从而可求得

$$a=1, b=\frac{1}{2}$$

下面介绍几种常用的连续型随机变量的数学期望.

1. 均匀分布

设 $X \sim U(a,b)$，密度函数是

$$f(x) = \begin{cases} \frac{1}{b-a}, & x \in [a,b] \\ 0, & x \notin [a,b] \end{cases}$$

$$\mathrm{E}(X)=\int_a^b xf(x)\mathrm{d}x=\int_a^b \frac{x}{b-a}\mathrm{d}x=\frac{a+b}{2} \tag{5-4}$$

2. 正态分布

设 $X\sim N(\mu,\sigma^2)$，密度函数是

$$f(x)=\frac{1}{\sqrt{2\pi}\sigma}\mathrm{e}^{-\frac{(x-\mu)^2}{2\sigma^2}}\ (-\infty<x<+\infty,\sigma>0)，\ \mathrm{E}(X)=\int_{-\infty}^{+\infty}\frac{x}{\sqrt{2\pi}\sigma}\mathrm{e}^{-\frac{(x-\mu)^2}{2\sigma^2}}\mathrm{d}x$$

作变量代换，令 $t=\dfrac{x-\mu}{\sigma}$

$$\int_{-\infty}^{+\infty}\frac{x}{\sqrt{2\pi}\sigma}\mathrm{e}^{-\frac{(x-\mu)^2}{2\sigma^2}}\mathrm{d}x=\frac{1}{\sqrt{2\pi}}\int_{-\infty}^{+\infty}(\mu+\sigma t)\mathrm{e}^{-\frac{t^2}{2}}\mathrm{d}t=\mu \tag{5-5}$$

从而 $\mathrm{E}(X)=\mu$. 特别地，若 $X\sim N(0,1)$，则 $\mathrm{E}(X)=0$.

3. 指数分布

设 X 的密度函数是 $f(x)=\begin{cases}\lambda\mathrm{e}^{-\lambda x}, & x>0\\ 0, & x\leqslant 0\end{cases}\ (\lambda>0)$，则

$$\mathrm{E}(X)=\int_0^{+\infty}\lambda x\mathrm{e}^{-\lambda x}\mathrm{d}x=\frac{1}{\lambda} \tag{5-6}$$

5.1.3　随机变量函数的数学期望

若随机变量 Y 是随机变量 X 的函数，$Y=g(X)$，如何求 $\mathrm{E}(Y)$ 呢？可以先由 X 的概率分布或密度函数求出 Y 的概率分布或密度函数，再计算 $\mathrm{E}(Y)$. 下面的定理给出了另外一种求 $E(Y)$ 的方法.

定理　设随机变量 Y 是随机变量 X 的函数，$Y=g(X)$

(1) 若 X 为离散型随机变量，其概率分布为

$$\mathrm{P}(X=x_k)=p_k,k=1,2,\cdots$$

如果 $\sum\limits_{k=1}^{\infty}|g(x_k)|p_k$ 收敛，则

$$\mathrm{E}(Y)=E[g(X)]=\sum_{k=1}^{\infty}g(x_k)p_k$$

(2) 若 X 为连续型随机变量，其密度函数为 $f(x)$，如果 $g(x)$ 连续且 $\int_{-\infty}^{+\infty}|g(x)|f(x)\mathrm{d}x$ 收敛，则

$$\mathrm{E}(Y)=\mathrm{E}[(gX)]=\int_{-\infty}^{+\infty}g(x)f(x)\mathrm{d}x$$

例 5　随机变量 X 的概率分布见表 5-3.

表 5-3　随机变量 X 的概率分布 2

X	−2	−1	0	1
P	0.1	0.3	0.4	0.2

且 $Y_1=2X+1, Y_2=X^2$，求 $E(Y_1), E(Y_2)$.

解 $E(Y_1)=E(2X+1)=[2\times(-2)+1]\times 0.1+[2\times(-1)+1]\times 0.3$

$+(2\times 0+1)\times 0.4+(2\times 1+1)\times 0.2=0.4$

$E(Y_2)=E(X^2)=(-2)^2\times 0.1+(-1)^2\times 0.3+0^2\times 0.4+1^2\times 0.2=0.9$

例 6 设随机变量 X 的密度函数为

$$f(x)=\begin{cases}\dfrac{1}{a}, & 0<x<a\\ 0, & \text{其他}\end{cases}$$

求 X 和 $Y=5X^2$ 的数学期望.

解

$$E(X)=\int_{-\infty}^{+\infty}xf(x)\mathrm{d}x=\int_0^a x\cdot\frac{1}{a}\mathrm{d}x=\frac{a}{2}$$

$$E(Y)=\int_{-\infty}^{+\infty}5x^2f(x)\mathrm{d}x=\int_0^a 5x^2\frac{1}{a}\mathrm{d}x=\frac{5}{3}a^2$$

5.1.4 数学期望的性质

随机变量 X 为离散型随机变量或连续型随机变量，若 X 的数学期望 $E(X)$ 存在，下面给出数学期望的几个常用性质.

性质 1 $E(c)=c$ （c 为常数).

性质 2 $E(X+c)=E(X)+c$ （c 为常数).

性质 3 $E(kX)=kE(X)$ （k 为常数).

性质 4 $E(kX+c)=kE(X)+c$ （k,c 为常数).

性质 5 $E(X+Y)=E(X)+E(Y)$.

该性质可以推广到任意有限个随机变量的情况，即对任意 n 个随机变量 $X_1,X_2,\cdots,X_n$，若它们的数学期望都存在，则

$$E(X_1+X_2+\cdots+X_n)=E(X_1)+E(X_2)+\cdots+E(X_n)$$

一般来说

$$E(k_1X_1+k_2X_2+\cdots+k_nX_n)=k_1E(X_1)+k_2E(X_2)+\cdots+k_nE(X_n)$$

其中 $k_1,k_2,\cdots,k_n$ 为常数.

性质 6 如果随机变量 X、Y 相互独立，则

$$E(XY)=E(X)E(Y)$$

性质 6 也可以推广到任意有限个随机变量的情况，即对任意 n 个随机变量 $X_1,X_2,\cdots,X_n$ 若它们相互独立且它们的数学期望都存在，则

$$E(X_1X_2\cdots X_n)=E(X_1)E(X_2)\cdots E(X_n)$$

例 7 考虑伯努利概型，对 n 次重复独立试验，令

$$X_i=\begin{cases}1, & \text{第}i\text{次试验中事件}A\text{发生}\\ 0, & \text{第}i\text{次试验中事件}A\text{不发生}\end{cases}\quad(i=1,2,\cdots,n)$$

且 $P\{X_i=1\}=p\ (0<p<1)$，则 $X_1,X_2,\cdots,X_n$ 相互独立并且它们都服从参数为 p 的两点分布. 记 $X=X_1+X_2+\cdots+X_n$，求 $E(X)$.

解 $E(X)=E(X_1+X_2+\cdots+X_n)=E(X_1)+E(X_2)+\cdots+E(X_n)=np$.

例 7 中 X 是 n 次重复独立试验中事件 A 发生的次数，因此 X 服从二项分布 $B(n,p)$. 可见一个服从二项分布的随机变量可以表示成 n 个相互独立且服从两点分布的随机变量之和，这是一个重要的结论.

习 题 5.1

1．设 X 为随机变量，且 $E(X)$存在，则 $E(X)$是(　　).
　A. X 的函数　　B. 确定的常数　　C. 随机变量　　D. x 的函数

2．设随机变量 X 的密度函数 $f(x)=\begin{cases}\dfrac{C}{x^2}, & x\in[1,3]\\ 0, & 其他\end{cases}$,则常数 C=__________;

$E(x)$=______________.

3．设离散型随机变量 X 的分布列为

X	−2	1	2
P	0.4	0.3	0.3

求 $E(X)$ 、$E(X^2)$ 、$E(3X^3+5)$.

4．设随机变量 X 的密度函数为

$$f(x)=\begin{cases}\dfrac{4}{\pi(1+x^2)}, & 0<x<1\\ 0, & 其他\end{cases}$$

求 $E(X)$.

5．设随机变量 X 的密度函数为

$$f(x)=\begin{cases}e^{-x}, & x>0\\ 0, & 其他\end{cases}$$

求 $E(2X)$ 、$E(e^{-2X})$.

6. 某银行开展定期定额有奖储蓄，定期一年，定额 60 元.按规定 10 000 个户头中，头等奖一个，奖金 500 元；二等奖 10 个，各奖 100 元；三等奖 100 个，各奖 10 元；四等奖 1 000 个，各奖 2 元. 设 X 是任一个户头得奖金数.(1) 求 $E(X)$；(2) 某人买了 4 个户头，求他得奖金的期望.

7. 某型号电话呼叫的时间长度 X 满足以下关系

$$P(X>x)=ae^{-\lambda x}+(1-a)e^{-\mu x}, x\geqslant 0$$

其中 $0\leqslant a\leqslant 1, \lambda>0, \mu>0$ 是由统计数据得到的常数.

(1) 求 X 的分布函数；(2) 求 X 的密度函数 $f(x)$；(3)求 $E(X)$.

8．把 r 个球随机地放到 n 个盒子中，设 X 表示“有球盒子的个数”，求 $E(X)$. (提示：令 $X_i=\begin{cases}1, & 第i个盒子有球\\ 0, & 第i个盒子无球\end{cases}$ $(i=1,2,\cdots,n)$，$P(X_i=0)=\dfrac{(n-1)^r}{n^r}$，$X=X_1+X_2+\cdots+X_n$.)

§5.2　方差及其应用

5.2.1　方差的概念

方差是随机变量的又一重要数字特征，它描述了随机变量取值在中心位置附近的分散程度，也就是随机变量取值与平均值的偏离程度. 设随机变量 X 的数学期望为 $\mathrm{E}(X)$，偏离量 $X-\mathrm{E}(X)$ 本身也是随机变量. 显然可用随机变量 $|X-\mathrm{E}(X)|$ 的平均值 $\mathrm{E}[|X-\mathrm{E}(X)|]$ 来表示 X 与 $\mathrm{E}(X)$ 的偏离程度，但为了数学上的处理方便，常用 $\mathrm{E}[X-\mathrm{E}(X)]^2$ 来表示 X 与 $\mathrm{E}(X)$ 的偏离程度，若 $\mathrm{E}[X-\mathrm{E}(X)]^2$ 存在，则称这个值为随机变量 X 的**方差**，记为 $\mathrm{D}(X)$. 即 $\mathrm{D}(X)=\mathrm{E}[X-\mathrm{E}(X)]^2$，也就是 X 的方差，就是随机变量 $[X-\mathrm{E}(X)]^2$ 的均值.

定义 5.3　(1)若 X 为离散型随机变量，其概率分布为

$$\mathrm{P}(X=x_k)=p_k, k=1,2,\cdots$$

且数学期望 $\mathrm{E}(X)$ 存在. 如果 $\sum_{i=1}^{\infty}[x_i-\mathrm{E}(X)]^2 p_i$ (即 $\mathrm{E}[X-\mathrm{E}(X)]^2$)收敛，则称无穷级数 $\sum_{i=1}^{\infty}[x_i-\mathrm{E}(X)]^2 p_i$ (即 $\mathrm{E}[X-\mathrm{E}(X)]^2$)为**离散型随机变量 X 的方差**，记作

$$\mathrm{D}(X)=\sum_{i=1}^{\infty}[x_i-\mathrm{E}(X)]^2 p_i=\mathrm{E}[X-\mathrm{E}(X)]^2$$

(2) 若 X 为连续型随机变量，其密度函数为 $f(x)$，且数学期望 $\mathrm{E}(X)$ 存在. 如果 $\int_{-\infty}^{+\infty}[x-\mathrm{E}(X)]^2 f(x)\mathrm{d}x$ (即 $\mathrm{E}[X-\mathrm{E}(X)]^2$)收敛，则称广义积分 $\int_{-\infty}^{+\infty}[x-\mathrm{E}(X)]^2 f(x)\mathrm{d}x$ (即 $\mathrm{E}[X-\mathrm{E}(X)]^2$)为**连续型随机变量 X 的方差**，记作

$$\mathrm{D}(X)=\int_{-\infty}^{+\infty}[x-\mathrm{E}(X)]^2 f(x)\mathrm{d}x=\mathrm{E}[X-\mathrm{E}(X)]^2$$

由定义 5.3 可知，随机变量 X 的方差反映了 X 的取值与数学期望的偏离程度. 若 $D(X)$ 较小，则 X 的取值比较集中，否则，X 的取值比较分散. 因此，方差 $D(X)$ 是描述 X 取值分散程度的一个量. 通常称 $\sqrt{\mathrm{D}(X)}$ 为 X 的**均方差或标准差**，记作 $\sigma(X)$.

计算方差时常用如下公式

$$\mathrm{D}(X)=\mathrm{E}(X^2)-[\mathrm{E}(X)]^2$$

事实上

$$\begin{aligned}\mathrm{D}(X)&=\mathrm{E}[X-\mathrm{E}(X)]^2\\&=\mathrm{E}\{X^2-2X\mathrm{E}(X)+[\mathrm{E}(X)]^2\}\\&=\mathrm{E}(X^2)-2\mathrm{E}(X)\mathrm{E}(X)+[\mathrm{E}(X)]^2\\&=\mathrm{E}(X^2)-[\mathrm{E}(X)]^2\end{aligned}$$

例 1　随机变量 X 的概率分布见表 5-4.

表 5-4　随机变量 X 的概率分布 3

X	0	1	2
P	0.2	0.5	0.3

求 $D(X)$.

解

$$E(X)=0\times 0.2+1\times 0.5+2\times 0.3=1.1$$

$$E(X^2)=0^2\times 0.2+1^2\times 0.5+2^2\times 0.3=1.7$$

$$D(X)=1.7-1.1^2=0.49$$

例 2　设随机变量 X 的密度函数为

$$f(x)=\begin{cases}1+x, & -1\leqslant x\leqslant 0\\ 1-x, & 0<x\leqslant 1\\ 0, & \text{其他}\end{cases}$$

求 $D(X)$.

解

$$E(X)=\int_{-1}^{0}x(1+x)dx+\int_{0}^{1}x(1-x)dx=0$$

$$E(X^2)=\int_{-1}^{0}x^2(1+x)dx+\int_{0}^{1}x^2(1-x)dx=\frac{1}{6}$$

$$D(X)=\frac{1}{6}-0=\frac{1}{6}$$

下面介绍几种常用的随机变量的方差.

1．两点分布

设 X 服从参数为 p 的两点分布，即

$$P\{X=1\}=p, P\{X=0\}=1-p\quad(0<p<1)$$

由式(5-1)知 $E(X)=p$，而 $E(X^2)=1^2\times p+0^2\times(1-p)=p$，从而

$$D(X)=p-p^2=p(1-p)$$

2．二项分布

设 $X\sim B(n,p)$，由式(5-2)知 $E(X)=np$，而

$$\begin{aligned}E(X^2)&=\sum_{k=0}^{n}k^2p_k=\sum_{k=0}^{n}k^2C_n^kp^kq^{n-k}=\sum_{k=0}^{n}k^2\cdot\frac{n!}{k!(n-k)!}p^kq^{n-k}\\&=np\sum_{k=1}^{n}k\frac{(n-1)!}{(k-1)![(n-1)-(k-1)]!}p^{k-1}q^{(n-1)-(k-1)}\\&=np\sum_{k=1}^{n}kC_{n-1}^{k-1}p^{k-1}q^{(n-1)-(k-1)}=np\sum_{k=1}^{n}[(k-1)+1]C_{n-1}^{k-1}p^{k-1}q^{(n-1)-(k-1)}\\&=np[\sum_{k=1}^{n}(k-1)C_{n-1}^{k-1}p^{k-1}q^{(n-1)-(k-1)}+\sum_{k=1}^{n}C_{n-1}^{k-1}p^{k-1}q^{(n-1)-(k-1)}]\\&=np[(n-1)p+1]=n^2p^2+np(1-p)=n^2p^2+npq\end{aligned}$$

从而

$$D(X)=(n^2p^2+npq)-(np)^2=npq\quad(0<p<1, p+q=1)$$

3．泊松分布

设 $X\sim P(\lambda)$，由式(5-3)知 $E(X)=\lambda$，而

$$E(X^2)=\sum_{k=0}^{\infty}k^2p_k=\sum_{k=0}^{\infty}k^2\cdot\frac{\lambda^k}{k!}e^{-\lambda}=\lambda e^{-\lambda}\sum_{k=1}^{\infty}k\frac{\lambda^{k-1}}{(k-1)!}$$

$$= \lambda e^{-\lambda} \sum_{k=0}^{\infty} (k+1) \frac{\lambda^k}{k!} = \lambda e^{-\lambda} \left(\sum_{k=0}^{\infty} k \frac{\lambda^k}{k!} + \sum_{k=0}^{\infty} \frac{\lambda^k}{k!} \right)$$

$$= \lambda e^{-\lambda} (\lambda e^{\lambda} + e^{\lambda}) = \lambda^2 + \lambda$$

从而

$$D(X) = (\lambda^2 + \lambda) - \lambda^2 = \lambda \quad (\lambda > 0)$$

4. 均匀分布

设 $X \sim U(a,b)$，由式(5-4)知 $E(X) = \dfrac{a+b}{2}$，而

$$E(X^2) = \int_a^b \frac{x^2}{b-a} dx = \frac{a^2 + ab + b^2}{3}$$

从而

$$D(X) = \frac{1}{12}(b-a)^2$$

5. 正态分布

设 $X \sim N(\mu, \sigma^2)$ $(\sigma > 0)$，由式(5-5)知 $E(X) = \mu$，从而

$$D(X) = \int_{-\infty}^{+\infty} \frac{(x-\mu)^2}{\sqrt{2\pi}\sigma} e^{-\frac{(x-\mu)^2}{2\sigma^2}} dx$$

作变量代换，令 $t = \dfrac{x-\mu}{\sigma}$

$$\int_{-\infty}^{+\infty} \frac{(x-\mu)^2}{\sqrt{2\pi}\sigma} e^{-\frac{(x-\mu)^2}{2\sigma^2}} dx = \frac{\sigma^2}{\sqrt{2\pi}} \int_{-\infty}^{+\infty} t^2 e^{-\frac{t^2}{2}} dt = \frac{\sigma^2}{\sqrt{2\pi}} \left[(-t) e^{-\frac{t^2}{2}} \Big|_{-\infty}^{+\infty} + \int_{-\infty}^{+\infty} e^{-\frac{t^2}{2}} dt \right]$$

$$= \frac{\sigma^2}{\sqrt{2\pi}} \int_{-\infty}^{+\infty} e^{-\frac{t^2}{2}} dt = \sigma^2$$

特别地，若 $X \sim N(0,1)$，则

$$D(X) = 1$$

6. 指数分布

设 X 服从参数为 λ 的指数分布，由式(5-6)知 $E(X) = \dfrac{1}{\lambda}$，而

$$E(X^2) = \int_0^{+\infty} \lambda x^2 e^{-\lambda x} dx = \frac{2}{\lambda^2}$$

从而

$$D(X) = \frac{2}{\lambda^2} - \left(\frac{1}{\lambda}\right)^2 = \frac{1}{\lambda^2} \quad (\lambda > 0)$$

5.2.2　方差的性质

假设以下所遇到的随机变量的方差都存在.

性质 7

$$\mathrm{D}(c)=0,\quad \mathrm{D}(X+c)=\mathrm{D}(X)\qquad (c\text{ 为任意常数})$$

性质 8

$$\mathrm{D}(kX)=k^2\mathrm{D}(X)\qquad (k\text{ 为任意常数})$$

性质 9　若随机变量 X 与 Y 相互独立，则

$$\mathrm{D}(X+Y)=\mathrm{D}(X)+\mathrm{D}(Y)$$

性质 9 可以推广到任意有限个随机变量的情况中，即对任意 n 个随机变量 $X_1,X_2,\cdots,X_n$，若它们相互独立，则

$$\mathrm{D}(X_1+X_2+\cdots+X_n)=\mathrm{D}(X_1)+\mathrm{D}(X_2)+\cdots+\mathrm{D}(X_n)$$

例 3　设随机变量 X 的期望和方差分别为 $\mathrm{E}(X)$ 和 $\mathrm{D}(X)$，且 $\mathrm{D}(X)>0$，求 $Y=\dfrac{X-\mathrm{E}(X)}{\sqrt{\mathrm{D}(X)}}$ 的期望和方差.

解

$$\mathrm{E}(Y)=\mathrm{E}\left[\frac{X-\mathrm{E}(X)}{\sqrt{\mathrm{D}(X)}}\right]=\frac{1}{\sqrt{\mathrm{D}(X)}}\mathrm{E}\left[X-\mathrm{E}(X)\right]=0$$

$$\mathrm{D}(Y)=\mathrm{D}\left[\frac{X-\mathrm{E}(X)}{\sqrt{\mathrm{D}(X)}}\right]=\frac{1}{\mathrm{D}(X)}\mathrm{D}\left[X-\mathrm{E}(X)\right]=\frac{1}{\mathrm{D}(X)}\mathrm{D}(X)=1$$

通常称 $Y=\dfrac{X-\mathrm{E}(X)}{\sqrt{\mathrm{D}(X)}}$ 为 X 的标准化的随机变量. 特别地，若 $X\sim N(\mu,\sigma^2)\ (\sigma>0)$，则 X 的标准化的随机变量 $Y=\dfrac{X-\mu}{\sigma}\sim N(0,1)$.

例 4　从甲地到乙地有两条道路可供汽车行驶，第一条道路较短，但交通较拥挤，据资料统计，所需用的时间(分钟)分布为 $X\sim N(50,\ 10^2)$.第二条路较长，但意外阻塞较少，所需用时间分布为 $Y\sim N(60,4^2)$.现有 70 分钟可用，应走那条路？若仅有 65 分钟可用，结果又如何？

解　在两种走法中应选在允许时间内有较大概率能到达乙地的路线.

设 X 表示所需时间，由于

$$P(0\leqslant X\leqslant 70)=\phi\left(\frac{70-50}{10}\right)-\phi\left(\frac{0-50}{10}\right)=0.977\ 2$$

$$P(0\leqslant Y\leqslant 70)=\phi\left(\frac{70-60}{4}\right)-\phi\left(\frac{0-60}{4}\right)=0.993\ 8$$

所以有 70 分钟可用，应走第二条路.

又因为

$$P(0\leqslant X\leqslant 65)=\phi\left(\frac{65-50}{10}\right)-\phi\left(\frac{0-50}{10}\right)=0.933\ 2$$

$$P(0\leqslant Y\leqslant 65)=\phi\left(\frac{65-60}{4}\right)-\phi\left(\frac{0-60}{4}\right)=0.899\ 4$$

所以有 65 分钟可用，应走第一条路.

表 5-3　基本概率分布的均值和方差

名　称	概率分布	均　值	方　差
两点分布	$P(X=1)=p \quad P(X=0)=q \quad (p+q=1,p,q\geqslant 0)$	p	pq
二项分布	$P(X=k)=C_n^k p^k q^{n-k} \quad k=0,1,2,\cdots,n$ $(p+q=1,p,q\geqslant 0)$	np	npq
泊松分布	$P(X=k)=\frac{\lambda^k}{k!}e^{-\lambda} \quad k=0,1,2,\cdots\cdots$	λ	λ
均匀分布	$f(x)=\begin{cases}1/(b-a) & a\leqslant x\leqslant b\\ 0 & 其它\end{cases}$	$\frac{a+b}{2}$	$(b-a)^2/12$
正态分布	$f(x)=\frac{1}{\sqrt{2\pi}\sigma}e^{-\frac{(x-\mu)^2}{2}} \quad x\in(-\infty,+\infty)$	μ	σ^2
标准正态分布	$\varphi(x)=\frac{1}{\sqrt{2\pi}}e^{-\frac{x^2}{2}} \quad x\in(-\infty,+\infty)$	0	1
指数分布	$f(x)=\begin{cases}\lambda e^{-\lambda x}, & x>0\\ 0, & x\leqslant 0\end{cases} \quad (\lambda>0)$	$\frac{1}{\lambda}$	$\frac{1}{\lambda^2}$

习　题　5.2

1. X 服从[1,3]上的均匀分布，下列结论不正确的是(　　).

A. $P(X=2)=0.5$　　B. $P(X>2)=0.5$　　C. $E(X)=2$　　D. $D(X)=\frac{1}{3}$

2. 已知 X~$B(n,p)$,且 $E(X)=8$,　$D(X)=4.8$,　则 n=________.

3. 若随机变量 X 的分布函数为 $f(x)=\begin{cases}1-e^{-\lambda x}, & x>0\\ 0, & 其他\end{cases}$ (λ>0,是常数)，则

$E(X)=$________, $D(X)=$________.

4. 设随机变量 X 的概率分布为

X	1	2	3
P	$\frac{1}{2}$	$\frac{1}{3}$	$\frac{1}{6}$

求 $D(X)$.

5. 设随机变量 X 的密度函数为

$$f(x)=\begin{cases}cx, & 1<x<\sqrt{2}\\ 0, & 其他\end{cases}$$

求(1) 常数 c；(2) $D(X)$.

6. 设 $E(X)=-2$，$E(X^2)=5$，求 $D(1-3X)$.

7. 设 X,Y 为随机变量，$E(X)=E(Y)=0, D(X)=D(Y)=2$.若 X,Y 相互独立，求 $E(2X+Y)^2$.

8．电缆的直径服从均值为0.8，方差为0.000 4的正态分布，求直径超过0.81的概率.

9．甲乙两家灯泡厂生产的灯泡的寿命 ξ 和 η 的分布列分别为

ξ	900	1 000	1 100
P	0.1	0.8	0.1

η	950	1 000	1 050
P	0.3	0.4	0.3

问哪家生产的灯泡质量好？

10．一电子元件的寿命 X 是随机变量，其概率密度为

$$f(x)=\begin{cases}A\mathrm{e}^{-Bx}, & x>0\\ 0, & \text{其他}\end{cases}$$

已知元件的平均寿命是 1 000 小时，(1) 求 A、B 的值；(2) 求 X 的方差 D(X)和均方差 $\sqrt{\mathrm{D}(X)}$.

§ 5.3　数学期望与方差实验

1．实验要求

(1) 掌握用求和命令 sum 和积分命令 int 按均值和方差定义或公式计算均值和方差.

(2) 能综合运用 MATLAB 解决关于均值和方差的实际问题.

2．实验内容

1) 数字特征的计算

① 利用 sum 函数和均值定义计算离散型随机变量的均值、方差.

例 1　随机变量 X 的分布列见表 5-5.

表 5-5　随机变量 X 的分布列

X	−2	−1	0	1	2
P	0.3	0.1	0.2	0.1	0.3

求 E(X)，E(X^2−1)和 D(X).

解　进入 MATLAB 编辑器在路径 File/New/M-file 中建立 M 文件 M1.m 如下：

```
X=[-2 -1 0 1 2];
p=[0.3 0.1 0.2 0.1 0.3];
EX=sum(X.*p)
Y=X.^2-1
EY=sum(Y.*p)
EX2=sum(X.^2.*p)
```

通过路径保存/Debug/Run, 即在命令窗口得到如下运行结果：

```
>> EX =   0
>> Y =   3    0    -1    0    3
>> EY =  1.6000
>> EX2 = 2.6000
```

也就是

$$E(X)=0，E(X^2-1)=1.600\,0，E(X^2)=2.600\,0$$

所以

$$D(X)=E(X^2)-[E(X)]^2=2.600\,0$$

② 利用 int 函数和均值定义计算连续型随机变量的均值、方差.

例 2 连续型随机变量 X 的概率密度为

$$f(x)=\begin{cases}\dfrac{4}{\pi(1+x^2)}, & 0<x<1\\ 0, & 其他\end{cases}$$

求 X 的期望和方差.

解

$$E(X)=\int_{-\infty}^{+\infty}xf(x)\mathrm{d}x=\int_0^1\frac{4x}{\pi(1+x^2)}\mathrm{d}x$$

$$E(X^2)=\int_{-\infty}^{+\infty}x^2f(x)\mathrm{d}x=\int_0^1\frac{4x^2}{\pi(1+x^2)}\mathrm{d}x$$

输入 MATLAB 命令如下：

```
>> EX=int('4*x/(pi*(1+x^2))','x',0,1)
>>EX = 2*log(2)/pi
>> EX2=int('4*x^3/(pi*(1+x^2))','x',0,1)
>>EX2 = -2*(log(2)-1)/pi
```

即

$$E(X)=\frac{2\ln 2}{\pi}，D(X)=E(X^2)-[E(X)]^2=\frac{2\pi(1-\ln 2)-4\ln^2 2}{\pi^2}$$

2) 数字特征的应用

例 3 (平均获利问题)

某经销商正在与某出版社联系订购下一年的挂历，根据该经销商以往多年的营销经验，他得出需求数量分别为 150 本、160 本、170 本、180 本的概率分别为 0.1、0.4、0.3、0.2，各种订购方案的获利 $X_i(i=1,2,3,4)$(百元)是随机变量，经计算各种订购方案在不同需求情况下的获利见表 5-6.

表 5-6　各种订购方案在不同情况下的获利数据

订购方案 \ 需求数量	需求 150 本 (概率 0.1)	需求 160 本 (概率 0.4)	需求 170 本 (概率 0.3)	需求 180 本 (概率 0.2)
150 本获利 X_1	45	45	45	45
160 本获利 X_2	42	48	48	48
170 本获利 X_3	39	45	51	51
180 本获利 X_4	36	42	48	54

(1) 为使期望利润最大，且风险最小，经销商应订购多少本挂历？

(2) 该经销商应订购多少本挂历，可使期望利润最大？

解　(1)在这 4 种方案下期望利润分别为(建立 M 文件 M2.m)：

```
EX1=45*0.1+45*0.4+45*0.3+45*0.2
EX2=42*0.1+48*0.4+48*0.3+48*0.2
EX3=39*0.1+45*0.4+51*0.3+51*0.2
EX4=36*0.1+42*0.4+48*0.3+54*0.2
```

运行 M2.m 文件，得

```
EX1 = 45
EX2 = 47.4000
EX3 = 47.4000
EX4 = 45.6000
```

由于 $EX_2=EX_3>EX_4>EX_1$，所以应订购 160 本或 170 本.

(2) 订购 160 本或 170 本时都可以实现期望利润最大，应该从中选择方差最小(风险最小)的订购方案，因为 $DX_2<DX_3$，所以应订购 160 本. $DX_2<DX_3$ 在 MATLAB 中计算如下建立 M 文件 M3.m：

```
EX22=42^2*0.1+48^2*0.4+48^2*0.3+48^2*0.2      %即 EX2^2 的计算
EX32=39^2*0.1+45^2*0.4+51^2*0.3+51^2*0.2      %即 EX3^2 的计算
```

运行 M3.m 文件，得

```
>> DX2=2250- 47.4000^2                        %即 DX2 = EX2^2 - (EX2)^2
DX2 = 3.2400
>> DX3=2262.6- 47.4000^2                      %即 DX3 = EX3^2 - (EX3)^2
DX3 = 15.8400
```

再在命令窗口中计算：

```
DX2=2250-47.4000^2
DX2 = 3.2400                                  %即 DX2=3.240 0
>> DX3=2262.6- 47.4000^2
DX3 = 15.8400                                 %即 DX3=15.840 0，所以 DX2<DX3
```

例 4　一工厂生产的电冰箱的寿命 X 年服从指数分布，概率密度为

$$f(x)=\begin{cases}\dfrac{1}{10}\mathrm{e}^{-\frac{1}{10}x}, & x>0\\ 0, & x\leqslant 0\end{cases}$$

工厂规定，出售的电冰箱若在一年内损坏可予以调换. 若工厂出售一台电冰箱盈利 300 元，调换一台电冰箱厂方需要花费 700 元，问厂方出售一台电冰箱的平均盈利是多少？

解　厂方出售一台电冰箱的盈利 L 为随机变量，平均盈利

$$\mathrm{E}(L)=300\times \mathrm{P}(X>1)+(300-700)\times \mathrm{P}(X\leqslant 1)$$

令
$$P1=\mathrm{P}(X>1)=\int_1^{+\infty}\frac{1}{10}\mathrm{e}^{-\frac{1}{10}x}\mathrm{d}x$$

令
$$P2=\mathrm{P}(X\leqslant 1)=\int_0^1\frac{1}{10}\mathrm{e}^{-\frac{1}{10}x}\mathrm{d}x$$

在 MATLAB 中计算：

```
>> syms x
>> P1=int('0.1*2.71828^(-0.1*x)','x',1,inf)
>> P1=  .90483808754189541101939412338957                 % 即 P1=0.904 8
>> P2=int('0.1*2.71828^(-0.1*x)','x',0,1)
>> P2 =  .95162585111275047806093193191661e-1             % 即 P2=0.095 2
```

(说明：int(s,x,a,b)　　%对表达式 s 中指定的符号变量 x 计算从 a 到 b 的定积分)

把 $P1=0.904\ 8$ 和 $P2=0.095\ 2$ 代入 E(L)得

$$E(L)= 300\times0.904\ 8+(300-700)\times0.095\ 2=233.360\ 0$$

所以厂方出售一台电冰箱平均盈利 233.4 元.

常见分布的均值和方差在实际应用时十分简便，表 5-7 给出了其调用格式，以方便应用.

表 5-7　常见分布的均值和方差调用格式

函数名称	函数说明	调用格式
binostat	二项分布的均值和方差	[M，V]=binostat(n，p)
geostat	几何分布的均值和方差	[M，V]=geostat(p)
poissstat	泊松分布的均值和方差	[M，V]=poissstat(lambda)
unifstat	均匀分布的均值和方差	[M，V]= unifstat(a,b)
expstat	指数分布的均值和方差	[M，V]=expstat(mu)
normstat	正态分布的均值和方差	[M，V]=normstat(mu，sigma)

例如：

```
>> [M, V]= unifstat(0,6)          % 求[0, 6]区间上均匀分布的均值和方差
>> M = 3                          % 均值为 3
>> V = 3                          % 方差为 3
```

习　题　5.3

1．随机变量 X 的分布列为

X	-2	0	2
P	0.4	0.3	0.3

用 sum 命令求 X 的均值 E(X)和方差 D(X).

2．随机变量 X 的密度函数为 $f(x)=\begin{cases} x, & 0\leqslant x<1 \\ 2-x, & 1\leqslant x\leqslant 2 \\ 0, & 其他 \end{cases}$，求 D(X).

3．农科所培养出良种杂交水稻品种进行实验种植，在相同的条件下各种植 10 亩，收获情况如下.

A 品种	亩产量/kg	750	780	800	840	880
	亩数	2.5	1.5	2	2.5	1.5
B 品种	亩产量/kg	760	780	800	820	850
	亩数	2	2	3	2	1

试在 MATLAB 中计算两个品种的均值和方差，再评价两种水稻品种产量的优劣状况.

§5.4　数学期望应用案例

合理组织货源问题：某公司要决定下一个月某种商品的进货量，根据历史数据，该商品每个月的需求量是服从参数为 λ 的泊松分布的随机变量，假设该商品的进价为 a_1 元，售价为 b 元，若供大于求，那么剩余部分要进行减价处理，处理价为 c 元且 $c < a_1$；若供小于求，则需要向同行业部门调剂，但此时进价为 a_2 元，且 $a_2 > a_1$. 如果你是部门领导，应该如何指导采购部门进货呢，即该商品每月的进货量为多少最恰当呢？

问题分析：部门每个月卖出的商品数量即市场上的需求量是一个随机变量，不妨设为 X，因此该公司每个月的收入也是一个随机变量，那么应该如何作决策呢？当然不能仅考虑某一天的最大收入，而要从总体上把握，也就是说要看长期效应，因此可以考虑该把商品月收入的期望值作为重点目标. 如果商品进货量很少，供不应求，这时需要向同行业部门调剂，从而造成进货成本的提高，当然会减少收入；但是如果进货量多了，供大于求，这时要做减价处理，每件商品就会亏损，亏损值为 $a_1 - c$，因此选择恰当的进货量直接关系到公司盈利的大小.

根据前面的分析，考虑利润 Y（不妨设利润为 Y）与需求量 X 的关系. 显然 Y 是 X 的函数，商家的目标是最大化利润的期望值，也就是追求平均利润最大.不妨假设每个月的进货量为 n，则

$$Y = g(X) = \begin{cases} (b-a_1)X-(n-X)(a_1-c), & X<n \\ (b-a_1)n+(b-a_2)(X-n), & X \geqslant n \end{cases}$$

由题目中的题设可知，该商品的需求量是一个服从参数为 λ 的泊松分布，其概率密度为 $\mathrm{P}(X=k)=\dfrac{\lambda^k}{k!}\mathrm{e}^{-k}\quad(k=0,1,\cdots)$. 根据本章中离散型随机变量函数的期望公式，得到期望利润为

$$\mathrm{E}(Y)=\mathrm{E}(g(X))=\sum_{k=0}^{\infty} g(k)\frac{\lambda^k}{k!}\mathrm{e}^{-k}$$

$$=\sum_{k=0}^{n-1}[(b-a_1)k-(n-k)(a_1-c)]\frac{\lambda^k}{k!}\mathrm{e}^{-k}+\sum_{k=n}^{\infty}[(b-a_1)n+(b-a_2)(k-n)]\frac{\lambda^k}{k!}\mathrm{e}^{-k}$$

$$=(a_2-c)\lambda\sum_{k=0}^{n-2}\frac{\lambda^k}{k!}\mathrm{e}^{-k}+n(c-a_2)\sum_{k=0}^{n-1}\frac{\lambda^k}{k!}\mathrm{e}^{-k}+(b-a_2)\lambda+(a_2-a_1)n$$

当 a_1、a_2、b、c、λ 给定后，求 n 使得 $\mathrm{E}(Y)$ 最大. 根据经验数据，参数 $\lambda=100$ 的前提下，当 $a_1=103, a_2=123, b=143, c=100$ 时的期望函数图形如图 5.1 所示.

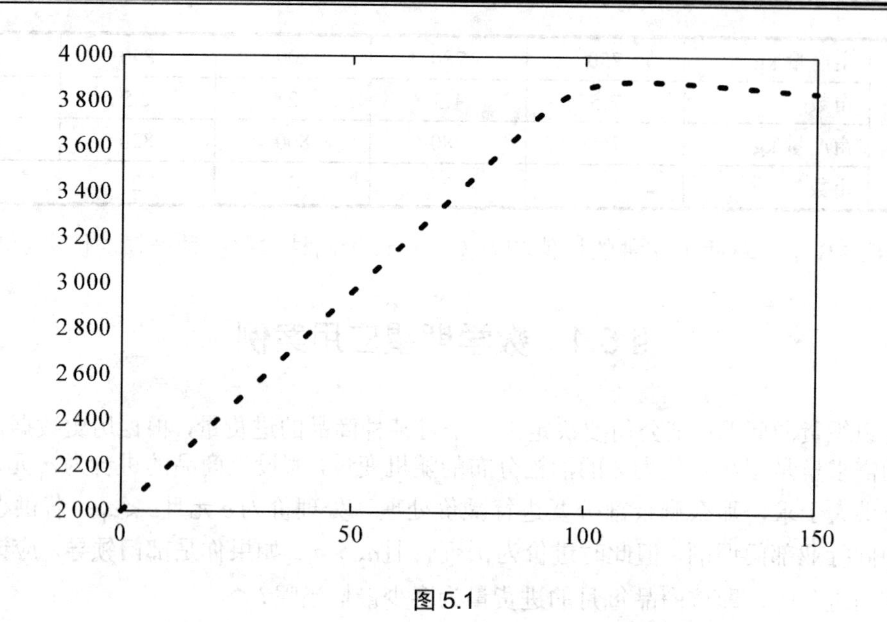

图 5.1

从图 5.1 中可以看出，期望 $E(Y)=3\,950$，每月最佳的进货量 $n=111$.

练习题：保险储备策略问题

某企业每年耗用某种材料 3 650 件，每日平均耗用 10 件，材料单价 10 元，一次订购费 25 元，每件年储存费 2 元，每件缺货一次费用 4 元，平均交货期 10 天，交货期内不同耗用量 X 的概率分布如下.

X_i	80	85	90	95	100	105	110	115	120	125	130
P_i	0.01	0.02	0.05	0.15	0.25	0.20	0.15	0.10	0.04	0.02	0.01

求使平均费用达到最小的订货量、订购次数及含有保险储量的最佳订货点.

提示：① 可能用到的知识点为导数、极值、定积分、数学期望.

② 保险储备是指企业在经济活动中，按照某一经济订货批量和在订货点发出订单后，如果需求增大或送货延迟，就会发生缺货或供货中断，为防止由此造成的损失，需要多储备一些存货以备应急之需，称为保险储备(安全存量)，这些存货在正常情况下不动用，只有当存货过量使用或送货延迟时才动用.

第6章 参 数 估 计

前面介绍了概率论的基本知识，由这一章开始将介绍数理统计的基本知识. 概率论与数理统计是两个有着密切联系的学科，概率论是数理统计的基础，而数理统计是概率论的重要应用.

本章先介绍数理统计的一些基本概念，然后主要介绍参数估计——点估计和区间估计.

§6.1 总体与样本

6.1.1 总体与样本概念

例如为了解某城市职工的年收入情况，一般随机抽取一少部分职工的年收入，并进行统计处理，以此作为这个城市职工收入状况的估计.

在数理统计中，通常把研究对象的全体称为**总体(母体)**，把组成总体的每个元素称为**个体**. 例如：在上例中该城市职工的全体就构成了一个总体，其中每一个职工就是一个个体.

在实际问题中，人们关心的往往是研究对象的某个数量指标，因此，也把每个研究对象的这个数量指标看作**个体**，它的全体看作**总体**. 例如：在上例中每个职工的年收入便是个体，它们的全体便构成了一个总体. 当从总体中抽取一个个体时，在抽到某个个体之前这个个体的数量指标是不确定的，因而是一个随机变量，记作X. 今后总是把总体用与其相对应的这个随机变量X来表示.

为了对总体X进行观察研究，就必须对总体进行抽样观测，根据抽样观测的结果来推断总体的性质. 从一个总体中随机地抽取n个个体$X_1, X_2, \cdots, X_n$，这样取得的$(X_1, X_2, \cdots, X_n)$称为总体X的一个**样本**，样本中个体的数目n称为**样本容量**. 由于每个$X_i\ (i=1,2,\cdots,n)$是在总体X中随机抽取的，它的取值就在总体可能的取值范围内随机取得，因此，每个X_i都是一个随机变量. 样本$(X_1, X_2, \cdots, X_n)$则是一个n维随机向量，一次抽样的结果是n个具体的数据$(x_1, x_2, \cdots, x_n)$，称为样本$(X_1, X_2, \cdots, X_n)$的一个**观测值**，简称为**样本值**. 一般来说，不同的抽取将得到不同的样本值. 由于抽样的目的是对总体进行统计推断，为了使抽取的样本能很好地反映总体的信息，必须考虑抽样方法.

最常用的一种抽样方法称为“简单随机抽样”，它要求抽取的样本满足以下条件.

(1) 代表性，样本的每一分量X_i与总体X具有相同的分布.

(2) 独立性，$X_1, X_2, \cdots, X_n$是相互独立的随机变量，即每个观察结果互不影响.

满足以上两个条件的样本称为**简单随机样本**，它是应用中最常见的，今后若不特别说明，所讨论的样本均指简单随机样本.

6.1.2　统计量

由样本值去推断总体情况，需要对样本值进行“加工”，这就要构造一些样本的函数. 这些样本的函数能把所含(某一方面)的信息集中起来.

这种不含任何未知参数的样本的函数称为**统计量**. 显然，统计量仍是随机变量，它完全是由样本决定的. 利用统计量可以去推断和估计总体的特征，常用的统计量有样本均值、样本方差等.

定义 6.1　设$(X_1, X_2, \cdots, X_n)$是从总体X中抽取的容量为n的样本，统计量

$$\bar{X} = \frac{1}{n}\sum_{i=1}^{n} X_i \tag{6-1}$$

称为**样本均值**；统计量

$$S^2 = \frac{1}{n-1}\sum_{i=1}^{n}(X_i - \bar{X})^2 \tag{6-2}$$

称为**样本方差**；统计量

$$S = \sqrt{\frac{1}{n-1}\sum_{i=1}^{n}(X_i - \bar{X})^2} \tag{6-3}$$

称为**样本标准差**.

样本均值反映了总体的平均状态，样本方差反映了样本数据与样本均值的偏离程度，S^2越大，平均值$\bar{X}$的代表性越差.

如果$X_1, X_2, \cdots, X_n$的样本观测值为$x_1, x_2, \cdots, x_n$，则$\bar{X}$、S^2、S的观察值分别记为

$$\bar{x} = \frac{1}{n}\sum_{i=1}^{n} x_i$$

$$s^2 = \frac{1}{n-1}\sum_{i=1}^{n}(x_i - \bar{x})^2$$

$$s = \sqrt{\frac{1}{n-1}\sum_{i=1}^{n}(x_i - \bar{x})^2}$$

例　某商店欲购某型号钢珠，现对甲、乙两个生产厂家的同一型号钢珠进行测量，各随机抽取 10 件，测得其直径(单位：mm)分别为

甲厂	15.0	15.8	15.2	15.3	14.7	15.0	15.1	15.5	15.2	14.9
乙厂	15.1	15.3	15.9	14.7	14.8	15.1	15.6	14.9	15.1	15.2

试问该商店应采购哪个厂家的钢珠？

解　因为两厂的钢珠直径的均值分别为

$$\bar{x}_{甲} = \frac{1}{10}(15.0 + 15.8 + 15.2 + \cdots + 14.9) = 15.17$$

$$\bar{x}_{乙} = \frac{1}{10}(15.1 + 15.3 + 15.9 + \cdots + 15.2) = 15.17$$

而各厂钢珠直径的样本方差为

$$s_{甲}^2 = \frac{1}{10-1}\sum_{i=1}^{10}(x_i - \bar{x}_{甲})^2 = 0.098$$

$$s_{乙}^2 = \frac{1}{10-1}\sum_{i=1}^{10}(x_i - \overline{x}_{乙})^2 = 0.131$$

由于 $s_{甲}^2 < s_{乙}^2$，所以甲厂生产的钢珠直径比乙厂生产的钢珠直径离散程度小，故应采购甲厂生产的钢珠.

习 题 6.1

1．选择题.

(1) 设总体 $X \sim N(\mu, \sigma^2)$，其中 μ 已知，X_1, X_2, X_3, X_4 是 X 的样本，则不是统计量的是(　　).

A．$X_1 + 5X_4$　　　　B．$\sum_{i=1}^{4} X_i - \mu$

C．$X_1 - \sigma$　　　　D．$\sum_{i=1}^{4} X_i^2$

(2) 设 $X_1, X_2, \cdots, X_n$ 是总体 X 的样本，则有(　　).

A．$\overline{X} = E(X)$　　　　B．$\overline{X} \approx E(X)$

C．$\overline{X} = \frac{1}{n}E(X)$　　　　D．以上 3 种都不对

2．设总体 X 服从两点分布：$P(X=1) = p$，$P(X=0) = 1-p \ (0 < p < 1)$，$X_1$，$X_2, \cdots, X_n$ 为其样本，则样本均值 $\overline{X}$ 的期望 $E(\overline{X})$ = ___________，$D(\bar{X})$ = ____________.

3．设总体 $X \sim P(\lambda)$，$X_1, X_2, \cdots, X_n$ 为其样本，求 $E(\bar{X})$ 和 $D(\bar{X})$.

4．从总体 X 中任意抽取一个容量为10的样本，样本值为

4.5　2.0　1.0　1.5　3.5　4.5　6.5　5.0　3.5　4.0

试分别计算样本均值及样本方差.

5．在一本书中随机地检查了 10 页，发现每页上的错误数为

4　5　6　0　3　1　4　2　1　4

试计算其样本均值及样本方差.

§6.2 常用统计量的分布

统计量的分布又称为抽样分布．一般来说，要确定某一统计量的分布是很困难的，在此只介绍几个常用统计量的分布.

6.2.1 *U* 分布

定理 1 设总体 $X \sim N(\mu, \sigma^2)$，$(X_1, X_2, \cdots, X_n)$ 是取自总体 X 的一个样本，则样本均值 $\bar{X} \sim N(\mu, \frac{\sigma^2}{n})$，$U = \frac{\bar{X} - \mu}{\sigma / \sqrt{n}} \sim N(0,1)$.

定理 1 的分析：因为 $X_1, X_2, \cdots, X_n$ 取自同一个总体 X，由概率论的知识可知，相互独立的正态随机变量 X_i 的线性组合 $\bar{X}$ 也服从正态分布. 再根据数学期望及方差的性质，可得

$$\mathrm{D}(\bar{X}) = \mathrm{D}(\frac{1}{n}\sum_{i=1}^{n} X_i) = \frac{1}{n^2}\mathrm{D}(\sum_{i=1}^{n} X_i) = \frac{1}{n^2} \times n\sigma^2 = \frac{\sigma^2}{n}$$

所以，样本均值 $\bar{X} \sim N(\mu, \frac{\sigma^2}{n})$，从而有 $U = \frac{\bar{X}-\mu}{\sigma/\sqrt{n}} \sim N(0,1)$.

把 $U = \frac{\bar{X}-\mu}{\sigma/\sqrt{n}}$ 称为 U 统计量，U 统计量服从标准正态分布.

定义 6.2　设总体 $U \sim N(0,1)$，$\varphi(x)$ 是密度函数，对于给定的正数 $\alpha(0<\alpha<1)$，若满足条件

$$P(U > U_\alpha) = \int_{U_\alpha}^{+\infty} f(x)\mathrm{d}x = \alpha$$

则称 U_α 是 **U 分布的右侧 α 临界值**，如图 6.1 所示.

由临界值的定义可知，$\Phi(U_\alpha) = P(U \leqslant U_\alpha) = 1-\alpha$，反查标准正态分布表得到 U_α. 例如，$\alpha = 0.025$，$\Phi(U_{0.025}) = 0.975$，反查标准正态分布表得 $U_{0.025} = 1.96$.

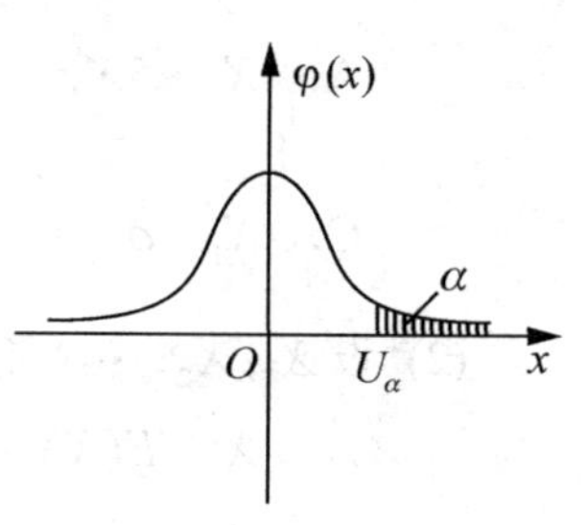

图 6.1

例 1　设 $X_1, X_2, \cdots, X_{10}$ 是来自正态总体 $X \sim N(2, 5^2)$ 的一个样本.

(1) 求 $\bar{X} = \frac{1}{10}\sum_{i=1}^{n} X_i$ 的分布.

(2) 求 $P(1 \leqslant \bar{X} \leqslant 3)$.

(3) 已知 $P(\bar{X} > \lambda) = 0.05$，求 λ 的值.

解　(1)因为总体 $X \sim N(2, 5^2)$，$\mu = 2$，$\sigma^2 = 5^2$，$n = 10$，所以 $\bar{X} \sim N(2, \frac{25}{10})$. 即 $\bar{X}$ 服从 $\mu = 2$，$\sigma = \sqrt{\frac{25}{10}} = 1.58$ 的正态分布.

(2) 因为 $\frac{\bar{X}-2}{5/\sqrt{10}} = \frac{\bar{X}-2}{1.58} \sim N(0,1)$，所以

$$\begin{aligned} P(1 \leqslant \bar{X} \leqslant 3) &= \Phi(\frac{3-2}{1.58}) - \Phi(\frac{1-2}{1.58}) \\ &= \Phi(0.63) - \Phi(-0.63) \\ &= 2\Phi(0.63) - 1 = 2 \times 0.7357 - 1 = 0.4714 \end{aligned}$$

(3) 由 $P(\bar{X} > \lambda) = 0.05$，得 $P(\bar{X} \leqslant \lambda) = 0.95$，所以 $\Phi(\frac{\lambda-2}{1.58}) = 0.95$，查正态分布表，得

$$\frac{\lambda-2}{1.58} = 1.658$$

则

$$\lambda = 4.6196$$

6.2.2　χ^2 分布

定义 6.3　设总体 $X \sim N(0,1)$，$(X_1, X_2, \cdots, X_n)$是取自总体 X 的一个样本，则称随机变量

$$\chi^2 = X_1^2 + X_2^2 + \cdots + X_n^2$$

服从自由度为 n 的 χ^2 **分布**，记作 $\chi^2 \sim \chi^2(n)$，其中，自由度是指相互独立的随机变量的个数.

自由度为 n 的 χ^2 分布的密度函数 $f(x)$ 的图形如图 6.2 所示，它是一种不对称分布，当自由度 n 较大时，χ^2 分布趋近于正态分布.

定义 6.4 设 $\chi^2 \sim \chi^2(n)$，$f(x)$ 是密度函数，对于给定的正数 α $(0<\alpha<1)$，若满足条件

$$P\{\chi^2 > \chi_\alpha^2(n)\} = \int_{\chi_\alpha^2(n)}^{\infty} f(x)\mathrm{d}x = \alpha$$

则称 $\chi_\alpha^2(n)$ 是自由度为 n 的 χ^2 **分布的右侧临界值**，如图 6.3 所示.

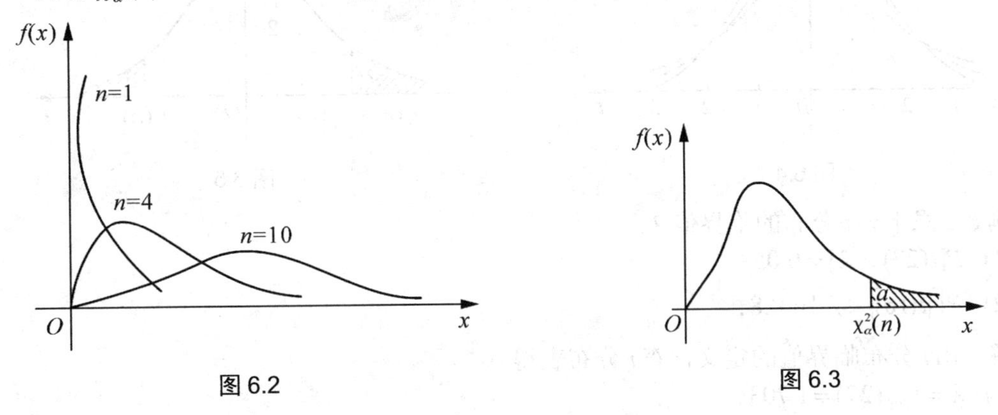

图 6.2 图 6.3

例 2 设 χ^2 分布的自由度 $n=5$，求下列各式中 λ 的值.

(1) $\int_\lambda^{+\infty} f(x)\mathrm{d}x = 0.01$.

(2) $\int_\lambda^{+\infty} f(x)\mathrm{d}x = 0.05$.

解 根据 χ^2 分布临界值的定义，查 χ^2 分布表得

(1) $\lambda = \chi_{0.01}^2(5) = 15.086$；(2) $\lambda = \chi_{0.05}^2(5) = 11.071$.

定理 2 设总体 $X \sim N(\mu, \sigma^2)$，$(X_1, X_2, \cdots, X_n)$ 是取自总体 X 的一个样本，则统计量 $\frac{(n-1)S^2}{\sigma^2}$ 服从自由度为 $n-1$ 的 χ^2 分布，即 $\frac{(n-1)S^2}{\sigma^2} \sim \chi^2(n-1)$.

6.2.3 *t* 分布

定义 6.5 设随机变量 $X \sim N(0,1)$，$Y \sim \chi^2(n)$，且 X 与 Y 相互独立，则称随机变量

$$T = \frac{X}{\sqrt{\frac{Y}{n}}}$$

服从自由度为 n 的 ***t* 分布**，记作 $T \sim t(n)$.

自由度为 n 的 t 分布的密度函数 $f(t)$ 的图形如图 6.4 所示，它关于 $f(t)$ 轴对称，当自由度 n 较大(一般 $n \geqslant 50$)时，t 分布趋近于标准正态分布.

定义 6.6　设 $T\sim t(n)$，$f(t)$ 是密度函数，对于给定的正数 $\alpha\ (0<\alpha<1)$，若满足条件

$$P\{T>t_\alpha(n)\}=\int_{t_\alpha(n)}^{\infty}f(t)\mathrm{d}t=\alpha$$

则称 $t_\alpha(n)$ 是自由度为 n 的 **t 分布的右侧临界值**.

如图 6.5 所示，由于 t 密度函数的图形关于 $f(t)$ 轴对称，从而有 $t_\alpha(n)=-t_{1-\alpha}(n)$.

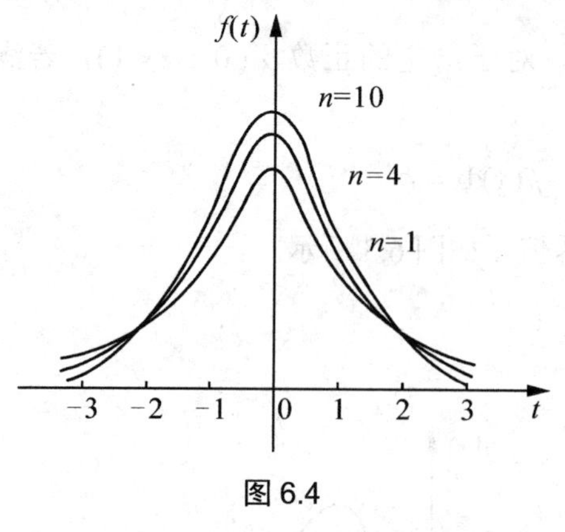

图 6.4

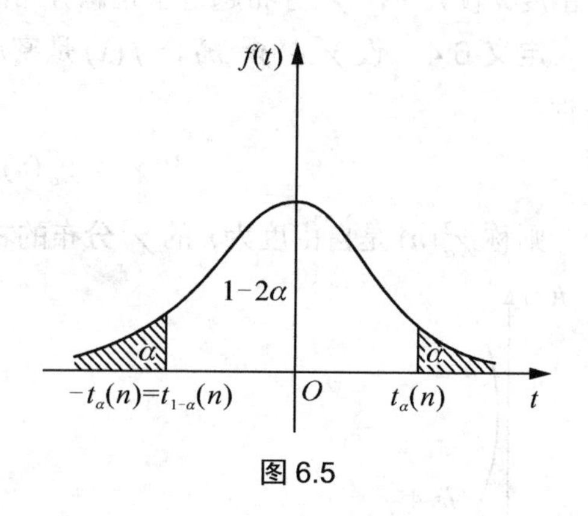

图 6.5

例 3　求下列 t 分布的临界值 λ.

(1) $P[t(27)>\lambda]=0.05$.

(2) $P\left[|t(16)|<\lambda\right]=0.8$.

解　由 t 分布临界值的定义，查 t 分布表得

(1) $\lambda=t_{0.05}(27)=1.703$.

(2) $P\left[|t(16)|<\lambda\right]=\int_{-\lambda}^{\lambda}f(t)\mathrm{d}t=0.8$，根据 t 分布密度函数图形的对称性，可知 $\int_{\lambda}^{+\infty}f(t)\mathrm{d}t=\dfrac{1-0.8}{2}=0.1$，查表得 $\lambda=t_{0.1}(16)=1.337$.

定理 3　设总体 $X\sim N(\mu,\sigma^2)$，$(X_1,X_2,\cdots,X_n)$ 是取自总体 X 的一个样本，$\bar{X}$ 和 S 分别为样本均值和样本标准方差，则

$$T=\frac{\bar{X}-\mu}{\dfrac{S}{\sqrt{n}}}\sim t(n-1)$$

6.2.4　*F* 分布

定义 6.7　设随机变量 $X\sim\chi^2(n_1)$，$Y\sim\chi^2(n_2)$，且 X 与 Y 相互独立，则称随机变量

$$F=\frac{\dfrac{X}{n_1}}{\dfrac{Y}{n_2}}$$

服从自由度为 (n_1,n_2) 的 **F 分布**，记作 $F\sim F(n_1,n_2)$.

自由度为 (n_1,n_2) 的 F 分布的密度函数 $f(x)$ 的图形如图 6.6 所示，F 分布也是一种不对称的分布. 当 n_1,n_2 较大时，F 分布趋近于正态分布.

定义 6.8　设 $F\sim F(n_1,n_2)$，$f(x)$ 是密度函数，对于给定的正数 $\alpha\ (0<\alpha<1)$，若满足条件

$$P\{F > F_\alpha(n_1, n_2)\} = \int_{F_\alpha(n_1, n_2)}^{\infty} f(x)\mathrm{d}x = \alpha$$

则称 $F_\alpha(n_1, n_2)$ 是自由度为(n_1, n_2)的 **F 分布的右侧临界值**. 其几何意义如图 6.7 所示.

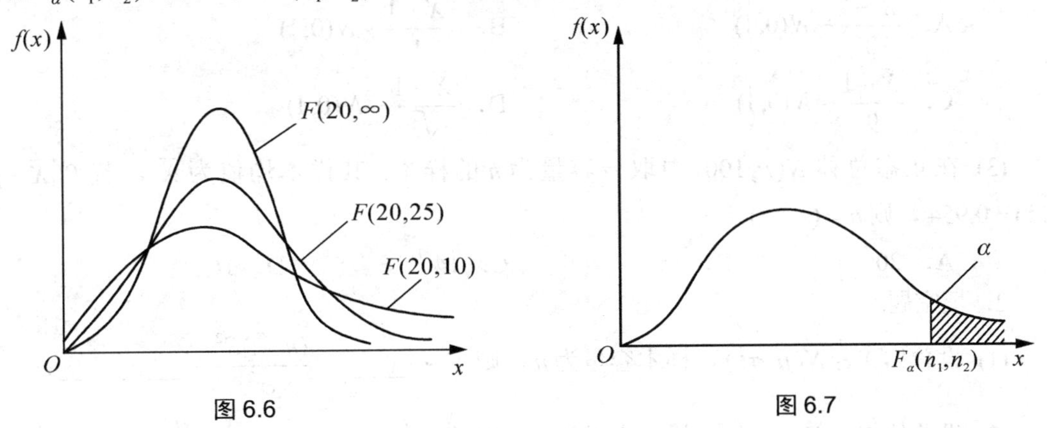

图 6.6　　　　图 6.7

但是当α的值接近于 1 时，临界值不能直接查表求得，此时可利用 F 分布的性质

$$F_\alpha(n_1, n_2) = \frac{1}{F_{1-\alpha}(n_2, n_1)} \tag{6-4}$$

求临界值.

例 4　已知 $P[F(15,12) > F_{0.05}(15,12)] = 0.05$，(1) 求 $F_{0.05}(15,12)$；(2) 求临界值 $F_{0.95}(15,12)$.

解　(1) 查 F 分布表得 $F_{0.05}(15,12) = 2.62$.

(2) 虽然 F 分布表中没有列出此临界值，但由式(6-1)可得

$$F_{0.95}(15,12) = \frac{1}{F_{0.05}(12,15)}$$

查表得 $F_{0.05}(12,15) = 2.48$，所以

$$F_{0.95}(15,12) = \frac{1}{2.48} \approx 0.403$$

定理 4　设总体 $X \sim N(\mu_1, \sigma_1^2)$，$Y \sim N(\mu_2, \sigma_2^2)$，$X$ 与 Y 相互独立，$(X_1, X_2, \cdots, X_{n_1})$ 与 $(Y_1, Y_2, \cdots, Y_{n_2})$ 分别是取自总体 X 与 Y 的样本，S_1^2 和 S_2^2 分别为 X 与 Y 的样本方差，则有

$$F = \frac{\dfrac{S_1^2}{\sigma_1^2}}{\dfrac{S_2^2}{\sigma_2^2}} \sim F(n_1 - 1, n_2 - 1)$$

习　题　6.2

1．选择题.

(1) 设总体 $X \sim N(2,9)$，$X_1, X_2, \cdots, X_{10}$ 是 X 的样本，则(　　).

A．$\overline{X} \sim N(20,90)$　　　　B．$\overline{X} \sim N(2,0.9)$

C. $\bar{X} \sim N(2,9)$　　D. $\bar{X} \sim N(20,9)$

(2) 设总体 $X \sim N(1,9)$， $X_1, X_2, \cdots, X_9$ 是 X 的样本，则(　　).

A. $\dfrac{\bar{X}-1}{3} \sim N(0,1)$　　B. $\dfrac{\bar{X}-1}{1} \sim N(0,1)$

C. $\dfrac{\bar{X}-1}{9} \sim N(0,1)$　　D. $\dfrac{\bar{X}-1}{\sqrt{3}} \sim N(0,1)$

(3) 在正态总体 $N(\mu,100)$ 中取一容量为 n 的样本. 其样本均值为 $\bar{X}$，若 $P(|\bar{X}-\mu| < 5) = 0.954$，则 $n=$(　　).

A. 20　　B. 18　　C. 14　　D. 16

2. 填空题.

(1) 设总体 $X \sim N(\mu,\sigma^2)$，样本容量为 n，则 $\bar{X} \sim$_____，$\dfrac{(n-1)S^2}{\sigma^2} \sim$_______.

(2) 设总体 $X \sim N(\mu,\sigma^2)$，样本容量为 n，则 $\dfrac{\bar{X}-\mu}{\sqrt{\sigma^2/n}} \sim$_____，$\dfrac{\bar{X}-\mu}{\sqrt{S^2/n}} \sim$_____.

3. 查表求下列各值.

(1) $\chi^2_{0.75}(13)$　　(2) $\chi^2_{0.90}(40)$　　(3) $t_{0.005}(11)$

(4) $t_{0.9}(31)$　　(5) $F_{0.01}(10,9)$　　(6) $F_{0.025}(24,2)$

4. 查表求以下各分布的临界值.

(1) $P[\chi^2(21) > \lambda] = 0.025$　　(2) $P[\chi^2(15) < \lambda] = 0.95$

(3) $P[t(4) > \lambda] = 0.99$　　(4) $P[t(4) < \lambda] = 0.99$

(5) $P[F(8,9) > \lambda] = 0.05$　　(6) $P[F(6,8) < \lambda] = 0.95$

§6.3　期望与方差的点估计

在实际问题中，当总体 X 的分布类型已知，但其中的参数 θ 未知时，需要确定参数. 例如，某地区的个人收入水平 X 服从正态分布 $N(\mu,\sigma^2)$，其中 μ 表示该地区的平均收入水平，σ^2 表示该地区的贫富悬殊程度，但 μ、σ^2 往往是未知的，因此希望根据来自总体的样本 $X_1, X_2, \cdots, X_n$ 来对未知参数进行估计.

6.3.1　点估计的概念

设 θ 为总体 X 分布中的未知参数，$(X_1, X_2, \cdots, X_n)$ 为总体 X 的样本. 所谓点估计，就是从样本出发构造适当的统计量 $\hat{\theta} = \hat{\theta}(X_1, X_2, \cdots, X_n)$ 作为未知参数 θ 的**估计量**，当取得样本观测值 $x_1, x_2, \cdots, x_n$ 后，就用 $\hat{\theta}(x_1, x_2, \cdots, x_n)$ 作为 θ 的**估计值**.

对于常用的重要分布，未知参数的个数是一个或两个，因此一般将样本均值 $\bar{X} = \dfrac{1}{n}\sum_{i=1}^{n} X_i$ 作为总体均值 $E(X)$ 的估计量，用样本方差 $S^2 = \dfrac{1}{n-1}\sum_{i=1}^{n}(X_i - \bar{X})^2$ 作为总体方差 $D(X)$ 的估

计量．当取得样本观测值 $x_1,x_2,\cdots,x_n$ 后，用 $\bar{x}=\frac{1}{n}\sum_{i=1}^{n}x_i$ 作为 $E(X)$ 的估计值，用 $s^2=\frac{1}{n-1}\sum_{i=1}^{n}(x_i-\bar{x})^2$ 作为 $D(X)$ 的估计值．由此建立估计量应满足的方程，从而求出未知参数的估计．

例 1　设 $(X_1,X_2,\cdots,X_n)$ 是取自均匀分布总体 $X\sim U(a,b)$ 的样本，求参数 a,b 的估计值．

解　因为 $X\sim U(a,b)$，有 $\mathrm{E}(X)=\frac{a+b}{2}$，$\mathrm{D}(X)=\frac{(b-a)^2}{12}$，由点估计的方法可知，$a$、$b$ 应满足方程组

$$\begin{cases}\dfrac{a+b}{2}=\bar{X}\\[2mm]\dfrac{(b-a)^2}{12}=S^2\end{cases}$$

解方程组可得

$$\hat{a}=\bar{X}-\sqrt{3S^2}$$
$$\hat{b}=\bar{X}+\sqrt{3S^2}$$

例 2　设某种电子元件的寿命 $X\sim N(\mu,\sigma^2)$，其中 μ、σ^2 未知．现随机抽取 5 个产品，测得寿命(单位：h)为

1 500　　1 450　　1 453　　1 502　　1 650

试求 μ、σ^2 的估计值．

解　因为 $X\sim N(\mu,\sigma^2)$，有 $E(X)=\mu$，$D(X)=\sigma^2$，根据点估计的方法可得

$$\hat{\mu}=\bar{x}=\frac{1}{5}(1\,500+1\,450+1\,453+1\,502+1\,650)=1\,511$$

$$\hat{\sigma}^2=s^2=\frac{1}{5-1}\sum_{i=1}^{5}(x_i-1\,511)^2=6\,652$$

所以总体均值 μ 的估计值 $\hat{\mu}=1\,511$，方差 σ^2 的估计值 $\hat{\sigma}^2=6\,652$．

6.3.2　点估计的评价标准

对同一总体的同一未知参数用不同的方法作点估计可能得到不同的估计量，那么如何评价各估计量的优劣呢？常用的评价标准如下．

1) 无偏性

设 $\hat{\theta}$ 为未知参数 θ 的一个估计量，如果 $\mathrm{E}(\hat{\theta})=\theta$，则称 $\hat{\theta}$ 为 θ 的无偏估计量．

2) 有效性

设 $\hat{\theta}_1$、$\hat{\theta}_2$ 都是 θ 的无偏估计量，如果 $\mathrm{D}(\hat{\theta}_1)<\mathrm{D}(\hat{\theta}_2)$，则称 $\hat{\theta}_1$ 比 $\hat{\theta}_2$ 有效．

例 3　设总体 $X\sim N(\mu,\sigma^2)$，$(X_1,X_2,\cdots,X_n)$ 是取自总体 X 的一个样本，试证明：样本均值 $\bar{X}$ 与样本方差 S^2 分别是 μ 与 σ^2 的无偏估计量．

证明　因为 $\mathrm{E}(\bar{X})=\mathrm{E}(\frac{1}{n}\sum_{i=1}^{n}X_i)=\frac{1}{n}\sum_{i=1}^{n}\mathrm{E}(X_i)=\frac{1}{n}\sum_{i=1}^{n}\mu=\frac{1}{n}\cdot n\mu=\mu$，所以 $\bar{X}$ 是 μ 的一个无偏估计量．又因为

$$E(S^2)=E[\frac{1}{n-1}\sum_{i=1}^{n}(X_i-\bar{X})^2]$$

$$=\frac{1}{n-1}E\sum_{i=1}^{n}(X_i^2-2X_i\bar{X}+\bar{X}^2)$$

$$=\frac{1}{n-1}\sum_{i=1}^{n}[E(X_i^2)-2\bar{X}EX_i+E\bar{X}^2]$$

$$=\frac{1}{n-1}[\sum_{i=1}^{n}E(X_i^2)-2n\bar{X}^2+n\bar{X}^2]$$

$$=\frac{1}{n-1}[\sum_{i=1}^{n}E(X_i^2)-nE(\bar{X}^2)]$$

$$=\frac{1}{n-1}[nE(X_i^2)-nE(\bar{X}^2)]$$

$$=\frac{n}{n-1}\{D(X_i)+E^2(X_i)-[D(\bar{X})+E^2(\bar{X})]\}$$

$$=\frac{n}{n-1}(\sigma^2+\mu^2-\frac{1}{n}\sigma^2-\mu^2)=\sigma^2.$$

所以S^2是总体方差σ^2的无偏估计量.

例 4 总体$X\sim N(\mu,1)$，X_1,X_2是取自X的一个样本，试证明估计量

$$\hat{\mu}_1=\frac{1}{2}X_1+\frac{1}{2}X_2$$

$$\hat{\mu}_2=\frac{1}{5}X_1+\frac{4}{5}X_2$$

$$\hat{\mu}_3=\frac{1}{10}X_1+\frac{9}{10}X_2$$

都是μ的无偏估计量，并指出哪一个更有效.

证明 因为

$$\mathrm{E}(\hat{\mu}_1)=\frac{1}{2}\mathrm{E}(X_1)+\frac{1}{2}\mathrm{E}(X_2)=\frac{1}{2}\mu+\frac{1}{2}\mu=\mu$$

$$\mathrm{E}(\hat{\mu}_2)=\frac{1}{5}\mathrm{E}(X_1)+\frac{4}{5}\mathrm{E}(X_2)=\frac{1}{5}\mu+\frac{4}{5}\mu=\mu$$

$$\mathrm{E}(\hat{\mu}_3)=\frac{1}{10}\mathrm{E}(X_1)+\frac{9}{10}\mathrm{E}(X_2)=\frac{1}{10}\mu+\frac{9}{10}\mu=\mu$$

所以$\hat{\mu}_1$、$\hat{\mu}_2$、$\hat{\mu}_3$都是μ的无偏估计量.

又因为

$$\mathrm{D}(\hat{\mu}_1)=\frac{1}{4}\mathrm{D}(X_1)+\frac{1}{4}\mathrm{D}(X_2)=\frac{1}{2}$$

$$\mathrm{D}(\hat{\mu}_2)=\frac{1}{25}\mathrm{D}(X_1)+\frac{16}{25}\mathrm{D}(X_2)=\frac{17}{25}$$

$$\mathrm{D}(\hat{\mu}_3)=\frac{1}{100}\mathrm{D}(X_1)+\frac{81}{100}\mathrm{D}(X_2)=\frac{41}{50}$$

得$\mathrm{D}(\hat{\mu}_1)<\mathrm{D}(\hat{\mu}_2)<\mathrm{D}(\hat{\mu}_3)$.

所以用$\hat{\mu}_1=\frac{1}{2}X_1+\frac{1}{2}X_2$作$\mu$的无偏估计量比$\hat{\mu}_2$、$\hat{\mu}_3$更有效.

习　题　6.3

1．选择题

(1) θ 为总体 X 的未知参数，θ 的估计量是 $\hat{\theta}$，则(　　).

A．$\hat{\theta}$ 是一个数，近似等于 θ　　B．$\hat{\theta}$ 是一个随机变量

C．$E(\hat{\theta})=\theta$　　D．$D(\hat{\theta})=\theta$

(2) 设 $X_1, X_2, \cdots, X_n$ 是总体 X 的样本，并且 $D(X)=\sigma^2$，令 $Y=\frac{1}{n}\sum_{i=1}^{n}(X_i-\bar{X})^2$，则(　　).

A．$E(Y)=\frac{1}{n}\sigma^2$　　B．$E(Y)=\frac{n-1}{n}\sigma^2$

C．$E(Y)=\sigma^2$　　D．$E(Y)=\frac{n}{n-1}\sigma^2$

(3) 设总体 $X\sim N(\mu,\sigma^2)$，X_1, X_2, X_3, X_4 是取自总体 X 的一个样本，则总体期望最有效的估计量是(　　).

A．$\frac{1}{3}X_1+\frac{1}{6}X_2+\frac{1}{6}X_3+\frac{1}{3}X_4$　　B．$\frac{1}{4}X_1+\frac{1}{4}X_2+\frac{1}{4}X_3+\frac{1}{4}X_4$

C．$\frac{4}{9}X_1+\frac{3}{9}X_2+\frac{1}{9}X_3+\frac{1}{9}X_4$　　D．$\frac{1}{5}X_1+\frac{2}{5}X_2+\frac{1}{5}X_3+\frac{1}{5}X_4$

2．设 X_1, X_2, X_3 是总体 X 的样本，$\hat{\mu}_1=\frac{X_1+c_1X_2+X_3}{4}$ 及 $\hat{\mu}_2=\frac{c_2X_1+X_2+X_3}{6}$ 是总体期望 μ 的无偏估计，则 $c_1=$ ________，$c_2=$ ________，$\hat{\mu}_1$ 与 $\hat{\mu}_2$ 中有效性好的是________.

3．做某项试验，一天中随机测得 6 次有关温度值(单位：℃)如下

27　38　30　37　35　31

试求出该天温度的期望与方差的无偏估计值.

4．总体 $X\sim N(\mu,1)$，X_1, X_2 是取自 X 的一个样本，试证明估计量

$$\hat{\mu}_1=\frac{2}{3}X_1+\frac{1}{3}X_2$$

$$\hat{\mu}_2=\frac{1}{4}X_1+\frac{3}{4}X_2$$

$$\hat{\mu}_3=\frac{1}{2}X_1+\frac{1}{2}X_2$$

都是 μ 的无偏估计量，并指出哪一个更有效.

§6.4　期望与方差的区间估计

参数的点估计就是对总体的未知参数作出一定的数值估计. 由于样本的随机性，即使是相当好的随机量，其估计值也只能是参数值的一种近似. 因此提出这样的问题：一个估计值 $\hat{\theta}$ 与真值 θ 究竟有多大的误差？一种很直接的方法就是估计出参数真值 θ 所在的范围，并希

望知道这个范围包含参数真值的概率为多大. 这个范围常用区间给出，通常称这种估计参数的方法为参数的**区间估计**.

6.4.1　置信区间和置信度

定义 6.9　设总体 X 的分布含有未知参数 θ，$(X_1, X_2, \cdots, X_n)$ 是取自总体 X 的一个样本. 对于给定的正数 $\alpha\ (0<\alpha<1)$，存在两个统计量 $\theta_1(X_1, X_2, \cdots, X_n)$，$\theta_2(X_1, X_2, \cdots, X_n)$，满足

$$P(\theta_1<\theta<\theta_2)=1-\alpha \tag{6-2}$$

则称随机区间 $[\theta_1, \theta_2]$ 为参数 θ 的置信度为 $1-\alpha$ 的置信区间，θ_1 和 θ_2 分别称为置信下限和置信上限.

式(6-2)的意思是随机区间 $[\theta_1, \theta_2]$ 包含参数真值 θ 的概率为 $1-\alpha$. 即每次随机抽取获得的样本值将确定一个这样的区间 $[\theta_1, \theta_2]$，在多次抽样而得到的这些区间 $[\theta_1, \theta_2]$ 中，有些区间包含参数 θ 的真值，而有些区间不包含参数 θ 的真值. 其中包含参数 θ 真值的区间约占 $100(1-\alpha)\%$，不包含参数 θ 真值的区间约占 $100\alpha\%$.

说明　因为 θ 不是随机变量，故不能说参数 θ 落入区间 $[\theta_1, \theta_2]$ 内的概率为 $1-\alpha$.

6.4.2　正态总体期望的区间估计

在实际问题中，正态总体广泛存在，故下面主要讨论正态总体期望 μ 的区间估计.

1. 方差已知的期望的区间估计

设总体 $X\sim N(\mu, \sigma^2)$，$(X_1, X_2, \cdots, X_n)$ 是取自总体 X 的一个样本，根据定理 1 知

$$U=\frac{\bar{X}-\mu}{\sigma/\sqrt{n}}\sim N(0,1)$$

对于给定的置信度 $1-\alpha$，查标准正态分布表，可得相应的 λ 使得

$$P\left(\left|\frac{\bar{X}-\mu}{\sigma/\sqrt{n}}\right|\leqslant U_{\frac{\alpha}{2}}\right)=1-\alpha$$

即

$$P\left(\bar{X}-U_{\frac{\alpha}{2}}\frac{\sigma}{\sqrt{n}}\leqslant\mu\leqslant\bar{X}+U_{\frac{\alpha}{2}}\frac{\sigma}{\sqrt{n}}\right)=1-\alpha$$

由此可得数学期望 μ 的置信度为 $1-\alpha$ 的置信区间为

$$\left[\bar{X}-U_{\frac{\alpha}{2}}\frac{\sigma}{\sqrt{n}}, \bar{X}+U_{\frac{\alpha}{2}}\frac{\sigma}{\sqrt{n}}\right] \tag{6-5}$$

由式(6-3)可得 $\varPhi(U_{\frac{\alpha}{2}})=1-\frac{\alpha}{2}$，查正态分布表得到 $U_{\frac{\alpha}{2}}$.

例如：取 $\alpha=0.05$，$\varPhi(U_{\frac{\alpha}{2}})=1-\frac{\alpha}{2}=1-\frac{0.05}{2}=0.975$，查标准正态分布表，得 $U_{\frac{\alpha}{2}}=1.96$.

例 1　某厂生产的化纤纤度(表示纤维粗细程度的量) X 服从正态分布：$X\sim N(\mu, \sigma^2)$，已知 $\sigma^2=0.048^2$. 今抽取 9 根纤维，测得其纤度为

1.36　1.49　1.43　1.41　1.37　1.40　1.32　1.42　1.47

求期望 μ 的置信度为 0.95 的置信区间.

解　计算样本均值得 $\bar{x}=1.408$．已知 $n=9, \sigma^2=0.048^2$，$1-\alpha=0.95$，由 $\Phi(\lambda)=1-\dfrac{\alpha}{2}$ $=1-\dfrac{0.05}{2}=0.975$，得 $\lambda=1.96$，则

$$\bar{x}-U_{\frac{\alpha}{2}}\frac{\sigma}{\sqrt{n}}=1.408-1.96\times\frac{0.048}{\sqrt{9}}=1.377$$

$$\bar{x}+U_{\frac{\alpha}{2}}\frac{\sigma}{\sqrt{n}}=1.408+1.96\times\frac{0.048}{\sqrt{9}}=1.439$$

所以期望 μ 的置信度为 0.95 的置信区间为 $[1.377, 1.439]$．

2. *方差未知的期望的区间估计*

设总体 $X\sim N(\mu,\sigma^2)$，$(X_1, X_2, \cdots, X_n)$ 是取自总体 X 的一个样本，由于方差 σ^2 未知，可用 σ^2 的无偏估计样本方差

$$S^2=\frac{1}{n-1}\sum_{i=1}^{n}(X_i-\bar{X})^2$$

来代替 σ^2．根据定理 3 可知统计量

$$T=\frac{\bar{X}-\mu}{\frac{S}{\sqrt{n}}}\sim t(n-1)$$

如图 6.8 所示．

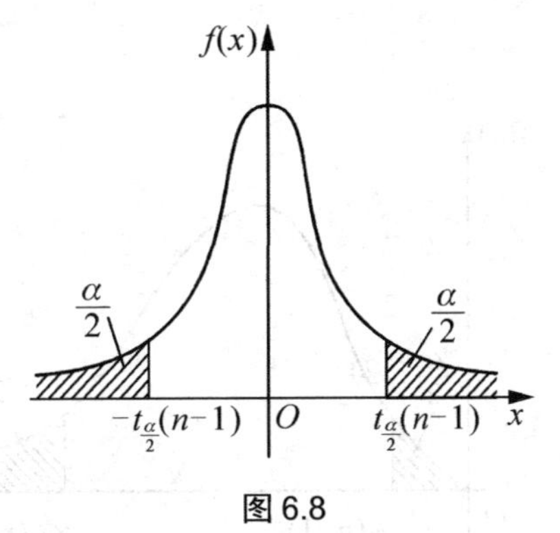

图 6.8

根据 t 分布临界值的定义，对于给定的 α，可得

$$P\{|T|<t_{\frac{\alpha}{2}}(n-1)\}=1-\alpha$$

即

$$P\left\{\left|\frac{\bar{X}-\mu}{S}\sqrt{n}\right|\leqslant t_{\frac{\alpha}{2}}(n-1)\right\}=1-\alpha$$

$$P\{\bar{X}-t_{\frac{\alpha}{2}}(n-1)\frac{S}{\sqrt{n}}\leqslant\mu\leqslant\bar{X}+t_{\frac{\alpha}{2}}(n-1)\frac{S}{\sqrt{n}}\}=1-\alpha$$

故可得数学期望 μ 的置信度为 $1-\alpha$ 的置信区间为

$$\left[\bar{X}-t_{\frac{\alpha}{2}}(n-1)\frac{S}{\sqrt{n}},\ \bar{X}+t_{\frac{\alpha}{2}}(n-1)\frac{S}{\sqrt{n}}\right] \tag{6-6}$$

例 2　用某仪器间接测量温度，重复测量 5 次得如下数据(单位：℃)

1 250　　1 265　　1 245　　1 260　　1 275

假设温度服从正态分布 $N(\mu,\sigma^2)$，试求温度真值置信度为 90% 的置信区间．

解　计算样本均值 $\bar{x}=1\,259, s=11.94$．已知 $1-\alpha=0.9$，得 $\dfrac{\alpha}{2}=0.05$，再根据自由度为 $n-1=4$，查分布表得 $t_{0.05}(4)=2.1318$，从而有

$$\bar{x}-t_{\frac{\alpha}{2}}(n-1)\frac{s}{\sqrt{n}}=1\,259-2.131\ 8\times\frac{11.94}{\sqrt{5}}=1\,247.6$$

$$\overline{x}+t_{\frac{\alpha}{2}}(n-1)\frac{s}{\sqrt{n}}=1\,259+2.131\,8\times\frac{11.94}{\sqrt{5}}=1\,270.4$$

故温度真值置信度为90%的置信区间为[1 247.6,1 270.4].

6.4.3　正态总体方差的区间估计

这里同样有已知期望μ和未知期望μ两种情况，但后者较常用，因此只讨论这种情况.

设总体$X\sim N(\mu,\sigma^2)$，$(X_1,X_2,\cdots,X_n)$是取自总体X的一个样本，求总体方差σ^2的置信度为$1-\alpha$的置信区间. 从区间估计的意义出发，考虑构造一个关于σ^2的统计量$\chi^2=\frac{(n-1)S^2}{\sigma^2}$，根据定理2可知

$$\chi^2=\frac{(n-1)S^2}{\sigma^2}\sim\chi^2(n-1)$$

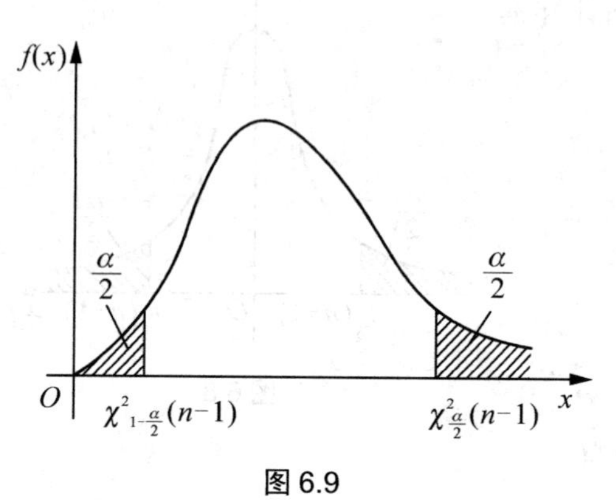

图 6.9

对于给定的置信水平$1-\alpha$满足$P(\lambda_1\leqslant\chi^2\leqslant\lambda_2)=1-\alpha$的$\lambda_1$、$\lambda_2$有无数对,可以从中选取$\lambda_1$、$\lambda_2$，使得$P(\chi^2<\lambda_1)=P(\chi^2>\lambda_2)=\frac{\alpha}{2}$，如图6.9所示.

根据χ^2分布临界点的定义知

$$\lambda_1=\chi^2_{1-\frac{\alpha}{2}}(n-1),\qquad \lambda_2=\chi^2_{\frac{\alpha}{2}}(n-1)$$

查自由度为$n-1$的χ^2分布表可得λ_1、λ_2. 从而有

$$P\{\chi^2_{1-\frac{\alpha}{2}}(n-1)\leqslant\chi^2\leqslant\chi^2_{\frac{\alpha}{2}}(n-1)\}=1-\alpha$$

即

$$P\{\chi^2_{1-\frac{\alpha}{2}}(n-1)\leqslant\frac{(n-1)S^2}{\sigma^2}\leqslant\chi^2_{\frac{\alpha}{2}}(n-1)\}=1-\alpha$$

$$P\left\{\frac{(n-1)S^2}{\chi^2_{\frac{\alpha}{2}}(n-1)}\leqslant\sigma^2\leqslant\frac{(n-1)S^2}{\chi^2_{1-\frac{\alpha}{2}}(n-1)}\right\}=1-\alpha$$

故可得总体方差σ^2的置信度为$1-\alpha$的置信区间为

$$\left[\frac{(n-1)S^2}{\chi^2_{\frac{\alpha}{2}}(n-1)},\ \frac{(n-1)S^2}{\chi^2_{1-\frac{\alpha}{2}}(n-1)}\right]\tag{6-7}$$

例 3　从一批产品中随机抽取10件，测量其有关尺寸，得到以下10个数据

578　572　570　568　572

570　572　596　570　584

假设产品尺寸$X\sim N(\mu,\sigma^2)$，求方差σ^2的置信区间($\alpha=0.05$).

解　由样本数据可得

$$\overline{x}=\frac{1}{n}\sum_{i=1}^{n}x_i=575.2$$

$$(n-1)s^2=\sum_{i=1}^{n}(x_i-\bar{x})^2=681.6$$

已知$\alpha=0.05,\ \dfrac{\alpha}{2}=0.025$，自由度$n-1=9$，查$\chi^2$分布表得

$$\chi^2_{0.975}(9)=2.700\text{，}\quad \chi^2_{0.025}(9)=19.023$$

从而有

$$\frac{(n-1)s^2}{\chi^2_{\frac{\alpha}{2}}(n-1)}=\frac{681.6}{19.023}=35.87\text{，}\quad \frac{(n-1)S^2}{\chi^2_{1-\frac{\alpha}{2}}(n-1)}=\frac{681.6}{2.700}=252.44$$

故可得σ^2的置信度为0.95的置信区间为[35.87，252.44].

综上所述，在一个正态总体的期望与方差的区间估计中，由于已知条件不同，置信区间的计算公式也不同，现将正态分布期望与方差的置信区间列于表 6-1.

表 6-1　正态总体期望与方差的置信区间

被估参数	条件	所用随机变量及其分布	置信区间（置信度$1-\alpha$）
μ	已知σ^2	$U=\dfrac{\bar{X}-\mu}{\sigma/\sqrt{n}}\sim N(0,1)$	$\left[\bar{X}-\lambda\dfrac{\sigma}{\sqrt{n}},\bar{X}+\lambda\dfrac{\sigma}{\sqrt{n}}\right]$
	未知σ^2	$T=\dfrac{\bar{X}-\mu}{S/\sqrt{n}}\sim t(n-1)$	$\left[\bar{X}-t_{\frac{\alpha}{2}}(n-1)\dfrac{S}{\sqrt{n}},\ \bar{X}+t_{\frac{\alpha}{2}}(n-1)\dfrac{S}{\sqrt{n}}\right]$
σ^2	未知μ	$\chi^2=\dfrac{(n-1)S^2}{\sigma^2}\sim\chi^2(n-1)$	$\left[\dfrac{(n-1)S^2}{\chi^2_{\frac{\alpha}{2}}(n-1)},\quad \dfrac{(n-1)S^2}{\chi^2_{1-\frac{\alpha}{2}}(n-1)}\right]$

习　题　6.4

1．选择题

(1) 若总体$X\sim N(\mu,\sigma^2)$，其中σ^2已知，当样本容量n保持不变时，如果置信度$1-\alpha$变小，则μ的置信区间(　　).

A．长度变大　　B．长度不变　　C．长度变小　　D．长度不一定不变

(2) 若总体$X\sim N(\mu,\sigma^2)$，其中σ^2已知，当置信度$1-\alpha$保持不变时，如果样本容量n增大，则μ的置信区间(　　).

A．长度变大　　B．长度变小　　C．长度不变　　D．长度不一定不变

2．填空题

(1) 设某次法语测验的分数呈正态分布，随机抽取 20 名学生，得平均分数$\bar{x}=72$，样本方差$s^2=16$，则总体方差σ^2的置信度为98%的置信区间为__________.

(2) 设总体X的方差为1，取容量为 100 的样本，得样本均值$\bar{x}=5$，则总体期望μ的置信度为 0.95 的置信区间为__________.

(3) 设总体$X\sim N(\mu,2^2)$，$(X_1,X_2,\cdots,X_n)$是取自总体X的一个样本，已知总体期望μ

的置信度为95% 的置信区间不超出[11.19,13.81]，则样本均值 $\bar{x}=$ ________ ，样本容量 $n=$ ________.

3．自动包装机包装大米，从一天的成品中随机抽取12包，称得质量(单位：kg)如下

10.1　10.3　10.4　10.5　10.2　9.7

9.8　10.1　10.0　9.9　9.8　10.3

假设每包质量服从正态分布，求该天每包大米平均质量的置信度为0.95的置信区间.

4．某工厂生产钢珠，从某日生产的产品中随机抽取9个，测得直径(单位：mm)如下

14.6　14.7　15.1　14.9　14.8　15.0　15.1　15.2　14.8

设钢珠直径服从正态分布，若

(1) 已知钢珠直径的方差 $\sigma^2=(0.15)^2$；

(2) 未知方差 σ^2.

求直径均值 μ 的置信度为0.95的置信区间.

5. 某厂生产一批金属材料，其抗弯强度服从正态分布，今从这批金属材料中随机抽取11个试件，测得它们的抗弯强度为(单位：kg)

42.5　42.7　43.0　42.3　43.4　44.5　44.0　43.8　44.1　43.9　43.7

(1) 求平均抗弯强度 μ 的置信度为0.95的置信区间.

(2) 求抗弯强度方差 σ^2 的置信度为0.90的置信区间.

§6.5　参数估计实验

1. 实验要求

(1) 掌握直方图的MATLAB作法.

(2) 掌握样本均值、样本方差、样本标准差的MATLAB命令，能熟练地进行有关计算；知道方差、标准差的MATLAB命令，会进行有关计算.

(3) 掌握 U 分布、t 分布、χ^2 分布、F 分布统计量的概率密度和概率分布的函数图形，了解它们的性质.

(4) 掌握 U 分布、t 分布、χ^2 分布、F 分布的临界值的MATLAB求法.

(5) 掌握均值、方差的点估计和区间估计的MATLAB求法.

2. 实验内容

本节应用到的MATLAB中的基本样本统计函数见表6-2.

表6-2　基本样本统计函数

函数名称	功能简介
hist (x，k)	数据 x 分为 k 组的直方图命令
[n，x]= hist (x，k)	直方图的频数表

续表

函数名称	功能简介
mean (x)	求样本平均值 $\bar{x}$
std (x)	求样本标准差 s
var (x)	求样本方差 s^2
sort(x)	把数据 x 排序
max (x)	求数据 x 的最大值
min(x)	求数据 x 的最小值
tpdf(x，v)	自由度为 v 的 t 分布的概率密度
chi2pdf(x，v)	自由度为 v 的 χ^2 分布的概率密度
fpdf(x，v1，v2)	自由度为 $v1$、$v2$ 的 F 分布的概率密度
tcdf(x，v)	自由度为 v 的 t 分布的概率分布
chi2cdf(x，v)	自由度为 v 的 χ^2 分布的概率分布
fcdf(x，v1，v2)	自由度为 $v1$，$v2$ 的 F 分布的概率分布
norminv(p，mu，sigma)	正态分布的临界值(逆概率分布值)
tinv(p，v)	t 分布的临界值(逆概率分布值)
chi2inv(p，v)	χ^2 分布的临界值(逆概率分布值)
finv(p，v1，v2)	F 分布的临界值(逆概率分布值)
[muhat，sigmahat，muci，sigmaci] = normfit(x，alpha)	求点估计和区间估计，其中 muhat、sigmahat 分别为正态分布的参数 μ 和 σ 的点估计值，muci、sigmaci 分别为置信区间，置信水平为 alpha

1) 频率直方图

例 1 为了考查某种水稻的株高，随机地抽测 100 株，得株高数据(单位：cm)如下：

89 94 92 96 82 86 78 87 85 90 91 97 91 99 89 77 98 100 90
83 89 91 84 86 93 83 92 88 86 98 92 82 99 88 87 97 92 91
92 93 86 84 95 89 94 88 81 94 96 90 89 97 100 103 95 88 96
83 94 93 101 93 94 107 97 91 90 83 102 94 86 104 96 103 98 88
101 90 82 85 93 109 84 85 96 100 102 92 97 92 100 99 95 91 89
95 90 98 80 105

试根据这些数据作出频率直方图.

解 用 MATLAB 计算如下：

```
>>x=[89 94 92 96 82 86 78 87 85 90 91 97 91 99 89 77 98 100 90 83 89 91 84
86 93 83 92 88 86 98 92 82 99 88 87 97 92 91 92 93 86 84 95 89 94 88 81 94 96
90 89 97 100 103 95 88 96 83 94 93 101 93 94 107 97 91 90 83 102 94 86 104 96
103 98 88 101 90 82 85 93 109 84 85 96 100 102 92 97 92 100 99 95 91 89 95 90
98 80 105];
>> hist(x，10)                 % 如图 6.9 所示
>> [n，x]= hist(x)
n =                             % 各组的频数
     3    8    11    13    24    15    12    8    4    2
```

```
z =
   Columns 1 through 9          %各组的下限
   78.6000   81.8000   85.0000   88.2000   91.4000   94.6000   97.8000
101.0000  104.2000
   Column 10
   107.4000
```

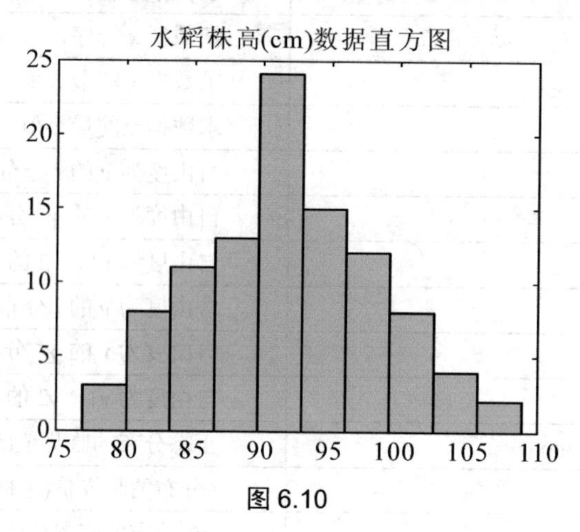

图 6.10

图 6.10 显示的水稻株高基本符合正态分布的规律.

```
>> sort(x)                      % 给数据 x 排序，据此可以检验各组的频数
ans =
  Columns 1 through 16
    77  78  80  81  82  82  82  83  83  83  83  84  84  84  85  85
  Columns 17 through 32
    85  86  86  86  86  86  87  87  88  88  88  88  88  89  89  89
  Columns 33 through 48
    89  89  89  90  90  90  90  90  90  91  91  91  91  91  91  92
  Columns 49 through 64
    92  92  92  92  92  92  93  93  93  93  93  94  94  94  94  94
  Columns 65 through 80
    94  95  95  95  95  96  96  96  96  96  97  97  97  97  97  98
  Columns 81 through 96
    98  98  98  99  99  99  100 100 100 100 101 101 102 102 103 103
  Columns 97 through 100
   104 105 107 109
```

2) 样本平均值

例 2　随机抽取 6 个滚珠，测得直径(单位：mm)如下

$$14.70 \quad 15.21 \quad 14.90 \quad 14.91 \quad 15.32 \quad 15.32$$

试求样本平均值、样本方差和样本标准差.

解　用 MATLAB 计算如下：

```
>> x= [14.70  15.21  14.90  14.91  15.32  15.32];
>> m=mean(x);
>> s= std(x);
>> v=var(x);
```

```
>> [m, s, v]
ans =
   15.0600    0.2590    0.0671
```

即 $\overline{x}=15.0600$，s=0.259 0，s^2=0.067 1.

3) 样本方差、样本标准差

说明：var(X)= $s^2=\dfrac{1}{n-1}\sum_{i=1}^{n}(x_i-\overline{X})^2$，若 X 为向量，则返回向量的样本方差.

var(X，1)：求向量(或矩阵) X 的简单方差(即置前因子为 $\dfrac{1}{n}$ 的方差).

std(X)：求向量(或矩阵) X 的样本标准差(置前因子为 $\dfrac{1}{n-1}$)，即

$$\mathrm{std}=\sqrt{\frac{1}{n-1}\sum_{i=1}^{n}x_i-\overline{X}}$$

std(X，1)：求向量(或矩阵) X 的标准差(置前因子为 $\dfrac{1}{n}$).

例 3　已知如下样本

14.70　15.21　14.90　15.32　15.32

求 (1) 样本的样本方差和样本标准差；(2)方差和标准差.

解　用 MATLAB 计算如下：

```
>>X=[14.7 15.21 14.9 14.91 15.32 15.32];
>>DX=var(X)                          %样本方差
>>DX = 0.0671
>>sigma=std(X)                       %样本标准差
>>sigma = 0.2590
>>DX1=var(X, 1)                      %X的简单方差(即置前因子为1/n的方差)
>> DX1 = 0.0559
>>sigma1=std(X, 1)                   %X的标准差(即置前因子为1/n的标准差)
>> sigma1 = 0.2364
```

4) 四大分布的概率密度(pdf)、概率分布(cdf)和临界值(inv)

例 4　在[0，14]上作 χ^2 分布的概率密度曲线.

解　用 MATLAB 计算如下：

```
>> x=(0:0.1:14)';
p=chi2pdf(x, 1);                %自由度为n=1的χ2分布的概率密度曲线
p1=chi2pdf(x, 4);               %自由度为n=4的χ2分布的概率密度曲线
p2=chi2pdf(x, 8);               %自由度为n=8的χ2分布的概率密度曲线
plot(x, p, 'r-', x, p1, 'g-', x, p2, 'b-')
```

具体概率密度曲线如图 6.11 所示.

图形标注有如下两种方法.

(1) text(x，y，'n=1')：在二维图形上于点(x，y)处加标注 n=1.

(2) gtext('n=1')：在鼠标指定位置上加注文字“n=1”. 具体步骤为：先输入命令，再用鼠标单击确定的位置，即完成加注标注，该命令不支持三维图形.

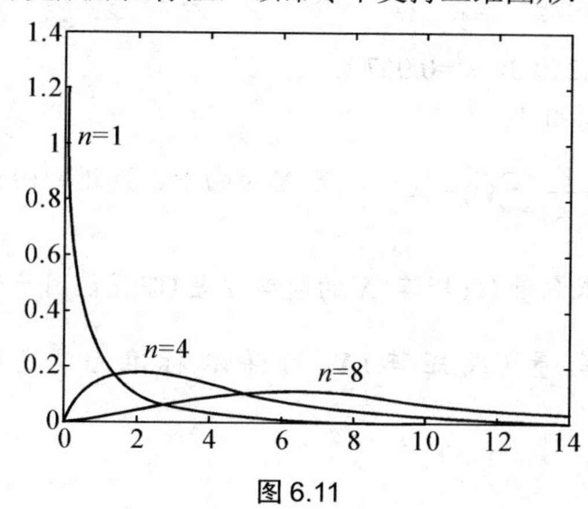

图 6.11

例 5　在 $x\in[-4,4]$ 上作自由度 v=6 的 t 分布的概率密度函数的图形. 设计程序说明：t 分布的概率密度的最大值出现在 x=0 处，最大值随着自由度的增大而增大，如图 6.12 所示.

解　分析：

```
>> x=[-4:0.1:4];
>> y=tpdf(x, 6);
>> y1=tpdf(x, 1);
>> plot(x, y, 'b-', x, y1, 'r-')
> y=tpdf(0, 6);
>> [y]
ans =
     0.3827
```

下面求值验证 t 分布的概率密度的最大值出现在 x=0 处.

```
>>  x=[-3:1:3];
>> y=tpdf(x, 6);
>> [y]
ans =
0.0155   0.0640   0.2231   0.3827   0.2231   0.0640   0.0155
```

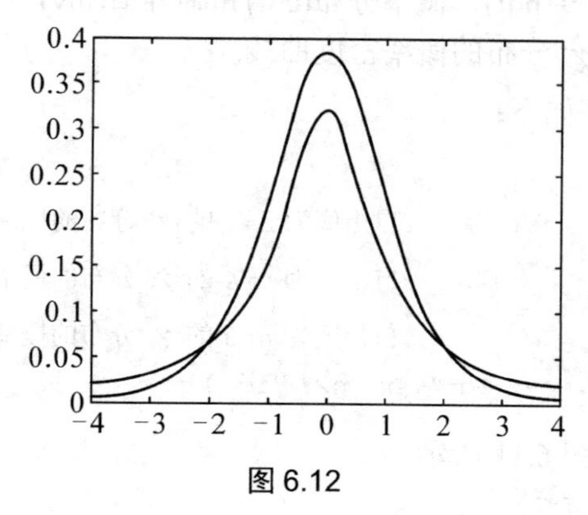

图 6.12

例 6　自由度 $v1$=30，$v2$=40，作 F 分布的概率密度和概率分布的函数图形，其中 x 在区间[0, +∞)取值.

解 用 MATLAB 计算如下:

```
>> x=[0:0.1:12];
>> y=fpdf(x, 30, 40);
>> plot(x, y, 'r-')
title('F(30, 40)分布密度函数图形')
```

$F(30, 40)$分布密度函数图形如图 6.13 所示.

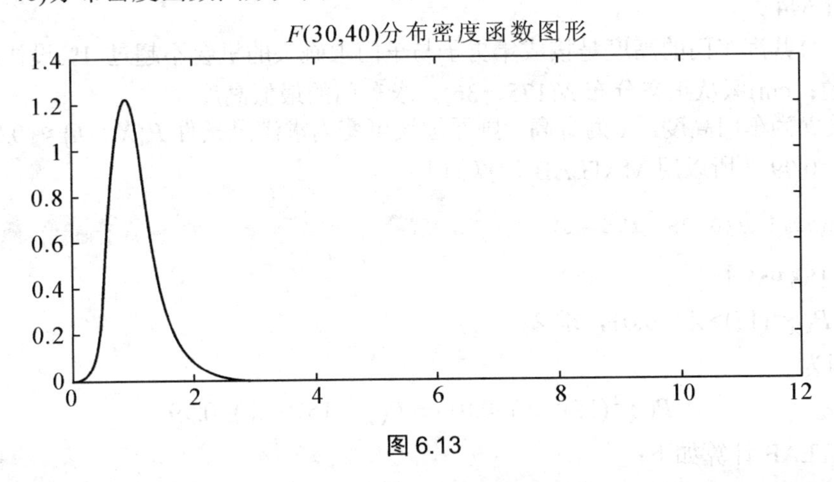

图 6.13

```
>> x=[0:0.1:8];
>> y=fcdf(x, 30, 40);
>> plot(x, y, 'r-')
>>title('F(30, 40)分布概率分布函数图形')
```

$F(30, 40)$分布概率分布函数图形如图 6.14 所示.

注意 对任意统计量 X 的分布函数为 $F(X)=P(X\leqslant x)$, MATLAB 默认所有统计量的分布函数为 $F(x)=P(X\leqslant x)$, 这一点与一般书中的临界值表上给出的分布函数是不同的, 在计算临界值时希望读者给予充分的注意.

以下在 MATLAB 程序中一律以 x 代替 λ.

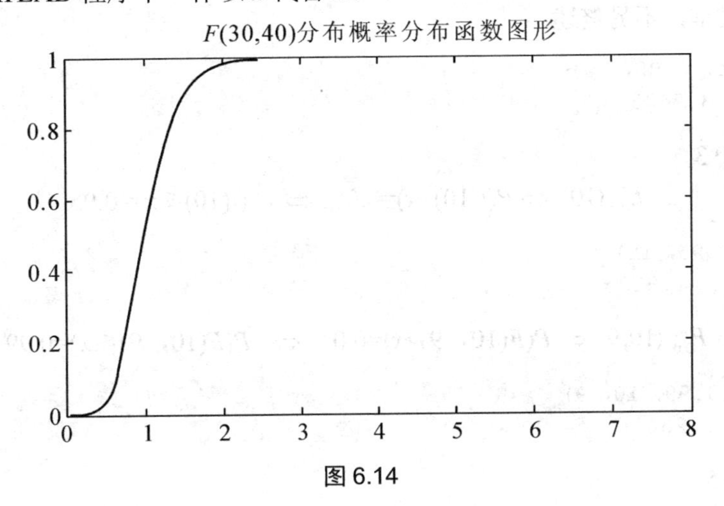

图 6.14

例 7　$P(u>\lambda)=0.05$，求 λ.

解　标准正态分布的分布函数 $\Phi(U<x)=\alpha$.

$P(u>\lambda)=0.05 \Leftrightarrow P(u\leqslant\lambda)=0.95$

故用 MATLAB 计算如下：

```
>> norminv(0.95, 0, 1)
>> ans = 1.6449.
```

即 $\lambda=1.644\,9$.

例 8　公共汽车门的高度是按成年男子与车门顶碰头的机会不超过 1%设计的. 设男子身高 X(单位：cm)服从正态分布 $N(175，36)$，求车门的最低高度.

解　设 h 为车门高度，X 为身高，则原题设可变为求满足条件 $P\{X>h\}\leqslant 0.01$ 的 h，即 $P\{X<h\}\geqslant 0.99$，所以用 MATLAB 计算如下：

```
>>h=norminv(0.99, 175, 6)
```

即 $h=188.958\,1$.

例 9　$P(\chi^2(15)>\lambda)=0.01$，求 λ.

解　因为

$$P(\chi^2(15)>\lambda)=0.01 \Leftrightarrow P(\chi^2(15)\leqslant\lambda)=0.99$$

用 MATLAB 计算如下：

```
>> x=chi2inv(0.99, 15);
>> [x]
ans =   30.5779
```

即 $\lambda=30.577\,9$.

例 10　求传统概率统计书中的几个临界值：$\chi^2_{0.95}(10)$、$t_{0.05}(10)$、$F_{0.01}(10,9)$.

解

$$\chi^2_{0.95}(10)=P(\chi^2(10)>\lambda)=0.95 \Leftrightarrow P(\chi^2(10)\leqslant\lambda)=0.05$$

“$\Leftrightarrow$”的左边是在传统概率统计书中临界值表上的概率分布函数的意义，“$\Leftrightarrow$”的右边是等价地转化为 MATLAB 默认的概率分布函数，做了这种转化后才能在 MATLAB 中求临界值. 以下类推，不另赘述.

```
>>chi2inv(0.05, 10)
ans =    3.9403
```

即 $\lambda=3.940\,3$.

$$t_{0.05}(10) \Leftrightarrow P(t(10)>x)=0.05 \Leftrightarrow P(t(10)\leqslant x)=0.95$$

```
>>tinv(0.95, 10)
>>ans =    1.8125
```

$$F_{0.01}(10,9) \Leftrightarrow P(F(10,9)>x)=0.01 \Leftrightarrow P(F(10,9)\leqslant x)=0.99$$

```
>> finv(0.99, 10, 9)
ans =    5.2565
```

即 $x=5.256\,5$.

例 11 有两组(每组 10 个元素)正态随机数据，其均值为 10，均方差为 2，求 95%的置信区间和参数估计值.

解 用 MATLAB 计算如下：

```
>>r = normrnd (10, 2, 10, 2);        %产生两列正态随机数据
>>[mu, sigma, muci, sigmaci] = normfit(r)
```

则结果为：

```
mu =
  10.1455   10.0527              %各列的均值的点估计值
sigma =
   1.9072    2.1256              %各列的均方差的点估计值
muci =
    9.7652    9.6288
   10.5258   10.4766
sigmaci =
    1.6745    1.8663
    2.2155    2.4693
```

说明 muci、sigmaci 中各列分别为原随机数据各列估计值的置信区间，置信度为 95%，第一列均值的置信区间为[9.765 2，10.525 8]，第二列均值的置信区间为[9.628 8，10.476 6]；第一列标准差的置信区间为[1.674 5，2.215 5]，第二列标准差的置信区间为[1.866 3，2.469 3].

例 12 对理财产品 A 和 B，某保险公司做了 20 次随机调查，其中购买理财产品 A 的平均次数为 55%，样本方差为 0.247 5，于是理财产品 A 的经理就断言多数顾客认为理财产品 A 更好。问此结论有无充分的统计依据？(置信度为 95%)

分析：设购买产品 A 的次数百分比总体均值为μ，则本题是未知总体方差 σ^2，求购买产品 A 的次数百分比总体均值 μ 的 95%的置信区间，应选 T 变量做区间估计，

$$\overline{x}_1 + t_{0.025}(19)\sqrt{\frac{0.2475}{20}} = 0.55+2.093\times0.111\ 243=0.782\ 7$$

$$\overline{x}_1 - t_{0.025}(19)\sqrt{\frac{0.2475}{20}} = 0.55-2.093\times0.111\ 243=0.317\ 3$$

注意：Matlab 中 4 大分布的临界值定义均为为 P(X≤x)=α，故

```
>> tinv(0.975,19)          ans = 2.093 0
```

μ_1 的 95%的置信区间为 Θ_{A1}=[0.317 3,0.782 7]

类似地，产品 B 的总体均值的μ_2 的 95%的置信区间：

$$\overline{x}_2 + t_{0.025}(19)\sqrt{\frac{0.2475}{20}} = 0.45+2.093\times0.111\ 243=0.682\ 7$$

$$\overline{x}_2 - t_{0.025}(19)\sqrt{\frac{0.2475}{20}} = 0.45-2.093\times0.111\ 243=0.217\ 3$$

μ_2 的 95%的置信区间：Θ_{B1}=[0.217 3,0.682 7]

$\Theta_{A1}\supset\Theta_{B1}$，故不能认为多数顾客认为产品 A 更好.

当被调查的次数为 60 次时，μ_1 的 95%的置信区间为

$$\bar{x}_1 + t_{0.025}(59)\sqrt{\frac{0.2475}{60}} = 0.55+2.001\times0.064\,2=0.678\,5$$

$$\bar{x}_1 - t_{0.025}(59)\sqrt{\frac{0.2475}{60}} = 0.55-2.001\times0.064\,2=0.421\,5$$

```
>> tinv(0.975,59)          ans = 2.001 0
```

Θ_{A2}=[0.421 5, 0.678 5]

可知μ_2 的 95%的置信区间为Θ_{B2}=[0.321 5, 0.578 5]，

Θ_{A2}与Θ_{B2}有交集，故不能认为多数顾客认为产品 A 更好。

当被调查的次数为 960 次时，μ_1 的 95%的置信区间为：

$$\bar{x}_1 + t_{0.025}(959)\sqrt{\frac{0.2475}{960}} = 0.55+1.962\,4\times0.016\,1=0.581\,6$$

$$\bar{x}_1 - t_{0.025}(959)\sqrt{\frac{0.2475}{960}} = 0.55-1.962\,4\times0.064\,226=0.518\,4$$

```
>> tinv(0.975,959)        ans =1.962 4
```

Θ_{A3}=[0.518 4, 0.581 6],

并且μ_2 的 95%的置信区间为Θ_{B3}=[0.418 4, 0.481 6]

统计结论：因为两个置信区间不交，所以有显著证据说明顾客认为产品 A 更好，即样本不变时，样本容量越大，样本的代表性越好，故从样本提供的信息得到两个总体有显著差异的可能性会更大。

习 题 6.5

1．$X\sim N(0,1)$，在 $X\in(-20,20)$内作正态分布的概率密度和概率分布函数的图形.

2．在[0，3]内作 $t(10-1)$分布的概率密度和概率分布函数的图形. (提示：用 tpdf(x，n) 和 tcdf(x，n)命令作图.)

3．$\Phi(\lambda)=0.995$，求λ. (提示：用 norminv 命令求值.)

4．$P(\chi^2(15)>\lambda)=0.01$，求$\lambda$.

5．已知 $P(t(8)>\lambda)=0.1$，求λ. (提示：先转化为等价事件 $F(X)=P(X\leqslant x)$，再通过 tinv(alpha，n)命令求值.)

6．在 MATLAB 中求临界值: $t_{0.005}(15)$、$F_{0.05}(12,5)$.

7．大批糖果，现从中随机地取 16 袋，称得其质量(单位：g)如下：

506　508　499　503　504　510　497　512
514　505　493　496　506　502　509　496

设袋装糖果的质量近似服从正态分布，试求总体均值μ、σ的置信水平为 0.95 的置信区间.

8．分别使用金球和铂球测定引力常数.

(1) 用金球测定的观察值为

6.683　6.681　6.676　6.678　6.679　6.672

(2) 用铂球测定的观察值为

$$6.661 \quad 6.661 \quad 6.667 \quad 6.667 \quad 6.664$$

设测定值总体为 $N(\mu,\sigma^2)$，μ 和 σ 为未知. 对(1)、(2)两种情况分别求 μ 和 σ 的置信度为 0.9 的置信区间.

§6.6　参数估计应用案例

产品质量标准对于质量的控制——一般产品的质量都有国家标准，企业生产的产品必须符合国家标准才准销售，但有些情况下某些新产品没有国家标准，此时企业内部必须制定企业标准，并予以发布. 对企业来讲，标准高了，生产成本高，但是有较强的市场竞争力；标准低了，节约了成本，但影响产品的销售.

如某材料加工厂，生产某种新型材料的抗弯拉强度值服从正态分布(暂没有国家标准). 现对其产品进行抽样检测，抽检 10 个样本，测得的抗弯拉强度值(单位：MP)如下

$$3.23 \quad 3.28 \quad 3.36 \quad 3.42 \quad 2.92 \quad 2.85 \quad 3.13 \quad 2.72 \quad 2.84 \quad 3.45$$

此时，该厂应该如何针对这个新材料制定企业标准呢？对于企业而言，所需考虑的问题是所设的抗弯拉强度大于多少为合格品，即 μ_0 应如何设定？另外，从工厂的管理层来看，希望产品质量比较稳定，因此希望该材料的抗弯拉强度值变化不能太大，那么应当进行怎样的质量控制呢？试给出解决问题的方案.

解　对于新产品的质量标准 ，由于没有国家标准，此时企业要制定内部标准，对于企业来讲，制定的标准是尽量使得大多数产品是合格的，尽可能使抗弯拉强度的均值 μ_0 也要比较大，因此可以考虑置信度为 95%的置信区间. 不妨设样品的抗弯拉值为随机变量 X，由题设知 $X\sim N(\mu,\sigma^2)$，其中 σ^2 未知，$n=10$，现在要求出抗弯拉强度值的 95%的置信区间.

根据本章区间估计的知识，可以考虑用枢轴量 $T(X,\mu)=\dfrac{\overline{X}-\mu}{S/\sqrt{n}}\sim t(n-1)$，对 μ 作出估计，得到它的一个置信水平为 95%的置信区间，即

$$\left(\overline{X}-\frac{S\,t_{\alpha/2}(n-1)}{\sqrt{n}},\overline{X}+\frac{S\,t_{\alpha/2}(n-1)}{\sqrt{n}}\right)$$

由样本观测值算出样本均值 $\bar{x}$=3.12，$s^2=0.27$，自由度为 9，查表得 $t_{0.025}(9)=2.26$，代入上述的置信区间中，得到 μ_0 的一个 95%的置信区间为 $(2.73\ ,3.51)$.

所以对于厂家而言，可以制定抗弯拉强度的标准为 2.73MP，并且至少有 95%的产品是合格的(因为 μ_0 大于 2.73 的概率肯定是大于 95%). 销售时，不会出现大批退货的现象，对于生产车间来说，生产的产品的抗弯拉强度如果落在小于 2.73MP 的范围内，受一定的惩罚也是应该的.

对于质量控制主要应从两个方面考虑：一方面抗弯拉强度均值 μ_0 不应低于 2.73MP；另一方面抗弯拉强度的方差不能太大. 因此可以考虑抗弯拉强度方差的 95%的置信区间.

该问题是属于 μ 未知时，对 σ^2 的置信区间进行估计的问题，利用枢轴量

$$\chi^2(X,\sigma^2)=\frac{1}{\sigma^2}\sum_{i=1}^{n}(X_i-\overline{X})^2\sim\chi^2(n-1)$$

方差σ^2的一个置信水平为$1-\alpha$的置信区间为

$$\left(\frac{S^2(n-1)}{\chi^2_{\alpha/2}(n-1)},\frac{S^2(n-1)}{\chi^2_{(1-\alpha/2)}(n-1)}\right)$$

对于给定的$\alpha=0.05$，查表可得$\chi^2_{0.025}(9)=19.02,\chi^2_{0.975}(9)=2.70$. 因此可以得到方差$\sigma^2$的一个置信水平为95%的置信区间为(0.126 7 , 0.892 8)，所以当产品的抗弯拉强度的方差在该置信区间之外时，就有理由相信该车间的生产有问题了.

练习题：独家销售商品广告问题

对于独家销售商品广告而言，假定商品销售与广告之间满足如下条件.

(1) 商品的销售速度因为做广告而增加，但这种增加有一定限度，当商品在市场上趋于饱和时，销售速度趋向于它的极限值，当速度达到它的极限值时，无论再用何种形式做广告，销售速度都将减慢.

(2) 自然衰减是销售速度的一种性质，即商品销售速度随商品的销售率的增加而减少.

(3) 令$s(t)$为t时刻的商品销售速度；$A(t)$为t时刻的广告水平(以费用表示)；M为销售的饱和水平，即市场对商品的最大容纳能力，它表示销售速度的上极限；λ为衰减因子，即广告作用随时间增长而自然衰减的速度，$\lambda>0$为常数. 试求广告与销售之间的数学关系式. 如何评价不同时期的广告效果？

提示：常微分方程、参数估计、最小二乘法.

第7章 假设检验

统计推断中的另一类重要问题是假设检验. 而假设检验又可以分为两类：一类是总体分布形式已知，为了推断总体的某些性质，对其参数作某种假设，一般对数字特征作假设，再用样本来检验此项假设是否成立，称此类假设为参数的假设检验；另一类是总体形式未知，对总体分布作某种假设，例如假设总体服从泊松分布，再用样本来检验假设是否成立，称此类检验为分布的假设检验.本章主要介绍参数的假设检验.

§7.1 参数的假设检验

7.1.1 假设检验的基本概念和基本思想

假设检验通常是由直观或根据经验对观测对象总体的某种性态作出假设,然后根据样本信息对假设的正确性进行检验. 下面通过例子介绍假设检验的基本概念.

例 1 某工厂自动奶粉包装机的装包量 X 服从正态分布 $N(\mu,0.015^2)$，每袋的标准重量规定为0.5 kg. 为检验包装机的工作是否正常，随机抽取包装的9袋奶粉，测得重量(单位：kg)如下.

0.499 0.515 0.508 0.512 0.498 0.515 0.516 0.513 0.524

问该包装机的工作是否正常?

在此例中，包装机的包装量 X 服从正态分布 $N(\mu,0.015^2)$.检验包装机工作是否正常就是检验所装奶粉的均值 μ 是否等于 0.5kg，即检验等式“ $\mu=0.5$ ”是否成立.因而对总体的均值作出假设 $H_0:\mu=0.5$，然后利用 9 个样本值去判断假设的正确性，从而作出接受或拒绝假设的决定.

例 2 某种建筑材料，其抗断强度 X 的分布往往服从正态分布，今改变了配料方案，试判断其抗断强度的分布是否仍为正态分布.

为了解决这个问题，可以先作假设 H_0:改变了配料方案后，建筑材料的抗断强度的分布仍为正态分布，然后利用样本值判断假设的正确性，从而作出接受或拒绝假设的决定.

上述两例都是先对总体作出某种假设(记为 H_0)，然后利用样本值判断假设的正确性，从而作出接受或拒绝假设的决定，这种统计方法称为**假设检验**.

在例 1 中，总体分布的类型已知，对总体分布中的参数作出的假设检验称为**参数假设检验**.

在例 2 中，总体所服从的分布形式未知， 在此前提下对总体服从的某种分布作出的假设检验称为**非参数假设检验**.

上述提出的假设 H_0 通常称为**原假设**，与原假设相反的假设称为**对立假设**或**备选假设**，记为 H_1. 在假设检验中，哪一个作为原假设，哪一个作为备选假设，通常基于这样一个原则，

即 H_0 是希望被接受的假设. 进行假设检验的基本方法类似于数学证明中的反证法，但带有概率性质. 为了检验一个假设是否成立，应先假定这个假设成立，在此前提下进行推导. 如果导致了一个不合理现象的出现，则表明该假设不成立，因此拒绝这个假设；如果没有导致不合理现象的出现，则接受这个假设. 其中，“不合理现象”的标准是实践中经常用到的**小概率原理**，即**小概率事件在一次实验中几乎是不可能发生的**. 如果发生了，则认为是不合理现象，这时有理由怀疑原假设 H_0 的正确性，从而拒绝该假设. 那么，什么算小概率事件呢？一般来说，没有一个统一的规定，在假设检验中概率为0.01、0.05的事件就算小概率事件了.

假设检验不是绝对可靠的，它可能会发生错误，它可能发生的错误一类叫做**弃真错误**，是以真为假性质的错误；另一类叫做**存伪错误**，是以假为真性质的错误.

在例1中，如果假设包装机工作正常，即假设 $H_0: \mu = 0.5$ 正确，则装包量 $X \sim N(0.5, 0.015^2)$，样本均值 $\overline{X} \sim N(0.5, \frac{0.015^2}{9})$，因而统计量

$$U = \frac{\overline{X} - 0.5}{\sqrt{0.015^2/9}} \sim N(0,1)$$

给定一个小概率 α，称为**显著性水平**，反查标准正态分布表得 $U_{\frac{\alpha}{2}}$，使得

$$P\left\{\left|\frac{\overline{X} - 0.5}{\sqrt{0.015^2/9}}\right| \geqslant U_{\frac{\alpha}{2}}\right\} = \alpha$$

若取 $\alpha = 0.05$，则 $U_{\frac{\alpha}{2}} = 1.96$，则有

$$P\left\{\left|\frac{\overline{X} - 0.5}{\sqrt{0.015^2/9}}\right| \geqslant 1.96\right\} = 0.05$$

这表明，当 $H_0: \mu = 0.5$ 为真时，事件 $\left\{\left|\frac{\overline{X} - 0.5}{\sqrt{0.015^2/9}}\right| \geqslant 1.96\right\}$ 的概率为 0.05，是一个小概率事件.对于所给的样本值计算统计量的观察值 $u = \frac{\overline{x} - 0.5}{\sqrt{0.015^2/9}}$，则有

$$|u| = \left|\frac{\overline{x} - 0.5}{\sqrt{0.015^2/9}}\right| = 2.2 > 1.96$$

这就是说小概率事件 $\left\{\left|\frac{\overline{X} - 0.5}{\sqrt{0.015^2/9}}\right| \geqslant 1.96\right\}$ 在一次抽样中发生了. 因此，有理由怀疑原假设的正确性，从而有理由拒绝原假设，即认为包装机工作不正常.

拒绝原假设 H_0 的区域称为拒绝域，例如上例中的拒绝域为 $|u| \geqslant 1.96$. 拒绝域以外的区域称为接受域，例如上例中的接受域为 $|u| < 1.96$.

综上所述，假设检验的一般步骤如下.

(1) 根据实际问题提出原假设 H_0 及备选假设 H_1.

(2) 构造一个合适的检验统计量，在 H_0 成立的条件下确定它的分布.

(3) 给定显著性水平 α，由统计量的分布确定对应于 α 的临界值，求出拒绝域.

(4) 由样本观察值计算出检验统计量的值，若该值落入拒绝域，则拒绝假设 H_0，否则，

接受假设 H_0，最后写出统计结论.

7.1.2 对均值的假设检验

1. U 检验 (一个正态总体方差 σ^2 已知，对该总体均值 $\mu=\mu_0$ 作假设检验)

设总体 $X \sim N(\mu,\sigma^2)$，$(X_1, X_2, \cdots, X_n)$ 是取自总体 X 的一个样本，样本均值和样本方差分别为 $\overline{X}$ 与 S^2，若总体方差 σ^2 已知，检验 $\mu=\mu_0$.

U 检验步骤如下.

(1) 提出假设 $H_0:\mu=\mu_0$；$H_1:\mu\neq\mu_0$.

(2) 构造统计量 $U=\dfrac{\overline{X}-\mu_0}{\sigma/\sqrt{n}}$，当 H_0 成立时，$U\sim N(0,1)$.

(3) 对给定的显著性水平 α，反查标准正态分布表得 $U_{\frac{\alpha}{2}}$，使其满足

$$P(|U|\geqslant U_{\frac{\alpha}{2}})=\alpha$$

由此得 H_0 的拒绝域为 $|U|\geqslant U_{\frac{\alpha}{2}}$.

(4) 利用样本值 $(x_1, x_2, \cdots, x_n)$ 计算得统计量 U 的值为 $u=\dfrac{\overline{x}-\mu_0}{\sigma/\sqrt{n}}$，若 u 落入拒绝域，即 $|u|\geqslant U_{\frac{\alpha}{2}}$，则拒绝 H_0；若 u 落入接受域，即 $|u|< U_{\frac{\alpha}{2}}$，则接受 H_0.

例 3 某砖厂生产的砖的“抗断强度” X 服从正态分布，方差 $\sigma^2=1.21$，从该厂的产品中随机抽取 6 块，测得抗断强度(单位：$\mathrm{kg\cdot cm^{-2}}$)如下.

32.56　29.66　31.64　30.00　31.87　31.03

检验这批砖的平均抗断强度为 $32.50\,\mathrm{kg\cdot cm^{-2}}$ 是否成立(取 $\alpha=0.05$).

解 (1) 提出假设 $H_0:\mu=\mu_0=32.50$；$H_1:\mu\neq\mu_0$.

(2) 构造统计量 $U=\dfrac{\overline{X}-32.5}{1.1/\sqrt{6}}$，若当 H_0 成立时，$U\sim N(0,1)$.

(3) 对给定的显著性水平 $\alpha=0.05$，查标准正态分布表得 $U_{\frac{\alpha}{2}}=1.96$，使其满足

$$P(|U|\geqslant 1.96)=0.05$$

因此 H_0 的拒绝域为 $|U|\geqslant 1.96$.

(4) 计算统计量的观察值

$$u=\frac{\overline{x}-32.5}{1.1/\sqrt{6}}=\frac{31.13-32.50}{1.1/\sqrt{6}}=-3.05$$

由于 $|u|=3.05>1.96$，所以在显著性水平 $\alpha=0.05$ 下拒绝 H_0，即不能认为这批砖的平均抗断强度为 $32.50\,\mathrm{kg\cdot cm^{-2}}$.

2. t 检验 (一个正态总体方差 σ^2 未知，对该总体均值 $\mu=\mu_0$ 作假设检验)

设总体 $X\sim N(\mu,\sigma^2)$，$(X_1, X_2, \cdots, X_n)$ 是取自总体 X 的一个样本，样本均值和样本方差分别为 $\overline{X}$ 与 S^2，若总体方差 σ^2 未知，检验 $\mu=\mu_0$.

t 检验步骤如下.

(1) 提出假设 $H_0: \mu = \mu_0; H_1: \mu \neq \mu_0$.

(2) 构造统计量 $T = \dfrac{\overline{X} - \mu_0}{S/\sqrt{n}}$，当 H_0 成立时，由第 6 章定理 3 知 $T \sim t(n-1)$.

(3) 对给定的显著性水平 α，由自由度 $n-1$ 查 t 分布表得 $t_{\alpha/2}(n-1)$，使其满足

$$P\{|T| \geqslant t_{\alpha/2}(n-1)\} = \alpha$$

由此得 H_0 的拒绝域为 $|T| \geqslant t_{\alpha/2}(n-1)$.

(4) 利用样本值 $(x_1, x_2, \cdots, x_n)$ 计算得统计量 T 的值为 $t = \dfrac{\overline{x} - \mu_0}{s/\sqrt{n}}$，若 t 落入拒绝域，即 $|t| \geqslant t_{\alpha/2}(n-1)$，则拒绝 H_0;若 t 落入接受域，即 $|t| < t_{\alpha/2}(n-1)$，则接受 H_0.

例 4 健康成年男子脉搏平均为 72 次/min，高考体检时，某校参加体检的 26 名男生的脉搏平均为 74.2 次/min，标准差为 6.2 次/min，问此 26 名男生每分钟脉搏次数与一般成年男子有无显著差异($\alpha = 0.05$)?

分析：题意是问这 26 名男生是否是来自 $\mu_0 = 72$ 的总体，由于总体方差未知，只能用 t 检验.

解 (1) 提出假设 $H_0: \mu = \mu_0 = 72; H_1: \mu \neq \mu_0$.

(2) 构造统计量 $T = \dfrac{\overline{X} - 72}{S/\sqrt{26}}$，当 H_0 成立时，$T \sim t(25)$.

(3) 对给定的显著性水平 $\alpha = 0.05$，由自由度 25 查 t 分布表得 $t_{\alpha/2}(25) = 2.06$，使其满足

$$P\{|T| \geqslant 2.06\} = 0.05$$

由此得 H_0 的拒绝域为 $|T| \geqslant 2.06$.

(4) 计算统计量的观察值

$$t = \frac{\overline{x} - \mu_0}{s/\sqrt{n}} = \frac{74.2 - 72}{6.2/\sqrt{26}} \approx 1.81$$

由于 $|t| = 1.81 < 2.06$，所以在显著性水平 $\alpha = 0.05$ 下接受 H_0，即这 26 名男生每分钟脉搏次数与一般成年男子无显著差异.

7.1.3 对方差的假设检验

1. χ^2 检验(一个正态总体均值 μ 未知，对该总体方差 $\sigma^2 = {\sigma_0}^2$ 作假设检验)

设总体 $X \sim N(\mu, \sigma^2)$，$(X_1, X_2, \cdots, X_n)$ 是取自总体 X 的一个样本，样本方差为 S^2，通常在讨论 μ 未知的情况下，检验 $\sigma^2 = {\sigma_0}^2$.

χ^2 检验步骤如下.

(1) 提出假设 $H_0: \sigma^2 = \sigma_0^2; H_1: \sigma^2 \neq \sigma_0^2$.

(2) 构造统计量 $\chi^2 = \dfrac{n-1}{\sigma_0^2} S^2$，当 H_0 成立时，由第 6 章定理 2 知 $\chi^2 \sim \chi^2(n-1)$.

(3) 对给定的显著性水平 α，由自由度 $n-1$ 查 χ^2 分布表得 $\chi^2_{1-\alpha/2}(n-1)$ 和 $\chi^2_{\alpha/2}(n-1)$，使

其满足

$$P\left\{\chi^2 \leqslant \chi^2_{1-\alpha/2}(n-1)\right\} = P\left\{\chi^2 \geqslant \chi^2_{\alpha/2}(n-1)\right\} = \frac{\alpha}{2}$$

由此得 H_0 的拒绝域为

$$\left[0, \chi^2_{1-\alpha/2}(n-1)\right) \cup \left(\chi^2_{\alpha/2}(n-1), +\infty\right)$$

(4) 利用样本值 $(x_1, x_2, \cdots, x_n)$ 计算得统计量 T 的值为 $\chi^2 = \dfrac{n-1}{\sigma_0^2} s^2$，若 χ^2 落入拒绝域，则拒绝 H_0；若 χ^2 落入接受域，则接受 H_0.

例 5　在正常的生产条件下，某产品的测试指标总体 $X \sim N(\mu_0, \sigma_0^2)$，其中 $\sigma_0 = 0.23$.从产品中随机地抽取 10 件，测得样本标准差 $s = 0.33$，试在检验水平 $\alpha = 0.05$ 的情况下，检验方差是否有显著变化?

解　(1) 提出假设 $H_0: \sigma^2 = \sigma_0^2 = 0.23^2; H_1: \sigma^2 \neq \sigma_0^2$.

(2) 构造统计量 $\chi^2 = \dfrac{9}{0.23^2} S^2$，当 H_0 成立时，$\chi^2 \sim \chi^2(9)$.

(3) 对给定的显著性水平 $\alpha = 0.05$，由自由度 9 查 χ^2 分布表得 $\chi^2_{1-\alpha/2}(9) = 2.7$ 和 $\chi^2_{\alpha/2}(9) = 19.023$，使其满足

$$P\left\{\chi^2 \leqslant 2.7\right\} = P\left\{\chi^2 \geqslant 19.023\right\} = 0.025$$

由此得 H_0 的拒绝域为

$$\left[0, 2.7\right) \cup \left(19.023, +\infty\right)$$

(4) 利用样本值得统计量 T 的值为

$$\chi^2 = \frac{9}{0.23^2} \times 0.33^2 = 18.53$$

由于 $2.7 < \chi^2 = 18.53 < 19.023$，所以接受 H_0，从而认为产品的方差没有显著变化.

2.　*F* 检验(对两个正态总体的方差 $\sigma_1{}^2 = \sigma_2{}^2$ 作假设检验)

设总体 $X \sim N(\mu_1, \sigma_1{}^2)$，$Y \sim N(\mu_2, \sigma_2{}^2)$，$X$ 与 Y 相互独立，$(X_1, X_2, \cdots, X_n)$ 与 $(Y_1, Y_2, \cdots, Y_n)$ 分别是取自总体 X 与 Y 的样本，样本方差分别为 $S_1{}^2$ 和 $S_2{}^2$，检验 $\sigma_1{}^2 = \sigma_2{}^2$.

F 检验步骤如下.

(1) 提出假设 $H_0: \sigma_1^2 = \sigma_2^2; H_1: \sigma_1^2 \neq \sigma_2^2$.

(2) 构造统计量 $F = \dfrac{S_1^2}{S_2^2}$，当 H_0 成立时，由第 6 章定理 4 知 $F \sim F(n_1 - 1, n_2 - 2)$.

(3) 对给定的显著性水平 α，由自由度 $(n_1 - 1, n_2 - 1)$ 查 F 分布表得 $F_{1-\alpha/2}(n_1 - 1, n_2 - 1)$ 和 $F_{\alpha/2}(n_1 - 1, n_2 - 1)$，使其满足

$$P\{F \leqslant F_{1-\alpha/2}(n_1 - 1, n_2 - 1)\} = P\{F \geqslant F_{\alpha/2}(n_1 - 1, n_2 - 1)\} = \frac{\alpha}{2}$$

由此得 H_0 的拒绝域为

$$\left[0, F_{1-\alpha/2}(n_1 - 1, n_2 - 1)\right) \cup \left(F_{\alpha/2}(n_1 - 1, n_2 - 1), +\infty\right)$$

(4) 利用样本值$(x_1,x_2,\cdots,x_n)$计算得统计量 F 的值为$F=\dfrac{s_1^2}{s_2^2}$，若F落入拒绝域，则拒绝H_0；若F落入接受域，则接受H_0.

例 6　设甲、乙两台机床加工同一种轴，假定各台机床加工轴的直径X、Y服从正态分布，从这两台机床加工的轴中分别抽取若干根，测得数据如下

$$m=8,\bar{x}=19.93,s_1^2=0.216$$

$$n=7,\bar{y}=20.00,s_2^2=0.397$$

试比较甲、乙两台机床加工轴的精度有无显著差异($\alpha=0.05$).

解 (1) 提出假设$H_0:\sigma_1^2=\sigma_2^2;H_1:\sigma_1^2\neq\sigma_2^2$.

(2) 构造统计量 $F=\dfrac{S_1^2}{S_2^2}$，当H_0成立时，$F\sim F(7,6)$.

(3) 对给定的显著性水平$\alpha=0.05$，由自由度$(7,6)$查F分布表得$F_{1-\alpha/2}(7,6)=0.195$和$F_{\alpha/2}(7,6)=5.70$，使其满足

$$P\{F\leqslant 0.195\}=P\{F\geqslant 5.70\}=0.025$$

由此得H_0的拒绝域为

$$[0,0.195)\cup(5.70,+\infty)$$

(4) 利用样本值得统计量F的值为

$$F=\frac{s_1^2}{s_2^2}=\frac{0.216}{0.397}=0.544$$

由于$0.195<F=0.544<5.70$，所以接受H_0，从而认为两正态总体的方差无显著差异.

*7.1.4. 两个正态总体均值的假设检验

设X、Y是两个总体，且$X\sim N(\mu_1,\sigma_1^2),Y\sim N(\mu_2,\sigma_2^2)$，$(X_1,X_2,\cdots,X_m)$是来自于$X$的样本，样本容量为 m，样本均值为$\bar{X}$,样本方差为S_1^2；$(Y_1,Y_2,\cdots,Y_m)$是来自于Y的样本，样本容量为n，样本均值为$\bar{Y}$,样本方差为S_2^2；
且

$$\bar{X}-\bar{Y}\ \sim\ N\left(\mu_1-\mu_2,\frac{\sigma_1^2}{m}+\frac{\sigma_2^2}{n}\right)$$

如果$\mu_1=\mu_2$，则标准化后有

$$U=\frac{\bar{X}-\bar{Y}}{\sqrt{\dfrac{\sigma_1^2}{m}+\dfrac{\sigma_2^2}{n}}}\sim N(0,1)\tag{7-1}$$

当总体方差σ_1^2、σ_2^2已知时选U统计量，作 **U 检验**.

当总体方差σ_1^2、σ_2^2未知时，不能用S_1^2、S_2^2直接代替上式中的σ_1^2和σ_2^2，而是用混合方差S^2.

$$S^2=\frac{(m-1)S_1^2+(n-1)S_2^2}{m+n-2}$$

可以证明如果 $\mu_1=\mu_2$，且 $\sigma_1^2=\sigma_2^2$（叫方差齐性）以 S^2 代替(7-1)式中的 σ_1^2 和 σ_2^2，便得 t 统计量

$$T=\frac{\overline{X}-\overline{Y}}{S\sqrt{\frac{1}{m}+\frac{1}{n}}}\sim t(m+n-2) \tag{7-2}$$

当总体方差 σ_1^2、σ_2^2 未知时选 T 统计量，作 **t 检验**.

当 m=n 时，(7-2)式可以化为

$$T=\frac{\overline{X}-\overline{Y}}{\sqrt{\frac{S_1^2+S_2^2}{n}}}\sim t(2n-2)$$

这相当于用 S_1^2、S_2^2 代替(7-1)式中的 σ_1^2 和 σ_2^2，这时也是作 t 检验.

例 7　为了研究一种新化肥对种植小麦的效力，选用 13 块条件相同面积相等的土地进行试验，施肥的土地有 6 块，产量分别为 34，35，30，33，34，32；未施肥的土地有 7 块，产量分别为 29，27，32，28，32，31，31.问这种化肥能否提高小麦产量(a=0.05)?

解　设 $X\sim N(\mu_1,\sigma_1^2)$，$Y\sim N(\mu_2,\sigma_2^2)$，$m$=6,$n$=7.为了选择统计量，这事实上是检验两个正态总体均值有无显著差异的问题.

第一步：检验方差齐性.

(1) 假设 H_0：$\sigma_1^2=\sigma_2^2$，　H_1：$\sigma_1^2\neq\sigma_2^2$，选用 F 统计量，即 $F=\frac{S_1^2}{S_2^2}$

(2) 计算统计量：在 Excel (或 MATLAB)中计算得 $\overline{x}$=33，$\overline{y}$=30，S_1^2=3.2，S_2^2=4，则

$$F=\frac{S_1^2}{S_2^2}=\frac{3.2}{4}=0.8$$

(3) 查临界值，求拒绝域.

$$F_{0.025}(5,6)=5.99\quad F_{0.975}(5,6)=\frac{1}{F_{0.025}(6,5)}=\frac{1}{6.98}\approx 0.143\,3$$

(4) 比较统计量与临界值大小，得结论：$F_{0.975}(5,6)<F<F_{0.025}(5,6)$，样本值未落入拒绝域，故接受假设，即认为有方差齐性 $\sigma_1^2=\sigma_2^2$.

第二步：检验均值.

(1) 假设 H_0：　$\mu_1\leqslant\mu_2$；H_1：$\mu_1>\mu_2$.

(2) 由于 $\sigma_1^2=\sigma_2^2$，选用 T 统计量.

$$T=\frac{\overline{X}-\overline{Y}}{S\sqrt{\frac{1}{m}+\frac{1}{n}}}\sim t(m+n-2)$$

$$S^2=\frac{(m-1)S_1^2+(n-1)S_2^2}{m+n-2}=\frac{5\times 3.2+6\times 4}{6+7-2}=\frac{40}{11}$$

$$T=\frac{33-30}{\sqrt{\frac{40}{11}(\frac{1}{6}+\frac{1}{7})}}=2.828$$

（3） $t_{0.05}(6+7-2)=1.795\,9$，$T>t_{0.05}(11)$ 满足拒绝不等式.

（4） $T=2.828>t_{0.05}(11)=1.795\,9$，拒绝 H_0，即认为这种化肥能显著提高小麦产量.

*7.1.5 非参数假设检验

上述的参数假设检验是在已知总体分布类型的情况下，对未知参数进行假设检验. 非参数检验是指在总体分布未知的情况下，对总体的有关特性进行假设检验，本节介绍直方图法和皮尔逊检验法.

例 8 对某种化纤产品的强度进行强力试验，抽取 100 个样品，测试的数据记录如下：

6.1 7.1 6.2 7.6 5.1 … 4.2 … 8.9 … 5.4 6.6 6.3

这里省略了中间的 90 个数据，查找出其中数据的最小值 $m=4.2$，最大值 $M=8.9$，极差为 $R=M-m=4.7$，样本容量是 $n=100$.

把数据区间[4.2，8.9]等分成 k 个小区间，通常取 $k=\sqrt{n}$，故本例分成 $k=10$ 组，每个小区间长度称为**组距**，组距等于 $R/k=0.47\approx0.5$，通过四舍五入保持组距与原始数据的小数位数相一致.

将区间[4.2，8.9]稍作扩充成为[4.05,9.05]，使其长度等于组距的 k 倍，或$(k+1)$倍，于是小区间的端点依次为

4.05 4.55 5.05 5.55 6.05 6.55 7.05 7.55 8.05 8.55 9.05

这样，得分组频率统计表，见表 7-1.

表 7-1 样本分组频率统计表

组序 i	区间范围	组中值 x_i	频数 v_i	频率 f_i
1	4.05～4.55	4.3	2	0.02
2	4.55～5.05	4.8	5	0.05
3	5.05～5.55	5.3	10	0.10
4	5.55～6.05	5.8	13	0.13
5	6.05～6.55	6.3	22	0.22
6	6.55～7.05	6.8	19	0.19
7	7.05～7.55	7.3	16	0.16
8	7.55～8.05	7.8	8	0.08
9	8.05～8.55	8.3	3	0.03
10	8.55～9.05	8.8	2	0.02

解 根据表 7-1 的资料，假设 H_0 ：化纤强度服从正态分布($\alpha=0.10$).

因为质量指标通常服从正态分布，而且通过直方图已经作了初步的检验，所以 H_0 成立的可能性很大.

首先利用组中值 $x_i\,(i=1,2,\cdots,k)$，计算样本均值 $\bar{x}$ 和样本方差 S^2.

$$\bar{x}=\frac{1}{n}\sum_{i=1}^{k}v_i x_i \quad , \quad S^2=\frac{1}{n-1}\sum_{i=1}^{k}v_i(x_i-\bar{x})^2$$

依次输入数据 4.3×2，4.8×5，…，8.8×2，得 $\bar{x}=6.505$，$S=0.961\,6$.

于是原假设具体化为 H_0：$X\sim N(6.505，0.961\,6^2)$，按正态分布概率的求法，查表计算落入各区间的概率 $p_i\,(i=1,2,\cdots,10)$.

$$P_1=P(X<4.55)=\Phi\left(\frac{4.55-6.505}{0.961\,6}\right)=0.021\,2;$$

$$P_2=P(4.55<X<5.05)=\Phi\left(\frac{5.05-6.505}{0.961\,6}\right)-\Phi\left(\frac{4.55-6.505}{0.961\,6}\right)=0.044\,3;$$

…

$$P_{10}=P(X>8.55)=1-\Phi\left(\frac{8.55-6.505}{0.961\,6}\right)=0.016\,6.$$

计算结果见表 7-2.

表 7-2　化纤强度实际频数与理论频数对照表

组序	频数 v_i	理论频率 p_i	合并频数	
			实际频数 v_i	理论频数 np_i
1	2	0.021 2		
2	5	0.044 3	7	6.55
3	10	0.095 6	10	9.56
4	13	0.158 1	13	15.81
5	22	0.200 7	22	20.07
6	19	0.195 8	19	19.58
7	16	0.146 4	16	14.64
8	8	0.084 2	8	8.42
9	3	0.037 1	5	5.37
10	2	0.016 6		

假设检验 H_0 须选用皮尔逊 χ^2 统计量

$$\chi^2=\sum_{i=1}^{k}\frac{(v_i-np_i)^2}{np_i}\sim\chi^2\quad(k-r-1)$$

这是近似的 χ^2 统计量，因此要求 $n>50$，其中 r 是被估计的参数的个数，k 是组数，v_i 是实际频数，np_i 是理论频数，注意理论频数小于 5 的组要适当合并，合并后组数 k 要重新核定. 本题合并后组数为 8，计算过程中用样本估计了 2 个参数，所以 $r=2$，自由度为 8-2-1=5.

皮尔逊 χ^2 统计量的拒绝域是 $\chi^2>\chi^2_{\alpha}(k-r-1)$. 本题中拒绝域是 $\chi^2>\chi^2_{0.10}(5)=9.236$.

下面计算统计量

$$\chi^2=\frac{(7-6.55)^2}{6.55}+\frac{(10-9.56)^2}{9.56}+\cdots+\frac{(5-5.37)^2}{5.37}=0.926\,2$$

$$\chi^2=0.926\,2<\chi^2_{0.10}(5)=9.236$$

统计量落入接受域，所以接受原假设，即认为总体服从正态分布.

习　题　7.1

1．填空题.

(1) 小概率事件是____________，小概率原理是____________.

(2) 假设检验的步骤如下.

① 提出待检验的____________.

② 选择一个____________.

③ 根据显著性水平α，由相应的概率分布表，查出________，确定________.

④ 由样本值计算出____________.

⑤ 作出判断：

若____________，则原假设可接受；若____________，则否定原假设.

(3) 假设检验不是绝对可靠的，它可能会发生错误，它可能发生的错误一类叫做__________，是________性质的错误；另一类叫做________，是________性质的错误.

(4) 要检验某自动机床加工的轴的长度是否服从正态分布，需要用____________.

2．选择题.

(1) 设总体$X\sim N(\mu,\sigma^2)$，σ^2未知，$x_1,x_2,\cdots,x_n$为来自总体X的样本观测值，现在对μ进行假设检验，若在显著性水平$\alpha=0.05$下接受了H_0：$\mu=\mu_0$，则当显著性水平改为$\alpha=0.01$时，下列说法正确的是(　　).

A. 必接受H_0

B. 必拒绝H_0

C. 可能接受，也可能拒绝H_0

D. 犯第二类错误的概率必减少

(2) 砂矿的 5 个样品经检验得铜的含量为x_1,x_2,x_3,x_4,x_5(百分数). 设铜的含量服从正态分布$N(\mu,\sigma^2)$，σ^2未知. 在$\alpha=0.01$下检验$\mu=\mu_0$，则取统计量(　　).

A. $z=\dfrac{\overline{x}-\mu_0}{\dfrac{\sigma}{\sqrt{5}}}$　　B. $t=\dfrac{\overline{x}-\mu_0}{\dfrac{s}{\sqrt{5}}}$

C. $t=\dfrac{\overline{x}-\mu_0}{\dfrac{s}{\sqrt{4}}}$　　D. $z=\dfrac{\overline{x}-\mu_0}{\sigma}$

(3) 设总体$X\sim N(\mu,\sigma^2)$，当σ^2未知，通过样本$X_1,X_2,\cdots,X_n$检验μ时，需要用统计量(　　).

A. $Z=\dfrac{\overline{X}-\mu_0}{\dfrac{\sigma}{\sqrt{n}}}$　　B. $Z=\dfrac{\overline{X}-\mu_0}{\dfrac{\sigma}{\sqrt{n-1}}}$

C. $t=\dfrac{\overline{X}-\mu_0}{\dfrac{s}{\sqrt{n}}}$ D. $t=\dfrac{\overline{X}-\mu_0}{\sigma}$

(4) 从一批零件中随机抽出 100 个测量其直径，测得平均直径为 5.2cm，标准方差为 1.6cm，若想知道这批零件的直径是否符合标准直径 5cm，因此采用了 t 检验法，那么，在显著水平 α 下，接受域为(　　).

A. $|t|<t_{1-\frac{\alpha}{2}}(99)$ B. $|t|<t_{1-\frac{\alpha}{2}}(100)$

C. $|t|\geqslant t_{1-\frac{\alpha}{2}}(99)$ D. $|t|\geqslant t_{1-\frac{\alpha}{2}}(100)$

3．某厂生产的维尼龙纤度在正常条件下服从正态分布 $X\sim N(1.36, 0.063^2)$，某日抽取 6 根纤维，测得其纤度为

1.35　1.41　1.48　1.41　1.40　1.41

试问这一天维尼龙纤度的均值有无显著变化($\alpha=0.05$)？

4．某种电子元件的寿命 X(单位：h)服从正态分布 $N(\mu,\sigma^2)$，μ、σ^2 均未知. 现测到 16 只元件的寿命如下

159　280　101　212　224　379　179　264

362　168　250　149　260　485　170　222

问是否有理由认为元件的平均寿命等于 225(h) ($\alpha=0.05$)？

5．一个工厂生产某种型号的电池，其寿命长期以来服从方差为 $\sigma^2=5\,000(\mathrm{h}^2)$ 的正态分布. 现有一批这种电池，从生产情况来看，其寿命的波动性有所改变，现随机抽取 26 只电池测其寿命的样本方差 $s^2=9\,200(\mathrm{h}^2)$. 问根据这一数据能否推断这批电池的寿命的波动性较以往有显著变化($\alpha=0.02$)？

6．某车间生产铜丝，生产一直比较稳定，今从产品中任抽 10 根检查其折断力，得数据如下(单位：kg)

578　572　570　568　572　570　572　596　584　570

问是否可相信该车间生产的铜丝的折断力的方差为 64($\alpha=0.05$)？

7．为了研究正常成年男女血液中红细胞总体方差是否相同，检查某地正常成年男子 156 人，正常成年女子 74 人，计算得男性的红细胞的样本平均数为 465.13 万/mm³,样本标准差为 54.80 万/mm³.女性红细胞样本平均数为 422.16 万/mm³,样本标准差为 49.20 万/mm³.由经验知道正常成年男女血液中红细胞数均服从正态分布.

*(1) 在正常成年男女血液中红细胞数样本方差相同的条件下，检验该地正常成年人红细胞的平均数是否与性别有关.

(2) 试检验成年男女红细胞分布的方差是否有显著差异($\alpha=0.01$).

§7.2 假设检验实验

1. 实验要求

(1) 会在 MATLAB 中进行 σ^2 已知，单个正态总体 $N(\mu,\sigma^2)$ 均值 μ 的假设检验.

(2) 会在 MATLAB 中进行 σ^2 未知，单个正态总体 $N(\mu,\sigma^2)$ 均值 μ 的假设检验.

(3) 会在 MATLAB 中进行两个正态总体均值差的假设检验.

2. 实验内容

(1) σ^2 已知，单个正态总体 $N(\mu,\sigma^2)$ 均值 μ 的假设检验(z 检验法).

函数：ztest()

格式：h = ztest(x，mu，sigma) %x 为正态总体的样本，mu 为均值 μ_0，sigma 为标准差，显著性水平为 0.05(默认值)

h = ztest(x，mu，sigma，alpha) %显著性水平为 alpha

[h，sig，ci，zval] = ztest(x，mu，sigma，alpha，tail) %sig 为观察值的概率，当 sig 为小概率时则对原假设提出质疑，ci 为真正均值 μ 的 $1-\alpha$ 的置信区间，zval 为统计量的值

说明：若 h=0，表示在显著性水平 a 下，接受原假设;

若 h=1，表示在显著性水平 a 下，拒绝原假设.

原假设为 $H_0: \mu=\mu_0=m$

若 tail=0，表示备择假设 $H_1:\mu\neq\mu_0=m$ (默认，双边检验);

若 tail=1，表示备择假设 $H_1:\mu>\mu_0=m$ (单边检验);

若 tail=−1，表示备择假设 $H_1:\mu<\mu_0=m$ (单边检验).

例 1 某工厂生产 10Ω 的电阻.根据以往生产电阻的实际情况，可以认为其电阻值服从正态分布，标准差 $\sigma=0.1\Omega$.现在随机抽取 10 个电阻，测得它们的电阻值(单位：Ω)为

9.9 10.1 10.2 9.7 9.9 9.9 10 10.5 10.1 10.2

问是否认为该厂生产的电阻的平均值为 10Ω (α=0.1)?

解 这是单个正态总体，在总体方差已知的情况下，对总体均值进行假设检验.

传统解法如下.

(1) 作假设 $H_0: \mu=10$；备择假设 $H_1: \mu\neq 10$.

(2) 选取统计量 $z=\dfrac{\bar{x}-10}{0.1/\sqrt{10}}\sim N(0,1)$.

(3) 求临界值 $z_{\frac{\alpha}{2}} = z_{0.05} \Leftrightarrow$ norminv(0.95，0，1)= 1.644 9.

```
>> mean(x)

ans = 10.050 0                    % 即 x̄=10.050 0
```

又

$$|z| = \frac{\bar{x}-10}{0.1/\sqrt{10}} = 1.581\ 1 < z_{\frac{\alpha}{2}} = z_{0.05} = 1.644\ 9$$

统计量 z 进入接受域，所以接受原假设，可以认为电阻的平均值为 10Ω.

在 MATLAB 中用如下方法求解.

```
>> x=[9.9 10.1 10.2 9.7 9.9 9.9 10 10.5 10.1 10.2];
>> [h, sig, ci, zval]=ztest(x, 10, 0.1, 0.1, 0)
h =  0                        % 接受原假设
sig = 0.113 8                 % z 的观察值在 h0 的假设下较大的概率值
ci =  9.998 0  10.102 0       % 均值的置信区间为[9.998 0 , 10.102 0]
zval = 1.581 1                % 统计量 z 的值
```

可以看到在 MATLAB 中求解结果与传统解法的结果完全一致. 表示在显著性水平 a 下，接受原假设.

(2) σ^2 未知，单个正态总体 $N(\mu,\sigma^2)$ 均值 μ 的假设检验(t 检验法).

函数：ttest()

格式：h=ttest(x，mu)　　% x 为正态总体的样本，*mu* 为均值 μ，默认显著性水平为 0.05

h=ttest(x，mu，alpha)　　% alpha 为显著性水平

[h，sig，ci，tval]=ttest(x，m，alpha，tail)　　% tail 为备择假设的类型，h=0 时接受假设，h=1 时拒绝假设

说明：sig：与统计量 $t=\frac{\bar{x}-\mu}{s/\sqrt{n}}$ 相联系的概率值，当原假设为真时得到观察值的概率，当 sig 为小概率时对原假设提出质疑.

ci：为真实均值的 1-alpha 的置信区间.

tval：t 统计量的值.

若 tail=0，备择假设为 $\mu_0 \neq \mu$ (默认);

若 tail=1，备择假设为 $\mu_0 > \mu$；

若 stail=-1，备择假设为 $\mu_0 < \mu$.

例 2　某种元件的寿命 x(单位：h)服从正态分布 $N(\mu,\sigma^2)$，μ、σ^2 均未知，生产者从一批这种元件中随机抽取 16 件，现测得 16 件元件的寿命如下

159	280	101	212	224	379	179	264
222	362	168	250	149	260	485	170

问是否有理由认为元件的平均寿命大于 225h?

解　这是单个正态总体，在方差未知的情况下，对均值进行右边检验，选用 t 检验法.

(1) 作假设 $H_0: \mu \leqslant \mu_0 = 225$；备择假设 $H_1: \mu > \mu_0 = 225$.

(2) 选取统计量 $t = \dfrac{\bar{x} - \mu_0}{s/\sqrt{n}} = \dfrac{\bar{x} - 225}{s/\sqrt{16}} \sim t(16\text{-}1)$.

(3) 拒绝域为 $t = \dfrac{\bar{x} - 225}{s/4} \geqslant t_{\frac{\alpha}{2}}(15) = t_{0.05}(15)$.

其中 $\bar{x}$=mean(x)= 241.500 0，s=std(x)= 98.725 9，则

$$t = \frac{241.5 - 225}{98.725\,9/4} \approx 0.668\,5$$

$$t_{\frac{\alpha}{2}} = t_{0.05} \Leftrightarrow \text{tinv}(0.95，15) = 1.753\,1$$

$$t = \frac{\bar{x} - 225}{s/4} = 0.668\,5 < t_{\frac{\alpha}{2}} = t_{0.05} = 1.753\,1$$

t 统计量落入接受域，从而接受原假设，就是在 $\alpha = 0.05$ 的水平下，认为电池寿命不大于 225h.

用 MATLAB 求解如下：

```
>> x=[159 280 101 212 224 379 179 264 222 362 168 250 149 260 485 170];
>> [h, sig, ci, tval]=ttest(x, 225, 0.05)
h =  0                                    % 接受原假设
sig =  0.514 0                            % 样本均值等于μ0=225的概率较大
ci =  188.892 7  294.107 3                % 均值μ的95%的置信区间，它包含了μ0=225
tval =                                    % t统计量的值即 t=(x̄-225)/(s/4)

     0.6685
     df: 15                               % t统计量的自由度
```

(3) 两个正态总体均值差的检验(t 检验).

两个正态总体方差未知但等方差时，比较两正态总体样本均值的假设检验.

函数：ttest2

格式：[h，sig，ci]=ttest2(X，Y)　　% X、Y 为两个正态总体的样本，显著性水平为 0.05

[h，sig，ci]=ttest2(X，Y，alpha)　　% alpha 为显著性水平

[h，sig，ci]=ttest2(X，Y，alpha，tail)　　% sig 为当原假设为真时得到观察值的概率，当 sig 为小概率时则对原假设提出质疑；ci 为真正均值 μ 的 1-alpha 置信区间

说明: 若 h=0，表示在显著性水平 alpha 下，不能拒绝原假设；

若 h=1，表示在显著性水平 alpha 下，可以拒绝原假设.

原假设 $H_0: \mu_1 = \mu_2$ (μ_1 为 X 为期望值，μ_2 为 Y 的期望值)，

若 tail=0，表示备择假设 $H_1: \mu_1 \neq \mu_2$ (默认，双边检验)；

若 tail=1，表示备择假设 $H_1:\mu_1 > \mu_2$(单边检验)；

若 tail=−1，表示备择假设 $H_1:\mu_1 < \mu_2$(单边检验).

例 3　在平炉上进行一项试验以确定改变操作方法的建议是否会增加钢的产率，试验是在同一只平炉上进行的. 每炼一炉钢时除操作方法外，其他条件都尽可能做到相同. 先用标准方法炼一炉，然后用建议的新方法炼一炉，以后交替进行，各炼 10 炉，其产率分别为

(1) 标准方法：78.1　72.4　76.2　74.3　77.4　78.4　76.0　75.5　76.7　77.3

(2) 新方法：　79.1　81.0　77.3　79.1　80.0　79.1　79.1　77.3　80.2　82.1

设这两个样本相互独立，且分别来自正态总体 $N(\mu_1,\sigma^2)$ 和 $N(\mu_2,\sigma^2)$，μ_1、μ_2、σ^2 均未知. 问建议的新操作方法能否提高产率($\alpha = 0.05$)?

解　两个总体方差不变时，在水平 $\alpha = 0.05$ 下检验假设 H_0：$\mu_1 \geqslant \mu_2$；H_1：$\mu_1 < \mu_2$.

用 MATLAB 求解如下：

```
>> X=[78.1  72.4  76.2  74.3  77.4  78.4  76.0  75.5  76.7  77.3];
>> Y=[79.1  81.0  77.3  79.1  80.0  79.1  79.1  77.3  80.2  82.1];
>> [h, sig, ci]=ttest2(X, Y, 0.05, -1)
```

结果显示为：

```
h =
    1
sig =
  2.175 9e-004                 % 说明两个总体均值相等的概率很小
ci =
      -Inf   -1.908 3            % 两个总体均值差的置信度为 95%的置信区间
```

结果表明：h=1 表示在水平 $\alpha = 0.05$ 下，应该拒绝原假设，即认为建议的新操作方法提高了产率，因此，新方法比原方法好.

例 4　某种电子元件的寿命 X(单位：h)服从正态分布，μ、σ^2 均未知. 现测得 16 只元件的寿命如下

159　280　101　212　224　379　179　264

222　362　168　250　149　260　485　170

问是否有理由认为元件的平均寿命大于 225(h)?

解　未知 σ^2，在水平 $\alpha = 0.05$ 下检验假设 H_0：$\mu < \mu_0 = 225$；H_1：$\mu > 225$.

用 MATLAB 求解如下：

```
>> X=[159 280 101 212 224 379 179 264 222 362 168 250 149 260 485 170];
>> [h, sig, ci]=ttest(X, 225, 0.05, 1)
```

结果显示为：

```
h = 0
sig = 0.257 0
ci = 198.232 1      Inf    % 均值 225 在该置信区间(198.232 1, +∞)内
```

结果表明：h=0 表示在水平 $\alpha = 0.05$ 下应该接受原假设 H_0，即认为元件的平均寿命不大于 225h.

习　题　7.2

1．某车间用一台包装机包装葡萄糖，包得的袋装糖重是一个随机变量，它服从正态分布．当机器正常工作时，其包装糖重的均值为0.5kg，标准差为0.015．某日开工后随机抽取所包装的糖9袋，称得净重(单位：kg)为

0.497　0.506　0.518　0.524　0.498　0.511　0.520　0.515　0.512

问机器是否正常工作(α=0.05)?

2．某厂用自动打包机打包，每包标准重量为100 kg，并且服从正态分布，每天开工后需要检验一次打包机的工作是否正常，即打包机是否有系统偏差．某日开工后测得9包重量(单位：kg)为

99.5　98.7　100.6　101.1　98.5　99.6　99.7　102.1 100.6

试问该打包机是否正常工作($\alpha = 0.05$)?

3．规定某种食品的每100g中维生素C的含量不得少于21mg，设维生素C含量的测定值总体X服从$N(\mu,\sigma^2)$，现从这批食品中随机抽取17个样品，测得100g食品中维生素C的含量(单位：mg)为

16　22　21　20　23　21　19　15　13　23　17　20　29　18　22　16　25

试以$\alpha = 0.025$的检验水平，检验该批食品的维生素C含量是否合格.

4．9 名运动员在初进入运动队时和接受一周训练后分别进行了一次体能测试，测试的平均分如下

运动员	1	2	3	4	5	6	7	8	9
入队时	76	71	57	49	70	69	26	65	59
训练后	81	85	52	52	70	63	33	83	62

假设分数服从正态分布，试在显著水平0.05下，判断运动员体能训练的效果是否显著.

§7.3　假设检验应用案例

红血球(或称红细胞)是血液中最普通的一种血细胞，同时也是脊椎动物体内通过血液运送氧气的最主要的媒介．一般来说，贫血是指血液中红血球数量太少，血红素不足．为了比较正常成年男女所含红血球的差异，对某地区50名成年男性和60名成年女性进行测量，其红血球的样本见表7-3．试检验该地区正常男女所含红血球的平均值是否有差异(α=0.05).

表7-3　抽查的某地区人们血液中所含红血球量

男性红血球量/(万/mm^2)								
432.9	470.23	498.28	422.89	427.66	413.7	522.1	444.43	481.62
470.8	520.8	411.68	504.62	431.06	439.36	458.63	498.85	419.32
466.62	440.41	465.63	450.24	476.01	403	401.59	461.89	444.23

续表

男性红血球量/(万/mm²)								
457.09	484.05	466.79	473.6	413.57	408.83	454.28	485.54	402.92
500.32	491.93	410.98	460.07	491.13	395.68	405.58	411.15	357.47
435.49	444.37	401.78	397.02	403.81				
女性红血球量/(万/mm²)								
404.77	507.7	434.94	440.87	408.4	397.8	403.33	470.36	425.64
424.42	367.19	485.07	409.16	376	444.48	437.18	376.95	340.98
407.26	380.74	450.83	472.24	413.61	377.62	451.66	447.89	402.19
336.28	414.79	464.19	445.93	501.43	396.59	458.17	464.91	393.96
396.05	483.76	406.37	411.99	442.59	327.99	515.69	417.57	422.46
393.64	420.6	366.22	441.61	497.67	372.28	443.41	437.52	390.45
380.93	471.87	449.22	421.68	460.4	418.99			

首先设该地区正常成年男女所含红血球数分别为 X 和 Y，并设 $X \sim N(\mu_1,\sigma_1^2)$，$Y \sim N(\mu_2,\sigma_2^2)$．因此本问题可转化为两个正态总体的假设检验问题，由于无法确定两个正态总体方差是否相等，所以首先对两个总体的方差进行假设，即

$H_0:\sigma_1^2=\sigma_2^2$；$H_1:\sigma_1^2\neq\sigma_2^2$，取显著性水平 α 为 0.05

由本章中两个正态总体的方差检验的知识可知，当 H_0 为真时，有

$$F=\frac{S^2_{\ 1}}{S^2_{\ 2}}\overset{H_0\text{真}}{\sim}F(n-1,m-1)$$

其中 $S_1^2=\dfrac{1}{n-1}\sum\limits_{i=1}^{n}(X_i-\overline{X})^2$，$S_2^2=\dfrac{1}{m-1}\sum\limits_{i=1}^{n}(Y_i-\overline{Y})^2$，且该检验的否定域为 $(0,\ F_{1-\alpha/2}(n-1,\ m-1)]\cup[F_{\alpha/2}(n-1,m-1),+\infty)$．

本例中，$n=50$，$m=60$，通过样本利用软件计算可知 $\overline{x}=446.639\,6$，$\overline{y}=423.775\,3$，$S^2_{\ 1}=1\,422.7$，$S^1_{\ 2}=1\,753.1$，因此 $F=\dfrac{S^2_{\ 1}}{S^2_{\ 2}}=\dfrac{1\,422.7}{1\,753.1}=0.811\,5$．

当 $\alpha=0.05$ 时，$F_{0.025}(49,59)=1.706\,867$，$F_{0.975}(49,59)=0.578\,77$，由此该观测样本不在拒绝域内，即不能否定 $H_0:\sigma_1^2=\sigma_2^2$．因此可以在 $\sigma_1=\sigma_2$ 的条件下进一步检验二者所含红血球数是否有差异，即 $H_0:\mu_1=\mu_2$；$H_1:\mu_1\neq\mu_2$．该检验属于方差未知但已知两方差值相同的条件下检验两个正态总体的均值是否有差异，此时可以构造 t 统计量，即有如下结论

$$t(x,y)=\frac{(\overline{x}-\overline{y})\sqrt{\dfrac{nm}{n+m}}}{\sqrt{\sum\limits_{i=1}^{n}(x_i-\overline{x})^2+\sum\limits_{i=1}^{n}(y_i-\overline{y})^2}\Big/\sqrt{n+m-2}}$$

$$\overset{U=\overline{x}-\overline{y}}{=}\frac{U}{\sqrt{T_2^2-\dfrac{1}{n+m}T_1^2-\dfrac{nm}{n+m}U^2}}\times\sqrt{\frac{nm(n+m-2)}{n+m}}$$

其中 $T_1 = n\bar{x} + m\bar{y}$， $T_2 = \sum_{i=1}^{n} x_i^{\ 2} + \sum_{j=1}^{m} y_j^{\ 2}$.

当 $\mu_1 = \mu_2$ 时， $t(x,y) \sim t(n+m-2)$ ，其分布与参数 μ、σ 无关，且原假设的否定域为

$$\{t(x,y) \| t(x,y) | > t(n+m-2, 1-\alpha/2)\}$$

本例中，将以上结果代入到上述检验统计量中得 $U = 22.864\,2$ ， $\sum_{i=1}^{n}(x_i - \bar{x})^2 = (n-1)S_1^{\ 2}$ $= 69\,710.82$ ， $\sum_{i=1}^{m}(y_i - \bar{y})^2 = (m-1)S_2^{\ 2} = 103\,432.77$ ， 得到 $t(x,y) = 2.955\,2$ ， 而 $t(n+m-2,$ $1-\alpha/2) = t(108, 0.975) = 1.982\,2 < 2.955\,2$ (MATLAB 中用 x=tinv (p,n),即可计算出临界值 x)，可知落在拒绝域内，因此可以认为该地区男女所含红血球的平均值是有显著性差异的.

练习题：成灾面积的假设检验

淮河流域(包括河南、安徽、江苏、山东)历史上经常发生洪水灾害，据统计 1949—1991 年流域成灾面积(单位：万亩)每年统计分别为

3 383.4	4 687.4	1 631.1	2 244.5	2 011.7	6 123.1	1 918.0	6 232.4	5 453.9
1 412.4	312.5	2 185.0	1 285.4	4 079.6	1 0124.2	5 532.7	809.3	389.4
412.1	809.7	870.6	1 055.7	1 451.8	1 532.9	765.9	1 987.5	2 765.5
739.9	515.6	428.4	3 794.5	2 489.1	242.3	4 812	2 204.7	4 407.1
2 885	1 124.7	1 190	191.4	2 227.9	2 079	6 934.1		

试检验全流域成灾面积是否服从正态分布.

第 8 章　回归分析与方差分析

§8.1　一元线性回归分析

现实世界中变量之间的关系可以分为两大类：一类是变量之间的确定性关系，即当一个变量的值确定以后，另一个变量的值就完全确定，如 $y=2x+1$，这种关系就是在高等数学中研究的函数关系；另一类是变量之间的非确定性关系，即当一个变量的值确定以后，另一个变量的值却不能完全确定，变量之间的这种关系叫做相关关系.

(1) 人的身高 x 与体重 y 之间存在一定的关系，一般来说，人高一些，体重也重一些，但同样高度的人，体重往往不相同.

(2) 人们的收入水平与消费水平之间也有一定的关系，人们的收入水平 x 越高，相应的消费水平 y 也越高，但收入水平相同的人消费水平却不一定相同.

在以上例子中，当自变量 x 取确定值时，因变量 y 的值是不确定的. 称变量间的这种非确定关系为**相关关系**. 回归分析是研究相关关系的一种数理统计方法，利用这种方法可以通过一个变量取的值去估计另一个变量取的值. 通常把只有一个变量的回归分析称为**一元回归**，多于一个自变量的回归分析称为**多元回归**. 本节只介绍一元回归分析.

8.1.1　回归方程的求法

例 1　某工厂一年中每月产品的总成本 y(万元)与每月产量 x(万件)的统计数据见表 8-1.

表 8-1　某工厂一年中每月产品的总成本 y 与每月产量 x 的统计数据

x	1.08	1.12	1.19	1.28	1.36	1.48	1.59	1.68	1.80	1.87	1.98	2.07
y	2.25	2.37	2.40	2.55	2.64	2.75	2.92	3.03	3.14	3.26	3.36	3.50

试讨论 x 与 y 之间的相关关系.

这里的产量 x 是可控制变量，看作普通变量，每月的成本 y 是随机变量.

一般来说，设随机变量 y 与一个可控制变量 x 之间线性关系的方程

$$\hat{y}=a+bx \tag{8-1}$$

叫做随机变量 y 对变量 x 的**一元线性回归方程**，a、b 叫做**回归系数**.

建立回归方程，关键是根据样本值确定方程(8-1)中的系数 a、b.

设在一次随机试验中，取得一组 n 对数据(x_i,y_i)(i=1,2,…，n)，其中 y_i 是随机变量 y 对应于 x_i 的观察值，$\hat{y}$ 是观察值 y_i 的回归值.

每一个观察值 y_i 与回归值 $\hat{y}_i$ 的差的绝对值为$|y_i-\hat{y}_i|$，所要求的直线应该是使所有这些

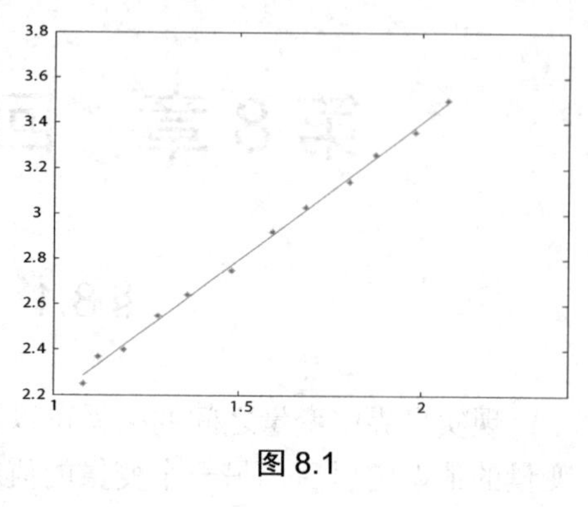

图 8.1

距离之和为最小的一条直线，即使$\sum\limits_{i=1}^{n}|y_i-\hat{y}_i|$为最小. 为了方便求这个最小值，用离差平方和代替和式$\sum\limits_{i=1}^{n}|y_i-\hat{y}_i|$.

离差平方和为

$$Q(a,b)=\sum_{i=1}^{n}(y_i-\hat{y}_i)^2=\sum_{i-1}^{n}(y_i-a-bx_i)^2 \tag{8-2}$$

这个 n 项平方和函数称为**二乘函数**. 选择 a、b 使 Q 达到最小，故 Q 需对 a、b 分别求偏导，并令偏导等于零. 即

$$\begin{cases}\dfrac{\partial Q}{\partial a}=-2\sum\limits_{i=1}^{n}(y_i-a-bx_i)=0\\ \dfrac{\partial Q}{\partial b}=-2\sum\limits_{i=1}^{n}(y_i-a-bx_i)x_i=0\end{cases}$$

展开，得

$$\begin{cases}\sum\limits_{i=1}^{n}y_i-\sum\limits_{i=1}^{n}a-b\sum\limits_{i-1}^{n}x_i=0\\ \sum\limits_{i=1}^{n}x_iy_i-a\sum\limits_{i=1}^{n}x_i-b\sum\limits_{i=1}^{n}x_i^2=0\end{cases}$$

求和

$$\begin{cases}n\bar{y}-na-nb\bar{x}=0\\ \sum\limits_{i=1}^{n}x_iy_i-na\bar{x}-b\sum\limits_{i=1}^{n}x_i^2=0\end{cases}$$

解得 a、b 的估计值分别为

$$\begin{cases}\hat{a}=\bar{y}-b\bar{x}\\ \hat{b}=\dfrac{\sum\limits_{i=1}^{n}x_iy_i-n\bar{x}\bar{y}}{\sum\limits_{i=1}^{n}x_i^2-n\bar{x}^2}\end{cases} \tag{8-3}$$

这里把 a、b 改记为 $\hat{a}$、$\hat{b}$，表示它们是 a、b 真值的估计量，称为**最小二乘估计**. 其中

$$\begin{aligned}\sum_{i=1}^{n}x_iy_i-n\bar{x}\bar{y}&=\sum_{i=1}^{n}x_iy_i-n\bar{x}\bar{y}-n\bar{x}\bar{y}+n\bar{x}\bar{y}\\ &=\sum_{i=1}^{n}x_iy_i-\bar{x}\sum_{i=1}^{n}y_i-\bar{y}\sum_{i=1}^{n}x_i+n\bar{x}\bar{y}\\ &=\sum_{i=1}^{n}(x_iy_i-\bar{x}y_i-\bar{y}x_i+\bar{x}\bar{y})=\sum_{i=1}^{n}(x_i-\bar{x})(y_i-\bar{y})\end{aligned}$$

$$\sum_{i=1}^{n} x_i^2 - n\bar{x}^2 = \sum_{i=1}^{n} x_i^2 - 2\bar{x}\sum_{i=1}^{n} x_i + n\bar{x}^2 = \sum_{i=1}^{n}(x_i - \bar{x})^2$$

所以式(8-3)又可以写成

$$\begin{cases} \hat{a} = \bar{y} - \hat{b}\bar{x} \\ \hat{b} = \dfrac{\sum_{i=1}^{n}(x_i - \bar{x})(y_i - \bar{y})}{\sum_{i-1}^{n}(x_i - \bar{x})^2} \end{cases} \tag{8-4}$$

令

$$\begin{aligned} l_{xy} &= \sum_{i=1}^{n}(x_i - \bar{x})(y_i - \bar{y}) = \sum_{i=1}^{n} x_i y_i - \frac{1}{n}\sum_{i=1}^{n} x_i \sum_{i=1}^{n} y_i \\ l_{xx} &= \sum_{i=1}^{n}(x_i - \bar{x})^2 = \sum_{i=1}^{n} x_i^2 - \frac{1}{n}(\sum_{i=1}^{n} x_i)^2 \\ l_{yy} &= \sum_{i=1}^{n}(y_i - \bar{y})^2 = \sum_{i=1}^{n} y_i^2 - \frac{1}{n}(\sum_{i=1}^{n} y_i)^2 \end{aligned} \tag{8-5}$$

由于 $l_{xx} = \sum_{i=1}^{n}(x_i - \bar{x})^2 = (n-1)S_x^2$，同理，$l_{yy} = (n-1)S_y^2$

所以

$$\begin{aligned} l_{xy} &= \sum_{i=1}^{n}(x_i - \bar{x})(y_i - \bar{y}) = \sum_{i=1}^{n} x_i y_i - n\bar{x}\bar{y} \\ l_{xx} &= \sum_{i=1}^{n}(x_i - \bar{x})^2 = (n-1)S_x^2 \\ l_{yy} &= \sum_{i=1}^{n}(y_i - \bar{y})^2 = (n-1)S_y^2 \end{aligned} \tag{8-6}$$

则式(8-4)可以写成

$$\begin{cases} \hat{a} = \bar{y} - \hat{b}\bar{x} \\ \hat{b} = \dfrac{l_{xy}}{l_{xx}} \end{cases} \tag{8-7}$$

这样，由一组观察数据(x_i, y_i)(i=1,2,⋯,n)，得到式(8-1)的**一元线性回归**方程为

$$\hat{y} = \hat{a} + \hat{b}x \tag{8-8}$$

式(8-8)简称**回归方程**，回归方程的图形称为**回归直线**，系数 $\hat{a}$、$\hat{b}$ 称为**回归系数**. 由一组观察数据(x_i, y_i)(i=1,2,⋯,n)得到的回归方程也叫做**经验公式**. 通过最小二乘函数得到最小二乘估计而建立经验公式的方法叫做**最小二乘法**. 最小二乘法是根据试验数据建立数学模型的常用方法.

现在继续寻找例 1 中总成本 y(万元)与每月产量 x(万件)的相关关系，也就是回归方程. 建立回归方程计算表，见表 8-2.

表 8-2　回归方程计算表

编　号	产量 x_i	成本 y_i	x_i^2	y_i^2	x_iy_i
1	1.08	2.25	1.166 4	5.062 5	2.43
2	1.12	2.37	1.254 4	5.616 9	2.654 4
3	1.19	2.40	1.416 1	5.76	2.856
4	1.28	2.55	1.638 4	6.502 5	3.264
5	1.36	2.64	1.849 6	6.969 6	3.590 4
6	1.48	2.75	2.190 4	7.562 5	4.07
7	1.59	2.92	2.528 1	8.526 4	4.642 8
8	1.68	3.03	2.822 4	9.180 9	5.090 4
9	1.80	3.14	3.24	9.859 6	5.652
10	1.87	3.26	3.496 9	10.627 6	6.096 2
11	1.98	3.36	3.920 4	11.289 6	6.652 8
12	2.07	3.50	4.284 9	12.25	7.245
求和	18.5	34.17	29.808	99.208 1	54.244
平均	1.541 667	2.847 5			

表 8-2 的计算结果是在图 8.2 所示的 Excel 中计算得到的.

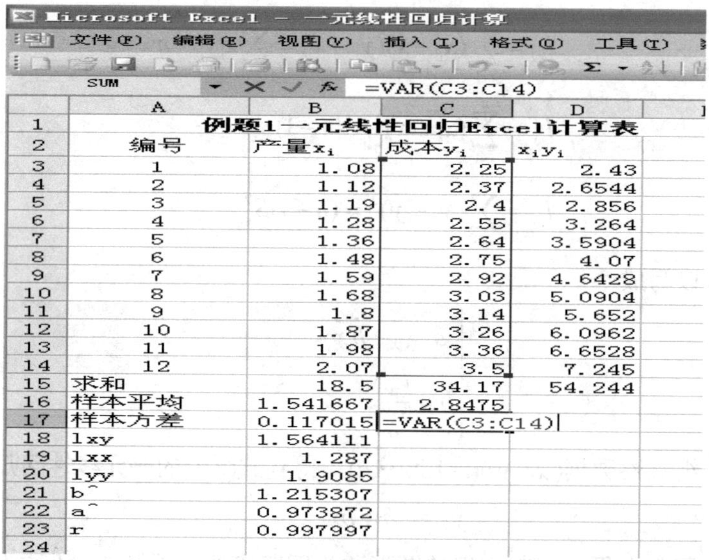

Microsoft Excel - 一元线性回归计算

文件(F)　编辑(E)　视图(V)　插入(I)　格式(O)　工具(T)

SUM　=VAR(C3:C14)

	A	B	C	D
1	例题1一元线性回归Excel计算表			
2	编号	产量 x_i	成本 y_i	x_iy_i
3	1	1.08	2.25	2.43
4	2	1.12	2.37	2.6544
5	3	1.19	2.4	2.856
6	4	1.28	2.55	3.264
7	5	1.36	2.64	3.5904
8	6	1.48	2.75	4.07
9	7	1.59	2.92	4.6428
10	8	1.68	3.03	5.0904
11	9	1.8	3.14	5.652
12	10	1.87	3.26	6.0962
13	11	1.98	3.36	6.6528
14	12	2.07	3.5	7.245
15	求和	18.5	34.17	54.244
16	样本平均	1.541667	2.8475	
17	样本方差	0.117015	=VAR(C3:C14)	
18	lxy	1.564111		
19	lxx	1.287		
20	lyy	1.9085		
21	b^	1.215307		
22	a^	0.973872		
23	r	0.997997		
24				

图 8.2

把在 Excel 中的计算结果代入 $\hat{a}$ 和 $\hat{b}$，得

$$\hat{b}=\frac{l_{xy}}{l_{xx}}=\frac{\sum\limits_{i=1}^{12}x_iy_i-n\overline{x}\,\overline{y}}{(n-1)S_x^2}=\frac{54.244-12\times1.541\,7\times2.847\,5}{11\times0.117\,0}=\frac{1.564\,1}{1.287}=1.215\,3$$

$$\hat{a}=\overline{y}-\hat{b}\overline{x}=2.847\,5-1.215\,3\times1.541\,7=0.973\,9$$

所以要求的回归方程为 $\hat{y}$=0.973 9+1.215 3x.

这里计算 S_x^2 只需在单元格 B17 中输入“=VAR(B3:B14)”后按回车键即得“0.117015”，同理可知 S_y^2 的计算. 其他计算可参阅§6.5 参数估计实验.

若采用笔算回归系数 $\hat{a}$、$\hat{b}$，选用式(8-4)、式(8-5)和表 8-2 显得方便，若采用计算器或 Excel 等计算软件计算，选用式(8-6)、式(8-7)和图 8.1 计算 $\hat{a}$、$\hat{b}$ 比较方便.

8.1.2　回归方程的相关性检验

将式(8-7)其代入式(8-2)中可得

$$Q=l_{yy}-2\frac{l_{xy}}{l_{xx}}l_{xy}+(\frac{l_{xy}}{l_{xx}})^2 l_{xx}$$
$$=l_{yy}-\frac{l_{xy}^2}{l_{xx}}=l_{yy}(1-\frac{l_{xy}^2}{l_{xx}l_{yy}})$$

令

$$r^2=\frac{l_{xy}^2}{l_{xx}l_{yy}} \tag{8-9}$$

记 Q_e 为

$$Q_e=l_{yy}(1-r^2) \tag{8-10}$$

称 Q_e 为剩余平方和，由于 $Q=\sum_{i=1}^{n}(y_i-\hat{y}_i)^2\geqslant 0$，且 $l_{yy}=\sum_{i=1}^{n}(y_i-\bar{y})^2\geqslant 0$，所以 $1-r^2\geqslant 0$，从而$-1\leqslant r\leqslant 1$.

由式(8-10)可知，r^2 越接近 1，则 Q_e 越小，y 与 x 的线性关系越显著，式(8-8)越显著地表达 y 与 x 的线性关系；r^2 越接近 0，则 Q_e 越大，y 与 x 的线性关系越不显著，用式(8-8)描述的 y 与 x 的线性关系就越不合理. 由于 r 的大小可以表示 y 与 x 线性关系的相关程度，所以把

$$r=\frac{l_{xy}}{\sqrt{l_{xx}l_{yy}}} \tag{8-11}$$

叫做 y 对 x 的**相关系数**. 当 $|r|$=0 时，Q_e 最大，这时 y 与 x 不相关；当 $|r|\neq 0$ 时，称 y 与 x 是相关的；当 $|r|$=1 时，Q_e=0，这时观察值(x_i，y_i)(i=1,2,…, n)完全在直线 $\hat{y}=\hat{a}+\hat{b}x$ 上，称 y 与 x 完全线性相关；当 $r>0$ 时，y 与 x 呈正相关关系；当 $r<0$ 时，y 与 x 呈负相关关系. 因此可以选用相关系数式(8-11)作线性相关关系显著性检验的统计量.

在式(8-9)中，由于 r 有两个约束条件：$\bar{x}=\frac{1}{n}\sum_{i=1}^{n}x_i$ 和 $\bar{y}=\frac{1}{n}\sum_{i=1}^{n}y_i$，所以 r 的自由度为(n−2)，在相关系数临界值表中给出了检验水平 α=0.05 和 0.01 的对应于不同自由度的相关系数 $|r|$ 的临界值.

相关关系的假设检验步骤如下.

(1) 设 H_0：y 对 x 存在某种**相关关系**.

(2) 选用统计量 $r=\dfrac{l_{xy}}{\sqrt{l_{xx}l_{yy}}}$，给定检验水平 α，计算 r 值.

(3) 按自由度 $f=(n-2)$ 和检验水平 α 查相关系数表，求出临界值 λ.

(4) 作出判断：

若 $|r|\geqslant\lambda$，则可以认为 y 与 x 在水平 α 上线性关系较显著；

若 $|r|<\lambda$，则可以认为 y 与 x 在水平 α 上线性关系不显著.

例 2 试检验例 1 中总成本 y 与产量 x 之间的线性关系是否显著($\alpha=0.05$).

解 (1) 假设 H_0：y 与 x 存在线性相关关系.

(2) 选用统计量 $r=\dfrac{l_{xy}}{\sqrt{l_{xx}l_{yy}}}$，给定检验水平 $\alpha=0.05$，计算 r 值，由例 1 的计算结果，得

$$l_{xy}=1.564\,1$$
$$l_{xx}=1.287$$
$$l_{yy}=(n-1)S_y^2=11\times0.173\,5=1.908\,5$$
$$r=\frac{1.564\,1}{\sqrt{1.287\times1.908\,5}}=0.998\,0$$

(3) 自由度 $f=12-2=10$，$\alpha=0.05$，查相关系数表，查出临界值 $\lambda=0.576$.

(4) 由于 $0.998\,0>0.576$，所以原假设成立，即总成本 y 与产量 x 之间的线性关系显著，如图 8.1.

当 $|r|$ 接近于零时，虽然 y 与 x 之间的线性关系不显著，但它们之间可能存在非线性关系，如抛物线或双曲线.

8.1.3 预测

如果 x、y 间有显著线性相关关系，则回归方程 $\hat{y}=\hat{a}+\hat{b}x$ 有效，可以用它来做预测和控制.

预测就是对因变量 y 的观测值 y_0 进行点预测或区间预测. 对于 x 的任一值 x_0 和给定的置信度 $1-\alpha$ 求 y_0 的置信区间.

剩余平方和 Q_e 来自于二乘函数(8-2)，由 n 个平方项组成，并且含有两个估计参数 $\hat{a}$ 和 $\hat{b}$，故 Q_e 的自由度为 $n-2$，平方和除以自由度是样本方差，所以样本标准差

$$\hat{\sigma}=\sqrt{\frac{Q_e}{n-2}}=\sqrt{\frac{1-r^2}{n-2}l_{yy}} \tag{8-12}$$

对于给定的 x_0，相应的 y_0 总是按一定的分布在 $\hat{y}_0$ 附近波动，这种波动规律一般近似服从正态分布，其均值为 $\hat{y}_0$，即 y_0 近似服从正态分布 $N(\hat{y}_0,\ \hat{\sigma}^2)$，由正态分布的 3σ 原理可知

$$P(|y_0-\hat{y}_0|<\hat{\sigma})=0.683$$

$$P(|y_0-\hat{y}_0|<2\hat{\sigma})=0.954 \tag{8-13}$$

$$P(|y_0-\hat{y}_0|<3\hat{\sigma})=0.997$$

显然，如果$\hat{\sigma}$越小，用线性回归方程$\hat{y}=\hat{a}+\hat{b}x$去预测y的值就越精确.于是可以把$\hat{\sigma}$作为预测的精确度.所以，如果y_0的95%的预测区间为(y_1,y_2),则

$$y_1=\hat{a}+\hat{b}x-2\hat{\sigma}$$
$$y_2=\hat{a}+\hat{b}x+2\hat{\sigma} \tag{8-14}$$

也就是y_0落在两条平行直线所夹的范围内. $\hat{\sigma}$可看作散点对回归直线的平均偏离，是随机误差，称为**标准误差**.

例 3　在例 1 的条件下，对$x_0=2.5$，求成本y_0的预测区间.

解　按回归直线$\hat{y}=\hat{a}+\hat{b}x$计算.

$$\hat{y}_0=0.973\,9+1.215\,3\times2.5=4.012\,2$$

$$\hat{\sigma}=\sqrt{\frac{Q_e}{n-2}}, \quad Q_e=l_{yy}(1-r^2)=1.908\,5\times(1-0.998\,0^2)=0.007\,6$$

$$\hat{\sigma}=\sqrt{\frac{0.007\,6}{12-2}}=0.027\,6$$

于是y_0的置信上、下限为

$$\hat{y}_0\pm\hat{\sigma}=4.012\,2\pm0.027\,6$$

即当每月产量为$x_0=2.5$(万件)时，$y_0=4.012\,8$的95%预测区间为(3.984 6，4.039 8).

*8.1.4　曲线的线性化方法

对于本来就没有线性关系的数据$(x_i, y_i)(i=1,2,\cdots,n)$，它们具有何种相关关系是客观存在的，通过其散点图或下列常见的曲线，来决定其线性化的方法.

(1) 双曲线型$\frac{1}{y}=a+b\frac{1}{x}$：令$Y=\frac{1}{y}$，$X=\frac{1}{x}$，即化为$Y=a+bX$.

通过(x_i, y_i)算出新的数据对$(X_i, Y_i)=(\frac{1}{x_i},\frac{1}{y_i})(i=1,2,\cdots,n)$，

根据新的数据对和最小二乘估计得到$\hat{a}$、$\hat{b}$，于是得到x与y间的经验公式.

$$\frac{1}{\hat{y}}=\hat{a}+\hat{b}\frac{1}{x}$$

(2) 幂函数型 $y=ax^b$:取对数 $\ln y=\ln a+b\ln x$,令 $Y=\ln a$, $X=\ln x$，$A=\ln a$，
即化为$Y=A+bx$，求出 $\hat{A}$、$\hat{b}$后，即得 $\hat{y}=e^{\hat{A}}x^{\hat{b}}$.

(3) 指数型 $y=ae^{bx}$：取对数后，令$Y=\ln y$，$A=\ln a$,$Y=A+bx$，得经验公式$\hat{y}=e^{\hat{A}+bx}$.

(4) 对数型 $y=a+b\ln x$ ：令$X=\ln x$，即化为 $y=a+bX$.

(5) S 曲线型 $y=\frac{1}{a+be^{-x}}$：令$Y=\frac{1}{y}$，$X=e^{-x}$,即化为$Y=a+bX$.

例 4　一种商品的需求量与价格有一定关系，现经过一定时期内，对商品价格x和需求量y进行观察，取得样本数据如下

x	2	3	4	5	6	7	8	9	10	11
y	58	50	44	38	34	30	29	26	25	24

求商品价格 x 与需求函数 y 之间的回归方程.

解　商品需求量与价格大致呈反比例走势，从散点图也能看出这一点. 因此选用双曲函数 $y=a+\dfrac{b}{x}$. 令 $X=\dfrac{1}{x}$，即化为 $y=a+bX$，$X_i=\dfrac{1}{x_i}$.

在 Excel 中输入新的数据对(X_i，y_i)，如图 8.3 所示，并求得以下值.

$$\overline{X}=0.201\,988\approx 0.202\,0,\quad \overline{y}=35.8$$

$$S_X^2=0.016\,671\approx 0.016\,7,\quad S_y^2=133.511\,1$$

$$\begin{cases}\hat{a}=\overline{y}-\hat{b}\,\overline{x}\\ \hat{b}=\dfrac{l_{xy}}{l_{xx}}\end{cases}\qquad l_{xy}=\sum_{i=1}^{n}x_iy_i-n\,\overline{x}\,\overline{y}=85.414\,8-10\times0.202\,0\times35.8=13.098$$

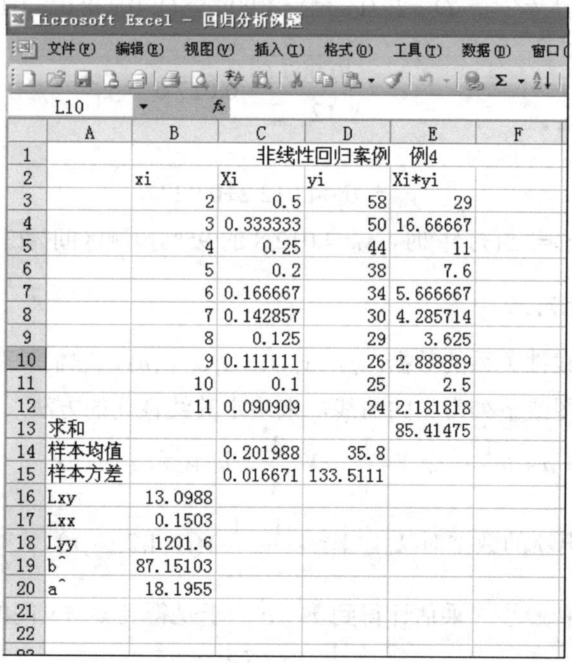

Microsoft Excel - 回归分析例题

文件(F)　编辑(E)　视图(V)　插入(I)　格式(O)　工具(T)　数据(D)　窗口

L10

	A	B	C	D	E	F
1			非线性回归案例　例4			
2		xi	Xi	yi	Xi*yi	
3		2	0.5	58	29	
4		3	0.333333	50	16.66667	
5		4	0.25	44	11	
6		5	0.2	38	7.6	
7		6	0.166667	34	5.666667	
8		7	0.142857	30	4.285714	
9		8	0.125	29	3.625	
10		9	0.111111	26	2.888889	
11		10	0.1	25	2.5	
12		11	0.090909	24	2.181818	
13	求和				85.41475	
14	样本均值		0.201988	35.8		
15	样本方差		0.016671	133.5111		
16	Lxy	13.0988				
17	Lxx	0.1503				
18	Lyy	1201.6				
19	b^	87.15103				
20	a^	18.1955				
21						
22						

图 8.3

$$l_{xx}=(n-1)S_x^2=9\times0.016\,7=0.150\,3$$

$$l_{yy}=(n-1)S_y^2=9\times133.511\,1=1\,201.6$$

所以 $\hat{b}=87.151\,0$，$\hat{a}=18.195\,5$

所以回归方程 $\hat{y}=18.195\,5+\dfrac{87.151\,0}{x}$.

用 MATLAB 编程作图，如图 8.4 所示，验证上述求出的方程与原始数据吻合情况较好.

```
>> y=[58 50 44 38 34 30 29 26 25 24]' ;
```

```
>> x=[2 3 4 5 6 7 8 9 10 11]'
>> x1=2:0.01:11;
>> y1=18.1955+87.1510./x;
>> plot(x,y,'*',x1,y1,'r')
```

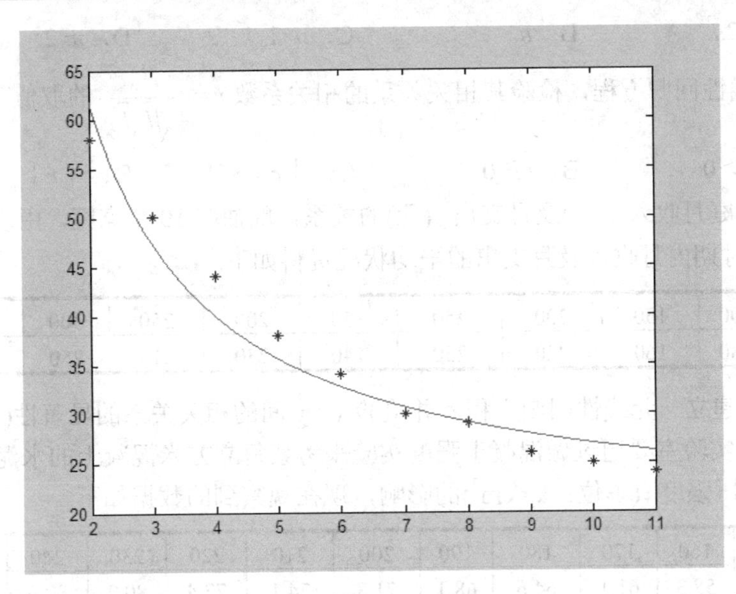

图 8.4

习　题　8.1

1．填空题.

(1) $\sum_{i=1}^{n} x_i y_i - n\bar{x}\bar{y} = \sum_{i=1}^{n} x_i y_i -$ ________；$\sum_{i=1}^{n} x_i y_i - n\bar{x}\bar{y} =$ ________.

(2) 一元线性回归方程 $\hat{b} = \dfrac{l_{xy}}{l_{xx}}$,其中 $l_{xy} =$ ________或________；

$l_{xx} =$ ________或________；$\hat{a} =$ ________.

(3) 笔算求一元线性回归方程中的回归系数 $\hat{a}$、$\hat{b}$，在一元线性回归计算表中，需要列出的 5 个项目是______，______，______，______，______；对这 5 个项目都需要做______运算，对______，______这两列数据还需要求平均值.

(4) 在线性回归的相关性检验中的相关系数 r=________，当 r=0 时，变量之间________；当｜r｜=1 时，变量之间________；当 r<0 时，变量之间________；当 r>0 时，变量之间________.

2．选择题.

(1) 回归分析可以帮助判断一个随机变量和一个普通变量之间是否存在某种(　　)关系.

A．函数　　B．线性　　C．相关　　D．独立

(2) 由观察值(x_i，y_i)(i=1,2,…,n)建立一元线性回归方程，检验其相关关系的相关系数 $r=\dfrac{l_{xy}}{\sqrt{l_{xx}l_{yy}}}$ 的自由度为(　　).

A．$2n$　　B．n　　C．$n-1$　　D．$n-2$

(3) 一元线性回归方程，检验其相关关系的相关系数 $r=\dfrac{l_{xy}}{\sqrt{l_{xx}l_{yy}}}$ 的取值范围为(　　).

A．$r>0$　　B．$r\geqslant 0$　　C．$|r|<1$　　D．$|r|\leqslant 1$

3．考虑家庭月收入 x(元)及月支出 y(元)的关系，现抽取 10 个家庭，由户主本人提供能反映他在一个时期内月收入及月支出的平均状况资料如下.

收入 x/元	200	150	200	250	150	200	250	300	250	120
支出 y/元	180	160	220	250	140	230	210	250	230	140

试对变量 x、y 建立一元线性回归方程，并检验 x、y 间的相关关系的显著性(α =0.05).

4．某建材实验室要通过做混凝土强度实验来考察每立方米混凝土的水泥用量 x(单位：kg)对混凝土抗压强度 y(单位：kg/cm^2)的影响，现在观察到的数据如下.

用量 x_i	150	160	170	180	190	200	210	220	230	240	250	260
强度 y_i	56.9	58.3	61.1	64.6	68.1	71.3	74.1	77.4	80.2	82.6	86.4	89.7

(1) 进行相关性检验(α =0.05)；(2)建立经验回归方程.

5．考察温度对产量的影响，测得下列 10 组数据.

温度 x/℃	20	25	30	35	40	45	50	55	60	65
产量 y/kg	13.2	15.1	16.4	17.1	17.9	18.7	19.6	21.2	22.5	24.3

(1) 检验产量 y 与 x 之间是否存在显著的线性相关性(α =0.05)；(2)若 y 与 x 之间存在线性相关关系，求出 y 对 x 的线性回归方程.

6．证明 (1) $\sum\limits_{i=1}^{n}x_iy_i-n\bar{x}\bar{y}=\sum\limits_{i=1}^{n}x_iy_i-\dfrac{1}{n}\sum\limits_{i=1}^{n}x_i\sum\limits_{i=1}^{n}y_i$；

(2) $\sum\limits_{i=1}^{n}x_iy_i-n\bar{x}\bar{y}=\sum\limits_{i=1}^{n}(x_i-\bar{x})(y_i-\bar{y})$.

7．某企业广告费支出与销售额(单位：百万元)数据如下.

广告费 x	6	4	8	2	5
销售额 y	50	40	70	30	60

(1) 求销售额 y 关于广告费 x 的线性回归方程.

(2) 对回归方程的 x、y 间的相关关系进行检验(α =0.05).

*8．在彩色显像中，据以往经验，形成燃料光学密度 y 与析出银的光学密度 x 间有关系 $y=a\mathrm{e}^{\frac{b}{x}}$ (b>0)，现在做了 11 次试验，测得 x 与 y 的数据如下

x	0.47	0.43	0.38	0.31	0.25	0.20	0.14	0.10	0.07	0.06	0.05
Y	1.29	1.25	1.19	1.12	1.00	0.79	0.59	0.37	0.23	0.14	0.10

(1) 求 y 关于 x 的回归方程.

(2) 当 x_0=0.13 时，求 $\hat{y}_0$ 及 $\hat{y}_0$ 的 95%的预测区间.

§8.2　单因素方差分析

在科学实验、生产实践和经济管理中，影响事物的因素有很多. 例如，家用轿车的销售量受生产企业资质、广告宣传、市场占有量、价格、销售季节、销售地点等诸多因素的影响，每一个因素的改变都可能影响轿车的销售量. 一般称可控制的实验条件为**因素**，每个因素通常有多个状态，因素的不同状态称为**因素的水平**.

如果在实验中只有一个因素在改变，其他因素不变，这样的实验称为**单因素实验**；多于一个因素在改变的实验称为双因素或**多因素实验**. 在单因素实验中，如果因素只有两个水平，就是两个总体的均值是否相等的假设检验问题；超过两个水平时，也就是对 3 个以上总体(包括 3 个总体)的均值差异是否显著进行检验，就是单因素方差分析的问题.

例 1　某轿车生产企业为了研究 3 种内容的广告宣传对某种无季节性的家用轿车销售量的影响，进行了调查统计. 经广告广泛宣传后，按寄回的广告上的订购数计算，一年 4 个季度的销售量(单位：台)见表 8-3.

表 8-3　3 种广告宣传对某种无季节性的家用轿车销售量的影响

广告类型	第一季度	第二季度	第三季度	第四季度	平均销售量/台
A_1	163	176	170	185	174
A_2	184	198	179	190	188
A_3	206	191	218	224	210

A_1 是强调油耗指标的广告，A_2 是强调市场占有量指标的广告，A_3 是强调价格指标的广告.试判断广告的类型对家用轿车的销售量是否有显著影响.

例 1 是一个单因素实验，这个因素就是广告，3 个不同的广告 A_1、A_2、A_3 就是这个因素的 3 个水平. 可以看出，虽然其他销售条件一样，但是年销售量是不一样的，这说明销售量是一个随机变量. 实验的目的是为了考察 3 种广告对销售量有无显著影响，即考察广告这一因素对销售量有无显著影响.

在例 1 给出的实验中，广告的 3 个不同的水平对应 3 个正态总体 X_1、X_2、X_3，它们服从 $N(\mu_i,\sigma^2)$ (i=1,2,3). 例 1 中的数据 x_{ij}(i=1,2,3; j=1,2,3,4)可以看成是来自 3 个不同总体的容量均为 4 的样本观察值. 按题意，就是要检验假设 H_0: $\mu_1=\mu_2=\mu_3$. 判断一个因素各水平对指标是否有显著影响，即检验几个具有相等方差的正态总体的均值是否相等的方法称为**单因素方差分析法**.

更一般的情况是：在单因素实验中，取因素 A 的 k 个不同水平，记为 $A_1, A_2,\cdots, A_k$，固定某个水平 A_i (i=1,2,⋯, k)进行实验，得到一组容量为 n_i 的样本观察值 $x_{i1}, x_{i2},\cdots, x_{in_i}$.模型见表 8-4.

表 8-4　单因素实验中的模型

水平	总体	样本观察值	样本平均	总体均值
A_1	X_1	x_{11}, x_{12}, $\cdots$, x_{1n_1}	x_1	μ_1
A_2	X_2	x_{21}, x_{22}, $\cdots$, x_{2n_2}	x_2	μ_2
$\vdots$	$\vdots$	$\vdots$	$\vdots$	$\vdots$
A_k	X_k	x_{k1}, x_{k2}, $\cdots$, x_{kn_k}	x_k	μ_k

仍然假设因素 A 的 k 个水平为 k 个正态总体 $X_1,X_2,\cdots,X_k$,它们服从 $N(\mu_i,\sigma^2)(i=1,2,\cdots,k)$,$k$ 个总体的方差都为σ^2，在 k 个总体上作假设

$$H_0:\ \mu_1=\mu_2=\cdots=\mu_k$$

即因素 A 对实验结果没有显著影响. 方差分析就是在 k 个总体上检验上述 H_0 是否成立.

把该样本的均值和方差分别记为

$$\bar{x}_i=\frac{1}{n_i}\sum_{j=1}^{n_i}x_{ij}\ ,\quad S_i^2=\frac{1}{n_i-1}\sum_{j=1}^{n_i}(x_{ij}-\bar{x}_i)^2$$

样本总平均值

$$\bar{x}=\frac{1}{n}\sum_{i=1}^{k}\sum_{j=1}^{n_i}x_{ij}=\frac{1}{n}\sum_{i=1}^{k}n_i\bar{x}_i$$

其中，$n=\sum_{i=1}^{k}n_i=n_1+n_2+\cdots+n_k$ 是样本观察值的总容量.

总偏差平方和为

$$Q=\sum_{i=1}^{k}\sum_{j=1}^{n_i}(x_{ij}-\bar{x})^2=\sum_{i=1}^{k}\sum_{j=1}^{n_i}[(x_{ij}-\bar{x}_i)+(\bar{x}_i-\bar{x})]^2$$

$$=\sum_{i=1}^{k}\sum_{j=1}^{n_i}(x_{ij}-\bar{x}_i)^2+2\sum_{i=1}^{k}\sum_{j=1}^{n_i}(x_{ij}-\bar{x}_i)(\bar{x}_i-\bar{x})+\sum_{i=1}^{k}\sum_{j=1}^{n_i}(\bar{x}_i-\bar{x})^2$$

$$=\sum_{i=1}^{k}\sum_{j=1}^{n_i}(x_{ij}-\bar{x}_i)^2+\sum_{i=1}^{k}n_i(\bar{x}_i-\bar{x})^2$$

$$=Q_e+Q_A \qquad 即\ Q=Q_e+Q_A \tag{8-15}$$

其中

$$\sum_{i=1}^{k}\sum_{j=1}^{n_i}(x_{ij}-\bar{x}_i)(\bar{x}_i-\bar{x})=\sum_{i=1}^{k}(\bar{x}_i-\bar{x})\sum_{j=1}^{n_i}(x_{ij}-\bar{x}_i)$$

$$=\sum_{i=1}^{k}(\bar{x}_i-\bar{x})\,(n_i\bar{x}_i-n_i\bar{x}_i)=0$$

$$Q_e=\sum_{i=1}^{k}\sum_{j=1}^{n_i}(x_{ij}-\bar{x}_i)^2 \tag{8-16}$$

是每个样本观察值 x_{ij} 与其组内平均值 $\bar{x}_i$ 的偏差平方和，式(8-16)称为**组内偏差平方和**，简称**组内平方和**. 它反映了各水平下样本值随机波动的大小程度，因此 Q_e 也称为**误差平方和**.

$$Q_A=\sum_{i=1}^{k}n_i(\bar{x}_i-\bar{x})^2 \tag{8-17}$$

是组平均与总平均的偏差平方和，称为**组间偏差平方和**，简称**组间平方和**. 它反映了各水平之间的样本值的差异，从而 Q 表示所有观察数据 x_{ij} 与总体平均数 $\bar{x}$ 的差异的平方和，是反映所得内部数据偏离程度的一个指标. 它等于组内偏差(平方和)加上组间偏差(平方和). $Q=Q_{\mathrm{e}}+Q_A$ 称为**偏差分解**.

对于组内样本 $x_{i1},x_{i2},\cdots,x_{in_i}$,由于其样本均值和方差分别记为

$$\bar{x}_i=\frac{1}{n_i}\sum_{j=1}^{n_i}x_{ij}\qquad S_i^2=\frac{1}{n_i-1}\sum_{j=1}^{n_i}(x_{ij}-\bar{x}_i)^2$$

又由于

$$Q_{\mathrm{e}}=\sum_{i=1}^{k}\sum_{j=1}^{n_i}(x_{ij}-\bar{x}_i)^2 \tag{8-18}$$

所以

$$Q_{\mathrm{e}}=\sum_{i=1}^{k}(n_i-1)S_i^2 \tag{8-19}$$

从前面的样本总平均 $\bar{x}=\frac{1}{n}\sum_{i=1}^{k}n_i\bar{x}_i$ 中可以把各水平的均值 $\bar{x}_i$ 看成加权数组

$$n_1\text{个}\bar{x}_1,\quad n_2\text{个}\bar{x}_2,\cdots\quad,n_k\text{个}\bar{x}_k \tag{8-20}$$

则这个数组的方差 S_A^2 也应带有权重，即

$$S_A^2=\frac{1}{n-1}\sum_{i=1}^{k}n_i(\bar{x}_i-\bar{x})^2$$

由于 $Q_A=\sum_{i=1}^{k}n_i(\bar{x}_i-\bar{x})^2$，所以

$$Q_A=(n-1)\,S_A^2 \tag{8-21}$$

以上各种均值和方差 $\bar{x}_i$ 、S_i^2 、$\bar{x}$ 和 S_A^2 都可以通过 Excel 的统计函数直接求出，从而通过式(8-19)、式(8-21)利用 Excel 可以更方便地完成 Q_{e} 、Q_A 的计算. 而式(8-16)和式(8-17)在利用 MATLAB 等计算软件进行方差分析时更能直观地反映出组内误差、组间误差的概念.

观察 $Q_A=\sum_{i=1}^{k}n_i(\bar{x}_i-\bar{x})^2$ 组间平方和中不相同的项有 k 项，而其中 $\bar{x}$ 由式(8-20)算得，因此组间平方和 Q_A 的自由度是 $k-1$，记为 $\mathrm{d}f_A$，即 $\mathrm{d}f_A=k-1$.

由式(8-12)可知组内平方和 Q_{e} 的自由度等于各方差 S_i^2 ($i=1,2,\cdots,k$)的自由度之和为

$$\sum_{i=1}^{k}(n_i-1)=\sum_{i=1}^{k}n_i-k=n-k$$

所以 Q_{e} 的自由度记为 $\mathrm{d}f_{\mathrm{e}}$，即 $\mathrm{d}f_{\mathrm{e}}=n-k$. 总自由度满足 $n-1=(k-1)+(n-k)$，记为 $\mathrm{d}f_{\mathrm{T}}$，即 $\mathrm{d}f_{\mathrm{T}}=n-1$.

检验 H_0 所用的统计量是

$$F=\frac{Q_A/(k-1)}{Q_{\mathrm{e}}/(n-k)}\sim F(k-1,n-k)$$

其中的分子、分母都是偏差平方和除以对应的自由度. 这里用均方(即自由度去除离均差平方和的商)代替离均差平方和以消除各组样本数不同的影响。当假设 H_0 不成立时，F 有偏大

的倾向，也就是若 $F \leqslant F_{0.05}$，则因素 A 对实验结果没有显著影响；若 $F_{0.05} \leqslant F \leqslant F_{0.01}$ 时，因素 A 对实验结果影响显著；若 $F > F_{0.01}$ 时，因素 A 对实验结果的影响特别显著.

通常分别取 $\alpha=0.05$ 和 $\alpha=0.01$，按 F 所满足的不同条件作出不同的判断，具体情况见表 8-5.

表 8-5　F 满足的条件及相应的判断

条　件	显 著 性
$F \leqslant F_{0.05}$	不显著
$F_{0.05} < F \leqslant F_{0.01}$	显著(可用“*”表示)
$F > F_{0.01}$	高度显著(可用“**”表示)

方差分析的计算量比较大，为了清晰地表示计算过程和分析结果通常需要填写表 8-6 所示的方差分析表.

表 8-6　方差分析表

方差来源	平方和	自由度	F 值	临界值	显著性
组间误差平方和	Q_A	$k-1$	F	$F(k-1,n-k)$	
组内误差平方和	Q_e	$n-k$			
总和	Q	$n-1$			

表 8-6 中误差总和 $Q=Q_A+Q_e$，总自由度满足 $n-1=(k-1)+(n-k)$.

现在来解例 1：广告是因素 A，水平数 $k=3$，3 个样本容量依次为 $n_1=n_2=n_3=4$，样本总容量 $n=12$.

$$Q_e=\sum_{i=1}^{k}[(n_i-1)S_i^2]=3S_1^2+3S_2^2+3S_3^2$$

通过 Excel 实现上述计算：S_1^2=VAR(A1：A4)=87，S_2^2=VAR(B1：B4)=66.916 67，S_3^2=VAR(C1：C4)=212.25，具体算法如图 8.5 所示.

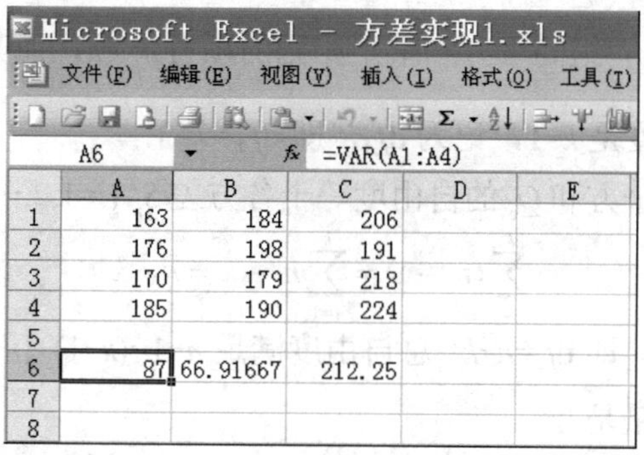

Microsoft Excel - 方差实现1.xls

文件(F)　编辑(E)　视图(V)　插入(I)　格式(O)　工具(T)

A6　=VAR(A1:A4)

	A	B	C	D	E
1	163	184	206		
2	176	198	191		
3	170	179	218		
4	185	190	224		
5					
6	87	66.91667	212.25		
7					
8					

图 8.5

容易在 Excel 中算出

$$Q_e=3(S_1^2+S_2^2+S_3^2)=1\,098.5$$

因为 $Q_A=(n-1)S_A^2$，而 $S_A^2=\dfrac{1}{n-1}\sum\limits_{i=1}^{k}n_i(\bar{x}_i-\bar{x})^2$，故在 Excel 中很容易求得 $\bar{x}_1=173.5$，$\bar{x}_2=187.75$，$\bar{x}_3=209.75$.

故以 4 个 173.5，4 个 187.75，4 个 209.75 为样本，再求样本方差就可以求得 S_A^2，所以 S_A^2=VAR (E1：E12) = 242.560 6，如图 8.6 所示.

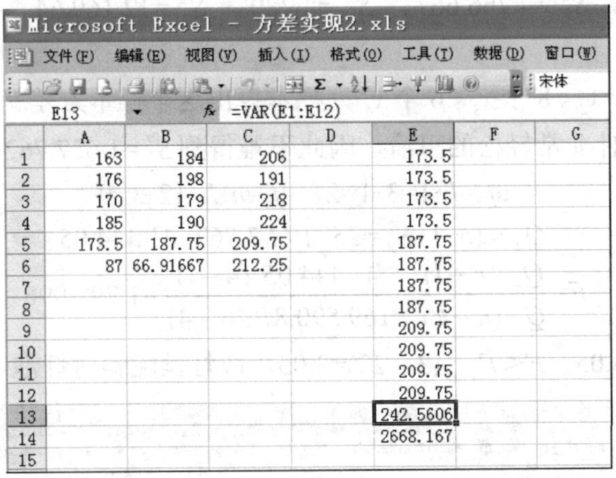

Microsoft Excel - 方差实现2.xls

文件(F)　编辑(E)　视图(V)　插入(I)　格式(O)　工具(T)　数据(D)　窗口(W)

E13　=VAR(E1:E12)

	A	B	C	D	E	F	G
1	163	184	206		173.5		
2	176	198	191		173.5		
3	170	179	218		173.5		
4	185	190	224		173.5		
5	173.5	187.75	209.75		187.75		
6	87	66.91667	212.25		187.75		
7					187.75		
8					187.75		
9					209.75		
10					209.75		
11					209.75		
12					209.75		
13					242.5606		
14					2668.167		
15							

图 8.6

$$Q_A=(n-1)S_A^2=11\times242.560\,6=2\,668.167$$

这个结果与 MATLAB 计算结果是一致的.

$$df_A=k-1=3-1=2，df_e=n-k=12-3=9$$

$$F=\frac{Q_A/(k-1)}{Q_e/(n-k)}=\frac{2\,668.167/2}{1\,098.5/9}=10.930\,13$$

$F_{0.05}(2,9)=4.26$，$F_{0.01}(2,9)=8.02$，不但 $F>F_{0.05}(2,9)=4.26$，而且 $F>F_{0.01}(2,9)=8.02$，所以广告因素对轿车的销量影响是特别显著的. 表 8-7 给出了例 1 的方差分析表.

表 8-7　例 1 的方差分析表

方差来源	平方和	自由度	*F* 值	临界值	显著性
因素的影响(组间)	2 668.167	2	10.930 13	$F_{0.01}(2,9)=8.02$	特别显著
随机误差(组内)	1 098.5	9			
总和	3 766.667	11			

当因素各水平 A_i 的样本容量 $n_i(i=1，2，\cdots，k)$都相等时，称为**均衡数据的单因素方差分析**，样本容量 $n_i(i=1，2，\cdots，k)$不都相等时，称为**非均衡数据的单因素方差分析**.

例 2　灯泡厂用 4 种不同的材料制成灯丝，生产了 4 批灯泡，从中随机抽取若干只灯泡测得灯泡的寿命(单位：h)如下表

L1:	1 600	1 610	1 650	1 680	1 700	1 720	1 800	
L2:	1 500	1 640	1 640	1 700	1 750			
L3:	1 460	1 550	1 600	1 620	1 640	1 660	1 740	1 820
L4:	1 510	1 520	1 530	1 570	1 600	1 680		

检验这 4 种灯丝生产的灯泡的使用寿命有无显著差异.

解　配料是可控制的，所以它是因素 A，4 种配料方案就是因素 A 的 4 个水平，依题意得 k=4，n_1 =7，n_2 =5，n_3 =8，n_4=6，样本总容量 n=26.

$$Q_e=\sum_{i=1}^{k}[(n_i-1)S_i^2]=6S_1^2+4S_2^2+7S_3^2+5S_4^2$$

在 Excel 中计算 S_1^2 =4 766.667，S_2^2 =8 780，S_3^2 =12 169.64，S_4^2 =4 136.667，所以 $Q_e=169\ 590.8$.

再以 7 个 $\bar{x}_1$、5 个 $\bar{x}_2$、8 个 $\bar{x}_3$、6 个 $\bar{x}_4$ 为样本算出这个样本方差就可得到 S_A^2，而在 Excel 中重复输入数据是一件非常轻松的事情，因此不难得到 S_A^2=1 657.762，如图 8.7 所示.

$$\mathrm{d}f_A=k-1=3-1=2,\ \mathrm{d}f_e=n-k=12-3=9$$

$$Q_A=(n-1)S_A^2=25\times 1\ 657.762=41\ 444.05$$

$$F=\frac{Q_A/(k-1)}{Q_e/(n-k)}=\frac{41\ 444.05/(4-1)}{169\ 590.8/(26-4)}=1.792\ 096$$

而 $F_{0.05}(3，22)=3.05$，$F<F_{0.05}(3，22)=3.05$，故灯丝配料对灯泡寿命没有显著影响.

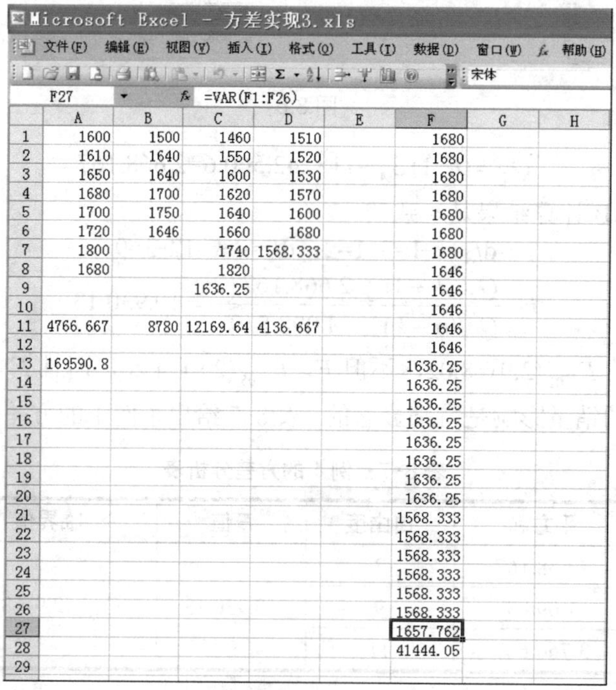

Microsoft Excel - 方差实现3.xls

文件(F)　编辑(E)　视图(V)　插入(I)　格式(O)　工具(T)　数据(D)　窗口(W)　帮助(H)

宋体

F27　=VAR(F1:F26)

	A	B	C	D	E	F	G	H
1	1600	1500	1460	1510		1680		
2	1610	1640	1550	1520		1680		
3	1650	1640	1600	1530		1680		
4	1680	1700	1620	1570		1680		
5	1700	1750	1640	1600		1680		
6	1720	1646	1660	1680		1680		
7	1800		1740	1568.333		1680		
8	1680		1820			1646		
9			1636.25			1646		
10						1646		
11	4766.667	8780	12169.64	4136.667		1646		
12						1646		
13	169590.8					1636.25		
14						1636.25		
15						1636.25		
16						1636.25		
17						1636.25		
18						1636.25		
19						1636.25		
20						1636.25		
21						1568.333		
22						1568.333		
23						1568.333		
24						1568.333		
25						1568.333		
26						1568.333		
27						1657.762		
28						41444.05		
29								

图 8.7

具体方差分析见表 8-8.

表 8-8　例 2 的方差分析表

方差来源	平方和	自由度	F 值	临界值	显著性
因素的影响(组间)	41 444.05	3	1.792 096	3.05	接受 H_0
随机误差(组内)	169 590.8	22			
总和	211 034.9	25			

习　题　8.2

1．填空题.

(1) 在单因素实验中如果因素只有两个水平，就是________________问题.

(2) 因素 A 的 k 个水平为 k 个正态总体 X_1，X_2，…，X_k，它们服从 $N(\mu_i,\sigma^2)(i=1,2,\cdots,k)$，$k$ 个总体的方差为________________，如果说方差分析就是在这 k 个总体上作假设检验，这个假设是________________________.

(3) 因素 A 的第 i 水平 A_i 的样本观察值为 x_{i1}，x_{i2}，…，x_{in_i}，组间偏差平方和 $Q_A=$ ________________ $=$ ________________；组内偏差平方和 $Q_e=$ ________________ $=$ ________________.

2．选择题.

(1) 在单因素方差分析中，每个水平对应一个样本，应该采用下面(　　)来体现因素影响的大小.

A．各样本产生的偏差平方和

B. 各样本产生的偏差平方和的累加值

C. 各样本的均值产生的偏差平方和

D. 各样本均值的加权数组产生的偏差平方和

(2) 在方差分析中，由一个数组产生的偏差平方和反映该数组的(　　).

A. 大小程度　　B. 离散程度　　C. 可靠程度　　D. 随机误差

(3) 为了考虑某一因素对实验指标的影响，取 4 个水平各做 10 次试验，得到了 40 个观察值 x_{ij} $(i=1,2,3,4;\ j=1,2,\cdots,10)$，设 $A=10\sum_{i=1}^{4}(\bar{x}_i-\bar{x})^2$，$B=\sum_{i=1}^{4}\sum_{j=1}^{10}(x_{ij}-\bar{x}_1)^2$，其中 $\bar{x}_i$ 为每个水平对应的均值$(i=1,2,3,4)$，$\bar{x}$ 是总平均值，则检验因素对实验指标有无影响，判断的依据是(　　).

A. $\dfrac{A/3}{B/36}>F_\alpha(3，36)$　　B. $\dfrac{B/36}{A/3}>F_\alpha(36，3)$

C. $\dfrac{A/3}{(A+B)/36}>F_\alpha(36，39)$　　D. $\dfrac{B/36}{(A+B)/39}>F_\alpha(3，36)$

3．A、B、C 这 3 个工厂生产同种型号的电池，分别从其产品中随机抽取 5 只，测得使用寿命(单位：h)如下表所示．试在显著性水平 $\alpha=0.05$ 下，检验 3 个工厂生产的电池的平均寿命有无显著差异.

工　厂	电池寿命				
A	40	48	38	42	45
B	26	34	30	28	32
C	39	40	43	50	50

4．考察 4 种不同类型的电路对计算器响应时间的影响. 测得数据如下所示，设各测量

值总体服从同方差的正态分布，试分析各类型电路对响应时间有无显著差异(α=0.05).

电路类型	响应时间				
1	19	22	20	18	15
2	20	21	33	27	40
3	16	15	18	26	17
4	18	22	19		

5．一个年级有 3 个班，学生们进行了一次考试，现从各个班级随机地抽取一些学生，记录成绩如下.

1 班		2 班		3 班	
77	66	88	56	68	15
89	60	78	77	79	41
82	45	48	31	56	59
43	93	91	78	91	68
80	36	51	62	71	53
73	77	85	76	71	79
		74	96	87	
		80			

设各个总体服从正态分布，且方差相等. 试在显著水平 0.05 下检验各班的平均分数有无显著差异.

§8.3　单因素方差分析与回归分析实验

1．实验要求

掌握一元线性回归分析和单因素方差分析的基本语句，解决有关基本问题.

2．实验内容

1) 单因素方差分析

单因素方差分析是比较两组或多组数据的均值，它返回原假设——均值相等的概率.

函数：anova1

格式：p = anova1(X)

X 的各列为彼此独立的样本观察值，其元素个数相同，p 为各列均值相等的概率值，若 p 值接近于 0，则原假设受到怀疑，说明至少有一列均值与其余列均值有明显不同.

```
p = anova1(X,group)                  %X 和 group 为向量且 group 要与 X 对应
p = anova1(X,group,'displayopt')     % displayopt=on/off 表示显示与隐藏方差分
                                     %析表图和盒图
[p,table] = anova1(…)                % table 为方差分析表
[p,table,stats] = anova1(…)          % stats 为分析结果的构造
```

说明　anova1 函数产生两个图，即标准的方差分析表图和盒图.

方差分析表中有 6 列：第 1 列(source)显示 X 中数据可变性的来源；第 2 列(SS)显示用于每一列的平方和；第 3 列(df)显示与每一种可变性来源有关的自由度；第 4 列(MS)显示 SS/df 的比值；第 5 列(F)显示 F 统计量数值，它是 MS 的比率；第 6 列显示从 F 累积分布中得到的概率，当 F 增加时，p 值减少.

例 1　设有 3 台机器，用来生产规格相同的铝合金薄板. 取样测量薄板的厚度，精确至 0.001cm，得结果如下表

机器 1:	0.236	0.238	0.248	0.245	0.243
机器 2:	0.257	0.253	0.255	0.254	0.261
机器 3:	0.258	0.264	0.259	0.267	0.262

检验各台机器所生产的薄板的厚度有无显著的差异.

解　用 MATLAB 计算如下：

```
>> X=[0.236  0.238  0.248  0.245  0.243; 0.257  0.253  0.255  0.254  0.261;
     0.258  0.264  0.259  0.267  0.262];
>> P=anova1(X')
```

结果为：

```
P =1.3431e-005
```

计算结果如图 8.8 和图 8.9 所示.

ANOVA Table

Source	SS	df	MS	F	Prob>F
Columns	0.00105	2	0.00053	32.92	1.34305e-005
Error	0.00019	12	0.00002		
Total	0.00125	14			

图 8.8

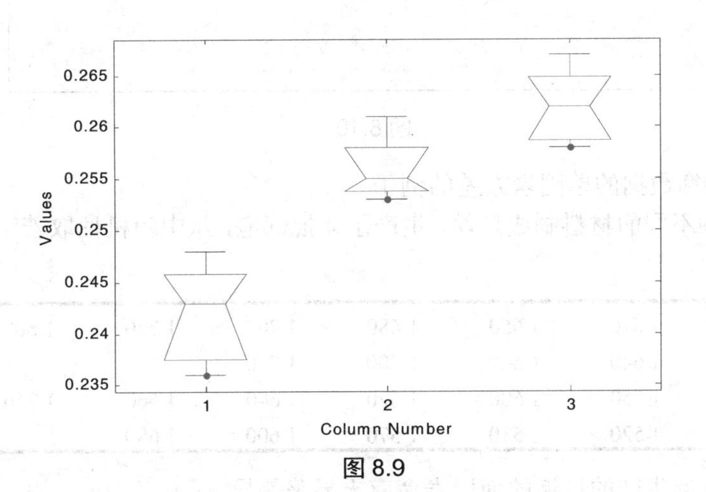

图 8.9

例 2　影响火箭射程的因素分析.

有两个因素影响火箭射程，即燃料 A 和推进器 B，取 4 种燃料和 3 种推进器，每种燃料与每种推进器的组合各发射两次火箭，得射程见表 8-9.

表 8-9

推进器 B \ 燃料 A	B1	B2	B3
A1	58.2 52.6	56.2 41.2	65.3 60.8
A2	49.1 42.8	54.1 50.5	51.6 48.4
A3	60.1 58.3	70.9 73.2	39.2 40.7
A4	75.8 71.5	58.2 51.0	48.7 41.4

问燃料和推进器对射程有没有显著影响？

解 用 MATLAB 计算如下：

```
>> x=[58.2 56.2 65.3;52.6 41.2 60.8;49.1 54.1 51.6;42.8 50.5 48.4;60.1 70.9
    39.2;58.3 73.2 40.7;75.8 58.2 48.7;71.5 51.0 41.4];
>> n=2;                                          %试验次数
>> p=anova2(x,n)
p =
0.0035    0.0260    0.0001
```

运行结果如图 8.10 所示.

所以燃料和推进器对射程有显著影响.

ANOVA Table

Source	SS	df	MS	F	Prob>F
Columns	370.98	2	185.49	9.39	0.0035
Rows	261.68	3	87.225	4.42	0.026
Interaction	1768.69	6	294.782	14.93	0.0001
Error	236.95	12	19.746		
Total	2638.3	23			

图 8.10

例 3 求非均衡数据的单因素方差的例子.

灯泡厂用 4 种不同的材料制成灯丝，生产了 4 批灯泡，从中随机抽取若干只灯泡测得灯泡的寿命(h)如下

L1:	1 600	1 610	1 650	1 680	1 700	1 720	1 800	
L2:	1 500	1 640	1 640	1 700	1 750			
L3:	1 460	1 550	1 600	1 620	1 640	1 660	1 740	1 820
L4:	1 510	1 520	1 530	1 570	1 600	1 680		

检验这 4 种灯丝生产的灯泡的使用寿命有无显著差异.

解 用 MATLAB 计算如下：

```
    strength=[1600 1610 1650 1680 1700 1720 1800 1500 1640 1640 1700 1750 1460
1550 1600 1620 1640 1660 1740 1820 1510 1520 1530 1570 1600 1680];
```

```
>>
alloy={'st','st','st','st','st','st','st','al1','al1','al1','al1','al1','al2
','al2','al2','al2','al2','al2','al2','al2','al3','al3','al3','al3','al3','a
l3'};
>> [p,table,stats]=anova1(strength,alloy,'on')
p =
    0.1781
table =
   'Source'   'SS'              'df'    'MS'              'F'         'Prob>F'
   'Groups'   [4.1444e+004]     [ 3]    [1.3815e+004]     [1.7921]    [0.1781]
   'Error'    [1.6959e+005]     [22]    [7.7087e+003]            []          []
   'Total'    [2.1103e+005]     [25]                []           []          []
stats =
    gnames: {4x1 cell}
         n: [7 5 8 6]
    source: 'anova1'
     means: [1680 1646 1.6363e+003 1.5683e+003]
        df: 22
         s: 87.7991
```

计算结果如图 8.11 和图 8.12 所示.

ANOVA Table

Source	SS	df	MS	F	Prob>F
Groups	41443.8	3	13814.6	1.79	0.1781
Error	169590.8	22	7708.7		
Total	211034.6	25			

图 8.11

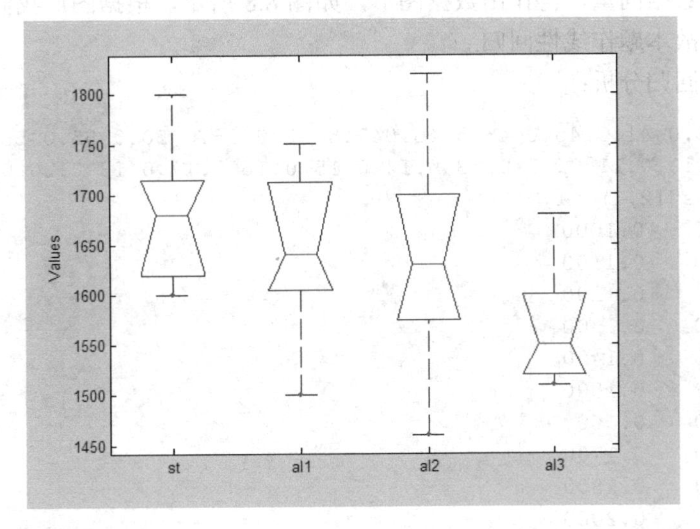

图 8.12

此结果与§8.2 例 2 中的 Excel 解法所得结果一致.

2) 多元线性回归分析

(1) 一元线性回归.

在 MATLAB 统计工具箱中使用命令 regress()实现多元线性回归，有以下两种调用格式.

① b=regress(y,x):求回归系数的点估计值.

② [b,bint,r,rint,stats]= regress(y,x,alpha):求回归系数的点估计和区间估计，并检验回归模型. 输出向量 b、bint 为回归系数估计值和它们的置信区间；r、rint 为残差及其置信区间；stats 用于检验回归模型的统计量，有 3 个数据，第一个是 r^2,r 是相关系数，第二个是 F 统计量值，第三个是与统计量 F 对应的概率 P，当 $P<\alpha$ 时拒绝 H_0，回归模型成立.

其中函数数据向量 y 和自变量数据矩阵 x 按以下排列方式输入.

$$y=\begin{pmatrix} y_1 \\ y_2 \\ \vdots \\ y_n \end{pmatrix},\ x=\begin{pmatrix} 1 & x_{11} & x_{12} & \cdots & x_{1n} \\ 1 & x_{21} & x_{22} & \cdots & x_{2n} \\ \vdots & \vdots & \vdots & & \vdots \\ 1 & x_{m1} & x_{m2} & \cdots & x_{mn} \end{pmatrix} \tag{8-22}$$

对一元线性回归，取 n=1 即可，alpha 为显著性水平(默认为 0.05).

需要画出残差及其置信区间时，使用命令：rcoplot(r,rint).

例 4 某种合金的强度 y 与其中的含碳量 x 有比较密切的关系，今从生产中收集了一批数据如下，如表 8-10 所示.

表 8-10 合金的强度 y 与其中的含碳量 x 的关系

x/%	0.10	0.11	0.12	0.13	0.14	0.15	0.16	0.17	0.18	0.20	0.21	0.23
y/(kg/mm^2)	42.0	41.5	45.0	45.5	45.0	47.5	49.0	55.0	50.0	55.0	55.5	60.5

(1) 求 y 对 x 的回归方程；

(2) 在显著水平 α=0.05 下检验回归方程的显著性；

解： 先定义数据向量，再作出数据图形，如图 8.8 所示，根据图形我们初步确定 y 与 x 存在线性关系，故本题作线性回归.

输入数据作回归分析：

```
>> y1=[42.0 41.5 45.0 45.5 45.047.5 49.0 55.0 50.0 55.0 55.5 60.5]';
>> x1=[0.10 0.11 0.12 0.13 0.14 0.15 0.16 0.17 0.18 0.20 0.21 0.23]';
>> x=[ones(12,1) x1]
   1.0000   0.1000
   1.0000   0.1100
   1.0000   0.1200
   1.0000   0.1300
   1.0000   0.1400
   1.0000   0.1500
   1.0000   0.1600
   1.0000   0.1700
   1.0000   0.1800
   1.0000   0.2000
   1.0000   0.2100
   1.0000   0.2300
>> plot(x1,y1,'*')
```

% 作数据的散点图如图 8.13 所示.

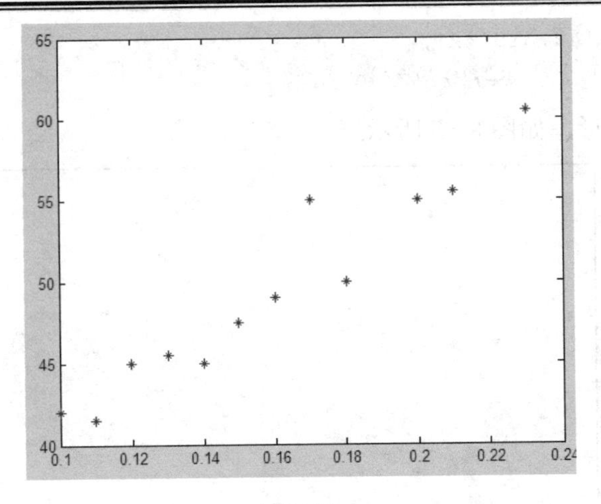

图 8.13

```
>> [b,bint,r,rint,stats]=regress(y,x,0.05)
  b =                          % â, b̂ 的估计值
  27.0269          140.6194
  bint =                          % â, b̂ 的区间估计
  22.3226    31.7313
  111.7842  169.4546
```

说明：根据上述计算得回归方程：　$y=27.0269+140.6194\cdot x$.

截距 $\hat{a}$ 的 95%的置信区间为：[22.322 6 ，31.731 3]；

斜率 $\hat{b}$ 的 95%的置信区间为：[111.784 2，169.454 6].

可决系数 $r^2=0.9219$，所以相关系数 $r=0.9602$ 接近于 1，自由度 $f=10$，查表 $\lambda=0.576$，$r>\lambda$，说明 $\hat{a}$ 与 $\hat{b}$ 显著相关．且 $F=118.0670$，$p=0.0000<\alpha=0.0000$. 故回归模型 $y=27.0269+140.6194\cdot x$ 有效.

```
>> plot(x,y,'*')  >> rcoplot(r,rint)
```

%作残差分析图如图 8.14.

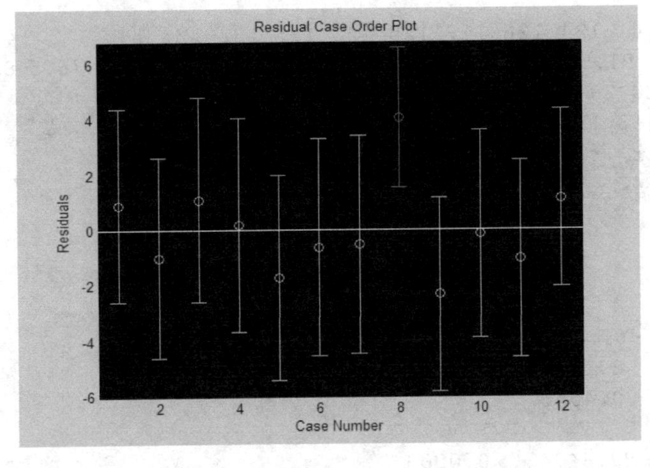

图 8.14

```
>> y=27.0269+140.6194*x1;
>>  plot(x1,y1,'*',x1,y,'r-')
```

做出回归方程图形，如图 8.15 所示.

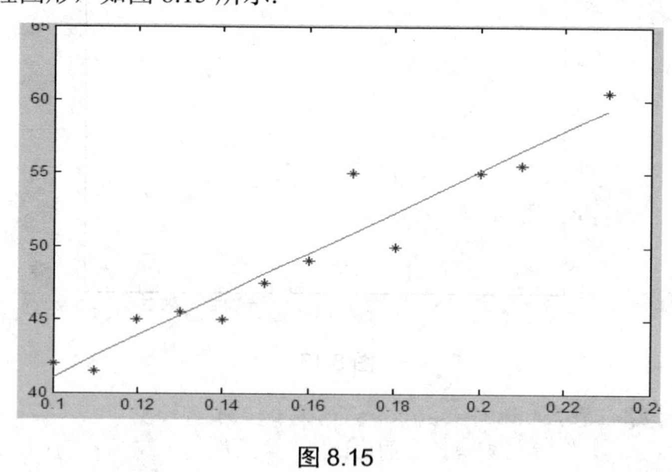

图 8.15

例 5　根据经验,在人的身高相等的情况下,血压的收缩压 y 与体重 x_1(千克)、年龄 x_2(岁)有关. 现收集了 13 个男子的数据，见表 8-11.

表 8-11　血压与体重、年龄的关系

x_1	76.0	91.5	85.5	82.5	79.0	80.5	74.5	79.0	85.0	76.5	82.0	95.0	92.5
x_2	50	20	20	30	30	50	60	50	40	55	40	40	20
y	120	141	124	126	117	125	123	125	132	123	132	155	147

试建立 y 关于 x_1，x_2 的线性回归方程，并求 $x=x_0=(80,40)'$ 时相对应的 y 的预测值，及置信度为 95%的预测区间.

解　设要求的回归方程为 $\hat{y}=b_0+b_1x_1+b_2x_2$，只需在式(8-22)的矩阵中令 n=2，其他命令与一元线性回归类似.

用 MATLAB 计算如下：

```
>> y=[120 141 124 126 117 125 123 125 132 123 132 155 147]';
>> x1=[76.0 91.5 85.5 82.5 79.0 80.5 74.5 79.0 85.0 76.5 82.0 95.0 92.5]';
>> x2=[50 20 20 30 30 50 60 50 40 55 40 40 20]';
>> x=[ones(13,1),x1,x2];
>> [b,bint,r, rint,stats]=regress(y,x,0.95)
b =
  -62.9634
    2.1366
    0.4002
bint =
  -64.0564  -61.8703
    2.1253    2.1478
    0.3949    0.4056
stats =
    0.9461   87.8404    0.0000
```

从 stats 的计算结果上看回归系数与回归方程的检验都是显著的，因此回归方程为：

$$\hat{y} = -62.963\,4 + 2.136\,6x_1 + 0.400\,2x_2$$

```
>> z0=[1,80,40]';
>> y0=b'*z0
y0 =
  123.9699          % 即 y0 的预测值.
```

习　题　8.3

1．某粮食加工厂用 4 种方法储藏粮食，在一段时间后分别抽样化验，测得含水率(%)为

方法一：5.8　7.4　7.1　　　　方法二：7.3　8.3　7.6　8.4　8.3

方法三：7.9　9.0　　　　　　方法四：8.1　6.4　7.0

试问不同储藏方法对粮食含水率的影响是否显著(α=0.05)？

2．在某地的白鹅生产性能研究中，得到如下一组关于雏鹅重(g)与 70 日龄重(g)的数据，试建立 70 日龄重(y)与雏鹅重(x)的直线回归方程(α=0.05).

编　号	1	2	3	4	5	6	7	8	9	10	11	12
雏鹅重(x)	80	86	98	90	120	102	95	83	113	105	110	100
70 日龄重(y)	2 350	2 400	2 720	2 500	3 150	2 680	630	400	3 080	2 920	2 960	2 860

3．实用 3 种推进器、4 种燃料做火箭射程试验，每一种组合情况做一次试验，得到火箭射程(海里)的数据列于矩阵 $\boldsymbol{M}=\begin{pmatrix} 582 & 491 & 601 & 758 \\ 562 & 541 & 709 & 582 \\ 653 & 516 & 392 & 487 \end{pmatrix}$．矩阵 $\boldsymbol{M}$ 的第 i 行(i=1，2，3)，第 j 列(j=1，2，3，4)元素表示第 i 种推进器和第 j 种燃料组合的试验数据．试分析推进器与燃料对火箭射程有无显著差异(α=0.05)．

4．根据调查，建筑面积 x 与建筑成本 y 之间存在着线性相关关系，其统计资料如下表：

x/100m^2	4	2	3	4	5	5
y/万元	14.9	12.8	13.2	14.1	15.5	16

(1) 求建筑面积与建筑成本间的回归方程.

(2) 当 α=0.05 时，求检验线性相关关系.

(3) 预测当 x=500m^2 时，建筑成本 y 的范围(α=0.05).

5．研究人员测到 10 只绵羊的胸围 x(cm)与体重 y(kg)的数据如下表：

x	68	70	70	71	71	71	73	74	76	76
y	50	60	68	65	69	72	71	73	75	77

试建立 y 与 x 的函数关系模型，并检验模型的可信度及数据中有无异常点.

6．某种化工产品的得率 y 与反应温度 x_1、反应时间 x_2 及某反应物浓度 x_3 有关．今得试

验结果如下表，其中标出每个因素的二水平编码值.

x_1	−1	−1	−1	−1	1	1	1	1
x_2	−1	−1	1	1	−1	−1	1	1
x_3	−1	1	−1	1	−1	1	−1	1
y	7.6	10.3	9.2	10.2	8.4	11.1	9.8	12.6

求 y 关于 x_1、x_2、x_3 的回归方程(α=0.05).

§8.4　线性回归应用案例

由于事物的联系错综复杂，在许多实际问题中，因变量往往受到不止一个因素的影响. 为了全面揭示因变量和多个因素间的联系，提高预测的准确度，一元线性回归已不能满足需要，所以就需要建立多元线性回归模型. 多元线性回归模型分析的原理同一元线性回归基本相同，只是计算量较大.

若因变量 y 与多个自变量 $x_1,x_2,\cdots,x_p$ 之间服从线性关系

$$y=\beta_0+\beta_1x_1+\beta_2x_2+\cdots+\beta_px_p+\varepsilon \tag{8-23}$$

其中 $\beta_0,\beta_1,\cdots,\beta_p$ 为待定系数，误差项 $\varepsilon\sim N(0,\sigma^2)$，则称式(8-23)为 y 对 $x_1,x_2,\cdots,x_p$ 的多元线性回归模型. 若进行 n 次观测，得到 n 组数据 $(x_{i1},x_{i2},\cdots,x_{ip},y_i)(i=1,2,\cdots,n)$，从而有 $y_i=\beta_0+\beta_1x_{i1}+\beta_2x_{i2}+\cdots+\beta_px_{ip}+\varepsilon_i(i=1,2,\cdots,n)$ 这里 ε_i 相互独立，且 $\varepsilon_i\sim N(0,\sigma^2)$，估计参数 $\beta_0,\beta_1,\cdots,\beta_p$ 仍然采用最小二乘法，也就是使得残差平方和

$$Q=\sum_{i=1}^{n}(y_i-\beta_0-\beta_1x_{i1}-\beta_2x_{i2}-\cdots-\beta_px_{ip})^2=\min \tag{8-24}$$

将式(8-24)分别对 $\beta_0,\beta_1,\cdots,\beta_p$ 求导可对方程组求解. 若写成矩阵形式就是 $\boldsymbol{Y}=\boldsymbol{X\beta}+\boldsymbol{\varepsilon}$，其中

$$\boldsymbol{Y}=\begin{pmatrix}y_1\\y_2\\\vdots\\y_n\end{pmatrix},\quad \boldsymbol{X}=\begin{pmatrix}1 & x_{11} & \cdots x_{1p}\\\vdots & \vdots & \vdots\\1 & x_{n1} & \cdots x_{np}\end{pmatrix},\quad \boldsymbol{\beta}=\begin{pmatrix}\beta_0\\\beta_1\\\vdots\\\beta_p\end{pmatrix},\quad \boldsymbol{\varepsilon}\sim N_n(0,\sigma^2\boldsymbol{I})$$

其中 $\boldsymbol{I}$ 为单位矩阵，利用最小二乘法，可以求得回归系数 $\hat{\beta}=(\boldsymbol{X}^{\mathrm{T}}\boldsymbol{X})^{-1}\boldsymbol{X}^{\mathrm{T}}\boldsymbol{Y}$.

下面利用该线性回归方法求解如下问题.

某种膨胀合金中含有两种主要成分，做了一批试验，结果见表 8-12，并发现这两种成分含量和 x 与合金的膨胀系数 y 之间有一定的关系.

(1) 试确定 y 与 x 之间的相关关系表达式.

(2) 求出其中系数的最小二乘估计.

(3) 对回归方程及各项做显著性检验，并预测在金属成分和 $x=44$ 时合金的膨胀系数.

表 8-12

试验号	金属成分和	膨胀系数
1	37.0	3.4
2	37.5	3.0
3	38.0	3.0
4	38.5	3.27
5	39	2.10
6	39.5	1.83
7	40	1.53
8	40.5	1.70
9	41	1.80
10	41.5	1.90
11	42	2.35
12	42.5	2.54
13	43	2.90

将数据(x_i, y_i)绘制在平面直角坐标系中得到散点图 8.16.

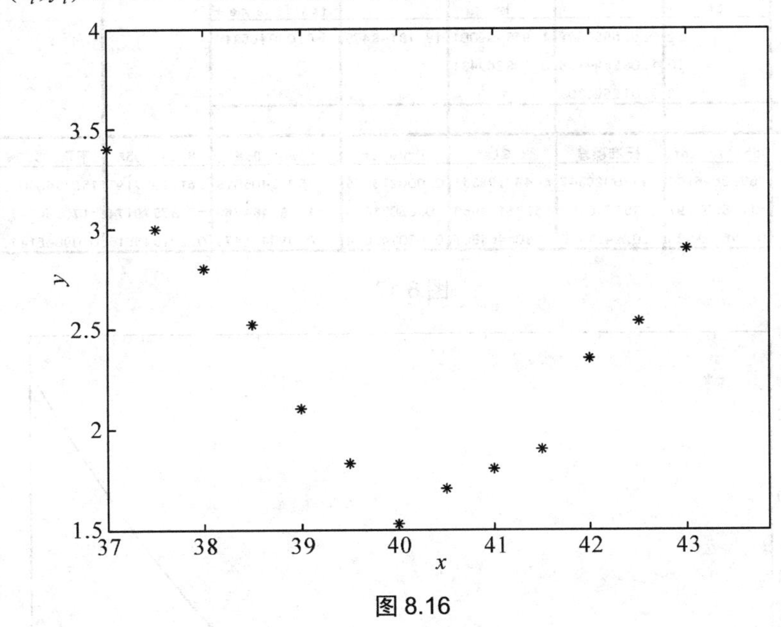

图 8.16

从图 8.16 中可以看出，这 13 个点在一条抛物线附近，即 x 对 y 的影响是二次关系，考虑到影响 y 的其他随机因素可用 ε 来表示，于是 y 可表示为： $y=\beta_0+\beta_1 x+\beta_2 x^2+\varepsilon$. 这样就回答了本题中的第一个问题，下面将利用线性回归中的最小二乘法求解系数 β_0、β_1、β_2. 不妨将(x, x^2)看作是影响 y 的两个参数，从而该模型就可以看作是两因素的二元回归模型，仍可以写成$\boldsymbol{Y}=\boldsymbol{X}\boldsymbol{\beta}+\boldsymbol{\varepsilon}$，其中

$$\boldsymbol{Y}=\begin{pmatrix} y_1 \\ y_2 \\ \vdots \\ y_n \end{pmatrix}，\quad \boldsymbol{X}=\begin{pmatrix} 1 & x_{11} & {x_{11}}^2 \\ \vdots & \vdots & \vdots \\ 1 & x_{n1} & {x_{n1}}^2 \end{pmatrix}，\quad \boldsymbol{\beta}=\begin{pmatrix} \beta_0 \\ \beta_1 \\ \beta_2 \end{pmatrix}，\quad \boldsymbol{\varepsilon}\sim N_n(0, \sigma^2 \boldsymbol{I})$$

利用最小二乘法，可以获得 $\hat{\beta}=(\boldsymbol{X}^{\mathrm{T}}\boldsymbol{X})^{-1}\boldsymbol{X}^{\mathrm{T}}\boldsymbol{Y}$.

也可以打开 Excel 后建立数据文件，在主菜单下依次选择“工具”→“数据分析”命令，再选择“回归”选项，在“回归”对话框中分别输入因变量单元格范围 A2：A14 和自变量的单元格范围 B2：C14，最后单击“确定”按钮，具体分析结果如图 8.17 所示.

从该分析结果中可以得到回归方程为：$y=257.0696-12.6203x+0.156004x^2$，它的模拟图形如图 8.18 所示.

	A	B	C	D	E	F	G	H	I
1	SUMMARY OUTPUT								
2									
3	回归统计								
4	Multiple R	0.885613134							
5	R Square	0.784310623							
6	Adjusted R	0.741172748							
7	标准误差	0.329043205							
8	观测值	13							
9									
10	方差分析								
11		df	SS	MS	F	Significance F			
12	回归分析	2	3.936998002	1.968499001	18.18148475	0.000466814			
13	残差	10	1.082694306	0.108269431					
14	总计	12	5.019692308						
15									
16		Coefficients	标准误差	t Stat	P-value	Lower 95%	Upper 95%	下限 95.0%	上限 95.0%
17	Intercept	257.0696104	47.0029547	5.469222351	0.000273355	152.3405013	361.798719 5	152.3405013	361.798719 5
18	X Variable	-12.6203197	2.353770706	-5.36174558	0.00031824	-17.86484762	-7.37579174	-17.8648476	-7.37579174
19	X Variable	0.156003996	0.029415815	5.303405586	0.000345854	0.090461477	0.221546515	0.090461477	0.221546515

图 8.17

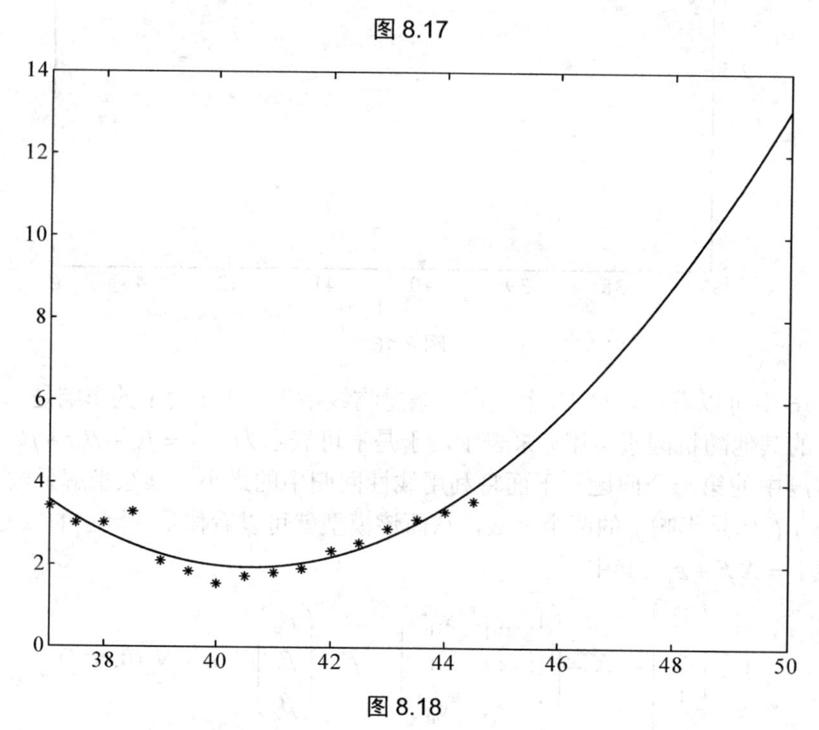

图 8.18

下面来回答第三个问题，在多元回归分析中，也需要检验 y 与 x、x^2 之间是否有如上的线性关系，仍然是利用回归平方和占总平方和的比例 $R^2=\dfrac{S_R}{S_T}=\dfrac{\sum_{i=1}^{n}(\hat{y}_i-\bar{y})^2}{\sum_{i=1}^{n}(y_i-\bar{y})^2}$=0.784 310 623，即该合金的膨胀系数. 能被上述回归方程所解释的比例是 78.431 0%. Significance F 值小于显著水平 0.05，回归方程通过显著性检验，即膨胀系数 y 与合金成分和 x 以及合金成分和的平方 x^2 之间的线性关系是显著的. 但这并不意味着膨胀系数与金属成分和 x 以及金属成分和的平方之间的关系都显著，F—检验说明的是总体的显著性，由回归系数的 t—检验可知，β_0、β_1、β_2 所对应的 P 值均小于 0.05，都通过检验，因此这两个因素都是显著的. 当金属成分和为 44 时，代入到回归方程中，膨胀系数的预测值为 3.792 4.

练习题

测定某雌性鱼体长(cm)和体重(kg)的结果见表 8-13，试对鱼体重与体长进行回归分析.

表 8-13 鱼体长与体重数据表

体长 x	70.70	98.25	112.57	122.48	138.46	148.00	152.00	162.00
体重 y	1.00	4.85	6.59	9.01	12.34	15.50	21.25	22.11

提示：选用 $y=ax^b$ 进行拟合，用非线性回归命令 nlinfit()求解. 另一种方法是对 $y=ax^b$ 线性化，取对数 $\ln y=\ln a+b\ln x$,令 $y_1=\ln y$，$a_1=\ln a$，$x_1=\ln x$，则得线性模型 $y_1=a_1+bx_1$，再调用回归命令 regress()求解.

附　　表

附表 1　标准正态分布表

$$\phi(x) = P\{X \leqslant x\} = \int_{-\infty}^{x} \frac{1}{\sqrt{2\pi}} \mathrm{e}^{-\frac{t^2}{2}} \mathrm{d}t$$

x	0	1	2	3	4	5	6	7	8	9
0.0	0.500 0	0.504 0	0.508 0	0.512 0	0.516 0	0.519 9	0.523 9	0.527 9	0.531 9	0.535 9
0.1	0.539 8	0.543 8	0.547 8	0.551 7	0.555 7	0.559 6	0.563 6	0.567 5	0.571 4	0.575 3
0.2	0.579 3	0.583 2	0.587 1	0.591 0	0.594 8	0.598 7	0.602 6	0.606 4	0.610 3	0.614 1
0.3	0.617 9	0.621 7	0.625 5	0.629 3	0.633 1	0.636 8	0.640 4	0.644 3	0.648 0	0.651 7
0.4	0.655 4	0.659 1	0.662 8	0.666 4	0.670 0	0.673 6	0.677 2	0.680 8	0.684 4	0.687 9
0.5	0.691 5	0.695 0	0.698 5	0.701 9	0.705 4	0.708 8	0.712 3	0.715 7	0.719 0	0.722 4
0.6	0.725 7	0.729 1	0.732 4	0.735 7	0.738 9	0.742 2	0.745 4	0.748 6	0.751 7	0.754 9
0.7	0.758 0	0.761 1	0.764 2	0.767 3	0.770 3	0.773 4	0.776 4	0.779 4	0.782 3	0.785 2
0.8	0.788 1	0.791 0	0.793 9	0.796 7	0.799 5	0.802 3	0.805 1	0.807 8	0.810 6	0.813 3
0.9	0.815 9	0.818 6	0.821 2	0.823 8	0.826 4	0.828 9	0.835 5	0.834 0	0.836 5	0.838 9
1.0	0.841 3	0.843 8	0.846 1	0.848 5	0.850 8	0.853 1	0.855 4	0.857 7	0.859 9	0.862 1
1.1	0.864 3	0.866 5	0.868 6	0.870 8	0.872 9	0.874 9	0.877 0	0.879 0	0.881 0	0.883 0
1.2	0.884 9	0.886 9	0.888 8	0.890 7	0.892 5	0.894 4	0.896 2	0.898 0	0.899 7	0.901 5
1.3	0.903 2	0.904 9	0.906 6	0.908 2	0.909 9	0.911 5	0.913 1	0.914 7	0.916 2	0.917 7
1.4	0.919 2	0.920 7	0.922 2	0.923 6	0.925 1	0.926 5	0.927 9	0.929 2	0.930 6	0.931 9
1.5	0.933 2	0.934 5	0.935 7	0.937 0	0.938 2	0.939 4	0.940 6	0.941 8	0.943 0	0.944 1
1.6	0.945 2	0.946 3	0.947 4	0.948 4	0.949 5	0.950 5	0.951 5	0.952 5	0.953 5	0.953 5
1.7	0.955 4	0.956 4	0.957 3	0.958 2	0.959 1	0.959 9	0.960 8	0.961 6	0.962 5	0.963 3
1.8	0.964 1	0.964 8	0.965 6	0.966 4	0.967 2	0.967 8	0.968 6	0.969 3	0.970 0	0.970 6
1.9	0.971 3	0.971 9	0.972 6	0.973 2	0.973 8	0.974 4	0.975 0	0.975 6	0.976 2	0.976 7
2.0	0.977 2	0.977 8	0.978 3	0.978 8	0.979 3	0.979 8	0.980 3	0.980 8	0.981 2	0.981 7
2.1	0.982 1	0.982 6	0.983 0	0.983 4	0.983 8	0.984 2	0.984 6	0.985 0	0.985 4	0.985 7
2.2	0.986 1	0.986 4	0.986 8	0.987 1	0.987 4	0.987 8	0.988 1	0.988 4	0.988 7	0.989 0
2.3	0.989 3	0.989 6	0.989 8	0.990 1	0.990 4	0.990 6	0.990 9	0.991 1	0.991 3	0.991 6
2.4	0.991 8	0.992 0	0.992 2	0.992 5	0.992 7	0.992 9	0.993 1	0.993 2	0.993 4	0.993 6
2.5	0.993 8	0.994 0	0.994 1	0.994 3	0.994 5	0.994 6	0.994 8	0.994 9	0.995 1	0.995 2
2.6	0.995 3	0.995 5	0.995 6	0.995 7	0.995 9	0.996 0	0.996 1	0.996 2	0.996 3	0.996 4
2.7	0.996 5	0.996 6	0.996 7	0.996 8	0.996 9	0.997 0	0.997 1	0.997 2	0.997 3	0.997 4
2.8	0.997 4	0.997 5	0.997 6	0.997 7	0.997 7	0.997 8	0.997 9	0.997 9	0.998 0	0.998 1
2.9	0.998 1	0.998 2	0.998 2	0.998 3	0.998 4	0.998 4	0.998 5	0.998 5	0.998 6	0.998 6
3.0	0.998 7	0.999 0	0.999 3	0.999 5	0.999 7	0.999 8	0.999 8	0.999 9	0.999 9	1.000 0

附表 2 泊松分布表

$$P\{X \geqslant x\} = \sum_{k=x}^{\infty} \frac{\lambda^k e^{-\lambda}}{k!}$$

x	$\lambda=0.2$	$\lambda=0.3$	$\lambda=0.4$	$\lambda=0.5$	$\lambda=0.6$	$\lambda=0.7$	$\lambda=0.8$	$\lambda=0.9$	$\lambda=1.0$	$\lambda=1.2$
0	1.000 000 0	1.000 000 0	1.000 000 0	1.000 000 0	1.000 000 0	1.000 000	1.000 000	1.000 000	1.000 000	1.000 000
1	0.181 269 2	0.259 181 8	0.329 680 0	0.323 469	0.451 188	0.503 415	0.550 671	0.593 430	0.632 121	0.698 806
2	0.017 523 1	0.036 936 3	0.061 551 9	0.090 204	0.121 901	0.155 805	0.191 208	0.227 518	0.264 241	0.337 373
3	0.001 148 5	0.003 599 5	0.007 926 3	0.014 388	0.023 115	0.034 142	0.047 423	0.062 857	0.080 301	0.120 513
4	0.000 056 8	0.000 265 8	0.000 776 3	0.001 752	0.003 385	0.005 753	0.009 080	0.013 459	0.018 988	0.033 769
5	0.000 002 3	0.000 015 8	0.000 061 2	0.000 172	0.000 394	0.000 786	0.001 411	0.002 344	0.003 660	0.007 746
6	0.000 000 1	0.000 000 8	0.000 004 0	0.000 014	0.000 039	0.000 090	0.000 184	0.000 343	0.000 594	0.001 500
7			0.000 000 2	0.000 001	0.000 003	0.000 009	0.000 021	0.000 043	0.000 083	0.000 251
8						0.000 001	0.000 002	0.000 005	0.000 010	0.000 037
9									0.000 001	0.000 005
10										0.000 001

x	$\lambda=1.4$	$\lambda=1.6$	$\lambda=1.8$	$\lambda=2.0$	$\lambda=2.5$	$\lambda=3.0$	$\lambda=3.5$	$\lambda=4.0$	$\lambda=4.5$	$\lambda=5.0$
0	1.000 000	1.000 000	1.000 000	1.000 000	1.000 000	1.000 000	1.000 000	1.000 000	1.000 000	1.000 000
1	0.753 403	0.798 103	0.834 701	0.864 66	0.917 915	0.950 213	0.969 803	0.981 684	0.988 891	0.993 262
2	0.408 167	0.475 069	0.537 163	0.593 99	0.712 703	0.800 852	0.864 112	0.908 422	0.938 901	0.959 572
3	0.166 502	0.216 642	0.269 379	0.323 32	0.456 187	0.576 810	0.679 153	0.761 897	0.826 422	0.875 348
4	0.053 725	0.078 813	0.108 708	0.142 88	0.242 424	0.352 768	0.463 367	0.566 530	0.657 704	0.734 974
5	0.014 253	0.023 682	0.036 407	0.052 65	0.108 822	0.184 737	0.274 555	0.371 163	0.467 896	0.559 507
6	0.003 201	0.006 040	0.010 378	0.016 56	0.042 021	0.083 918	0.142 386	0.214 870	0.297 070	0.384 039
7	0.000 622	0.001 336	0.002 569	0.004 53	0.014 187	0.033 509	0.065 288	0.110 674	0.168 949	0.237 817
8	0.000 107	0.000 260	0.000 562	0.001 10	0.004 247	0.011 905	0.026 739	0.051 134	0.086 586	0.133 372
9	0.000 016	0.000 045	0.000 110	0.000 24	0.001 140	0.003 803	0.009 874	0.021 363	0.040 257	0.068 094
10	0.000 002	0.000 007	0.000 019	0.000 45	0.000 277	0.001 102	0.003 315	0.008 132	0.017 093	0.031 828
11		0.000 001	0.000 003	0.000 01	0.000 062	0.000 292	0.001 019	0.002 840	0.006 669	0.013 695
12					0.000 013	0.000 071	0.000 289	0.000 915	0.002 404	0.005 453
13					0.000 002	0.000 016	0.000 076	0.000 274	0.000 805	0.002 019
14						0.000 003	0.000 019	0.000 076	0.000 252	0.000 698
15						0.000 001	0.000 004	0.000 020	0.000 074	0.000 226
16							0.000 001	0.000 005	0.000 020	0.000 069
17								0.000 001	0.000 005	0.000 020
18									0.000 001	0.000 005
19										0.000 001

附表 3　t 分布表

$$P\{t > t_\alpha(n)\} = \alpha$$

n \ α	0.25	0.1	0.05	0.025	0.01	0.005
1	1.000 0	3.077 7	6.313 8	12.706 2	31.820 7	63.657 4
2	0.816 5	1.885 6	2.920 0	4.302 7	6.964 6	9.924 8
3	0.764 9	1.637 7	2.353 4	3.182 4	4.540 7	5.840 9
4	0.740 7	1.533 2	2.131 8	2.776 4	3.746 9	4.604 1
5	0.726 7	1.475 9	2.015 0	2.570 6	3.346 9	4.032 2
6	0.717 6	1.439 8	1.943 2	2.446 9	3.142 7	3.707 4
7	0.711 1	1.414 9	1.894 6	2.364 6	2.998 0	3.499 5
8	0.706 4	1.396 8	1.859 5	2.306 0	2.896 5	3.355 4
9	0.702 7	1.383 0	1.833 1	2.262 2	2.821 4	3.249 8
10	0.699 8	1.372 2	1.812 5	2.228 1	2.763 8	3.169 3
11	0.697 4	1.363 4	1.795 9	2.201 0	2.718 1	3.105 8
12	0.695 5	1.356 2	1.782 3	2.178 8	2.681 0	3.054 5
13	0.693 8	1.350 2	1.770 9	2.164 0	2.650 3	3.012 3
14	0.692 4	1.345 0	1.761 3	2.144 8	2.624 5	2.976 8
15	0.691 2	1.340 6	1.753 1	2.131 5	2.602 5	2.946 7
16	0.690 1	1.336 8	1.745 9	2.119 9	2.583 5	2.920 8
17	0.689 2	1.333 4	1.739 6	2.109 8	2.566 9	2.898 2
18	0.688 4	1.330 4	1.734 1	2.100 9	2.552 4	2.878 4
19	0.687 6	1.327 7	1.729 1	2.093 0	2.539 5	2.860 9
20	0.687 0	1.325 3	1.724 7	2.086 0	2.528 0	2.845 3
21	0.686 4	1.323 2	1.720 7	2.079 6	2.517 7	2.831 4
22	0.685 8	1.321 2	1.717 1	2.073 9	2.508 3	2.818 8
23	0.685 3	1.319 5	1.713 9	2.068 7	2.499 9	2.807 3
24	0.684 8	1.317 8	1.710 9	2.063 9	2.492 2	2.796 9
25	0.684 4	1.316 3	1.708 1	2.059 5	2.485 1	2.787 4
26	0.684 0	1.315 0	1.705 6	2.055 5	2.478 6	2.778 7
27	0.683 7	1.313 7	1.703 3	2.051 8	2.472 7	2.770 7
28	0.683 4	1.312 5	1.701 1	2.048 4	2.467 1	2.763 3
29	0.683 0	1.311 4	1.699 1	2.045 2	2.462 0	2.756 4
30	0.682 8	1.310 4	1.687 3	2.042 3	2.457 3	2.750 0
31	0.682 5	1.309 5	1.695 5	2.039 5	2.452 8	2.744 0
32	0.682 2	1.308 6	1.693 9	2.036 9	2.448 7	2.738 5
33	0.682 0	1.307 7	1.692 4	2.034 5	2.444 8	2.733 3
34	0.681 8	1.307 0	1.690 9	2.032 2	2.441 1	2.728 4
35	0.681 6	1.306 2	1.689 6	2.030 1	2.437 7	2.723 8
36	0.681 4	1.305 5	1.688 3	2.028 1	2.434 5	2.719 5
37	0.681 2	1.304 9	1.687 1	2.026 2	2.431 4	2.715 4
38	0.681 0	1.304 2	1.686 0	2.024 4	2.428 6	2.711 6
39	0.680 8	1.303 6	1.684 9	2.022 7	2.425 8	2.707 9
40	0.680 7	1.303 1	1.683 9	2.021 1	2.423 3	2.704 5
41	0.680 5	1.302 5	1.682 9	2.019 5	2.420 8	2.701 2
42	0.680 4	1.302 0	1.682 0	2.018 1	2.418 5	2.698 1
43	0.680 2	1.301 6	1.681 1	2.016 7	2.416 3	2.695 1
44	0.680 1	1.301 1	1.680 2	2.015 4	2.414 1	2.692 3
45	0.680 0	1.300 6	1.679 4	2.014 1	2.412 1	2.680 6

附表 4 χ^2 分布表

$$P\{\chi^2(n) > \chi_\alpha^2(n)\} = \alpha$$

n \ α	0.995	0.99	0.975	0.95	0.90	0.75	0.25	0.10	0.05	0.025	0.01	0.005
1	—	—	0.001	0.004	0.016	0.102	1.323	2.706	3.841	5.024	6.365	7.879
2	0.010	0.020	0.051	0.103	0.211	0.575	2.773	4.605	5.991	7.378	9.210	10.597
3	0.072	0.115	0.216	0.352	0.584	1.213	4.108	6.251	7.815	9.348	11.345	12.838
4	0.207	0.297	0.484	0.711	1.064	1.923	5.385	7.779	9.448	11.143	13.277	14.860
5	0.412	0.554	0.831	1.145	1.610	2.675	6.626	9.236	11.071	12.833	15.086	16.750
6	0.676	0.872	1.237	1.635	2.204	3.455	7.814	10.645	12.592	14.449	16.812	18.548
7	0.989	1.239	1.690	2.167	2.833	4.255	9.037	12.017	14.067	16.013	18.475	20.278
8	1.344	1.646	2.180	2.733	3.490	5.071	10.219	13.362	15.507	17.535	20.090	21.995
9	1.735	2.088	2.700	3.325	4.168	5.899	11.389	14.684	16.919	19.023	21.666	23.589
10	2.156	2.558	3.247	3.940	4.865	6.737	12.549	15.987	18.307	20.483	23.209	25.188
11	2.603	3.053	3.816	4.575	5.578	7.584	13.701	17.275	19.675	21.920	24.725	26.757
12	3.074	3.571	4.404	5.226	6.304	8.438	14.854	18.549	21.026	23.337	26.217	28.299
13	3.565	4.107	5.009	5.892	7.042	9.299	15.984	19.812	22.362	24.736	27.688	29.819
14	4.705	4.660	5.629	6.571	7.790	10.165	17.117	21.064	23.685	26.119	29.141	31.319
15	4.601	5.229	6.262	7.261	8.547	11.037	18.245	22.307	24.996	27.488	30.578	32.801
16	5.142	5.812	6.908	7.962	9.312	11.912	19.369	23.542	26.296	28.845	32.000	34.267
17	5.697	6.408	7.564	8.672	10.085	12.792	20.489	24.769	27.587	30.191	33.409	35.718
18	6.265	7.015	8.231	9.930	10.865	13.675	21.605	25.989	28.869	31.526	34.805	37.156
19	6.884	7.633	8.907	10.117	11.651	14.562	22.718	27.204	30.144	32.852	36.191	38.582
20	7.434	8.260	9.591	10.851	12.443	15.452	23.828	28.412	31.410	34.170	37.566	39.997
21	8.034	8.897	10.283	11.591	13.240	16.344	24.935	29.615	32.671	35.479	38.932	41.401
22	8.643	9.542	10.982	12.338	14.042	17.240	26.039	30.813	33.924	36.781	40.289	42.796
23	9.260	10.196	11.689	13.091	14.848	18.137	27.141	32.007	35.172	38.076	41.638	44.181
24	9.886	10.856	12.401	13.848	15.659	19.037	28.241	33.196	36.415	39.364	42.980	45.559
25	10.520	11.524	13.120	14.611	16.473	19.939	29.339	34.382	37.652	40.646	44.314	46.928
26	11.160	12.198	13.844	15.379	17.292	20.843	30.435	35.563	38.885	41.923	45.642	48.290
27	11.808	12.879	14.573	16.151	18.114	21.749	31.528	36.741	40.113	43.194	46.963	49.654
28	12.461	13.565	15.308	16.928	18.939	22.657	32.620	37.916	41.337	44.461	48.273	50.993
29	13.121	14.257	16.047	17.708	19.768	23.567	33.711	39.087	42.557	45.722	49.588	52.336
30	13.787	14.954	16.791	18.493	20.599	24.478	34.800	40.256	43.773	46.979	50.892	53.672
31	14.458	15.655	17.539	19.281	21.431	25.390	35.887	41.422	44.985	48.232	52.191	55.003
32	15.131	16.362	18.291	20.072	22.271	26.304	36.973	42.585	46.194	49.480	53.486	56.328
33	15.815	17.074	19.047	20.867	23.110	27.219	38.058	43.745	47.400	50.725	54.776	57.648
34	16.501	17.789	19.806	21.664	23.952	28.136	39.141	44.903	48.602	51.966	56.061	58.964
35	17.192	18.509	20.569	22.465	24.797	29.054	40.223	46.059	49.802	53.203	57.342	60.275
36	17.887	19.233	21.336	23.269	25.643	29.973	41.304	47.212	50.998	54.437	58.619	61.581
37	18.586	19.960	22.106	24.075	26.492	30.893	42.383	48.363	52.192	55.668	59.892	62.883
38	19.289	20.691	22.878	24.884	27.343	31.815	43.462	49.513	53.384	56.896	61.162	64.181
39	19.996	21.426	23.654	25.695	28.196	32.737	44.539	50.660	54.572	58.120	62.428	65.476
40	20.707	22.164	24.433	26.509	29.051	33.660	45.616	51.805	55.758	59.342	63.691	66.766
41	21.421	22.906	25.215	27.326	29.907	34.585	46.692	52.949	56.942	60.561	64.950	68.053
42	22.138	23.650	25.999	28.144	30.765	35.510	47.766	54.090	58.124	61.777	66.206	69.336
43	22.859	24.398	26.785	28.965	31.625	36.436	48.840	55.230	59.304	62.990	67.459	70.606
44	23.584	25.148	27.575	29.787	32.487	37.363	49.913	56.369	60.481	64.201	68.710	71.893
45	24.311	25.901	28.366	30.612	33.350	38.291	50.985	57.505	61.656	65.410	69.957	73.166

附表5　F分布表

$$P\{F(n_1,n_2) > F_\alpha(n_1,n_2)\} = \alpha$$

$\alpha = 0.10$

n_2 \ n_1	1	2	3	4	5	6	7	8	9	10	12	15	20	24	30	40	60	120	∞
1	39.86	49.50	53.59	55.33	57.24	58.20	58.91	59.44	59.86	60.19	60.71	61.22	61.74	62.00	62.26	62.53	62.79	63.06	63.33
2	8.53	9.00	9.16	9.24	6.29	9.33	9.35	9.37	9.38	9.39	9.41	9.42	9.44	9.45	9.46	9.47	9.47	9.48	9.49
3	5.54	5.46	5.39	5.34	5.31	5.28	5.27	5.25	5.24	5.23	5.22	5.20	5.18	5.18	5.17	5.16	5.15	5.14	5.13
4	4.54	4.32	4.19	4.11	4.05	4.01	3.98	3.95	3.94	3.92	3.90	3.87	3.84	3.83	3.82	3.80	3.79	3.78	3.76
5	4.06	3.78	3.62	3.52	3.45	3.40	3.37	3.34	3.32	3.30	3.27	3.24	3.21	3.19	3.17	3.16	3.14	3.12	3.10
6	3.78	3.46	3.29	3.18	3.11	3.05	3.01	2.98	2.96	2.94	2.90	2.87	2.84	2.82	2.80	2.78	2.76	2.74	2.72
7	3.59	3.26	3.07	2.96	2.88	2.83	2.78	2.75	2.72	2.70	2.67	2.63	2.59	2.58	2.56	2.54	2.51	2.49	2.47
8	3.46	3.11	2.92	2.81	2.73	2.67	2.62	2.59	2.56	2.54	2.50	2.46	2.42	2.40	2.38	2.36	2.34	2.32	2.29
9	3.36	3.01	2.81	2.69	2.61	2.55	2.51	2.47	2.44	2.42	2.38	2.34	2.30	2.28	2.25	2.23	2.21	2.18	2.16
10	3.20	2.92	2.73	2.61	2.52	2.46	2.41	2.38	2.35	2.32	2.28	2.24	2.20	2.18	2.16	2.13	2.11	2.08	2.06
11	3.23	2.86	2.66	2.54	2.45	2.39	2.34	2.30	2.27	2.25	2.21	2.17	2.12	2.10	2.08	2.05	2.03	2.00	1.97
12	3.18	2.81	2.61	2.48	2.39	2.33	2.28	2.24	2.21	2.19	2.15	2.10	2.06	2.04	2.01	1.99	1.96	1.93	1.90
13	3.14	2.76	2.56	2.43	2.35	2.28	2.23	2.20	2.16	2.14	2.10	2.05	2.01	1.98	1.96	1.93	1.90	1.88	1.85
14	3.10	2.73	2.52	2.39	2.31	2.24	2.19	2.15	2.12	2.10	2.05	2.01	1.96	1.94	1.91	1.89	1.82	1.83	1.80
15	3.07	2.70	2.49	2.36	2.27	2.21	2.16	2.12	2.09	2.06	2.02	1.97	1.92	1.90	1.87	1.85	1.82	1.79	1.76
16	3.05	2.67	2.46	2.33	2.24	2.18	2.13	2.09	2.06	2.03	1.99	1.94	1.89	1.87	1.84	1.81	1.78	1.75	1.72
17	3.03	2.64	2.44	2.31	2.22	2.15	2.10	2.06	2.03	2.00	1.96	1.91	1.86	1.84	1.81	1.78	1.75	1.72	1.69
18	3.01	2.62	2.42	2.29	2.20	2.13	2.08	2.04	2.00	1.98	1.93	1.89	1.84	1.81	1.78	1.75	1.72	1.69	1.66
19	2.99	2.61	2.40	2.27	2.18	2.11	2.06	2.02	1.98	1.96	1.91	1.86	1.81	1.79	1.76	1.73	1.70	1.67	1.63

$\alpha = 0.05$

n_2 \ n_1	1	2	3	4	5	6	7	8	9	10	12	15	20	24	30	40	60	120	∞
1	161.4	199.5	215.7	224.6	230.2	234.0	236.8	238.9	240.5	241.9	243.9	245.9	248.0	249.1	250.1	251.1	252.2	253.3	254.3
2	18.51	19.00	19.16	19.25	19.30	19.33	19.35	19.37	19.38	19.40	19.41	19.43	19.45	19.45	19.46	19.47	19.48	19.49	19.50
3	10.13	9.55	9.28	9.12	9.90	8.94	8.89	8.85	8.81	8.79	8.74	8.70	8.66	8.64	8.62	8.59	8.57	8.55	8.53
4	7.71	6.94	6.59	6.39	6.26	6.16	6.09	6.04	6.00	5.96	5.91	5.86	5.80	5.77	5.75	5.72	5.69	5.66	5.63
5	6.61	5.79	5.41	5.19	5.05	4.95	4.88	4.82	4.77	4.74	4.68	4.62	4.56	4.53	4.50	4.46	4.43	4.40	4.36
6	5.99	5.14	4.76	4.53	4.39	4.28	4.21	4.15	4.10	4.06	4.00	3.94	3.87	3.84	3.81	3.77	3.74	3.70	3.67
7	5.59	4.74	4.35	4.12	3.97	3.87	3.79	3.73	3.68	3.64	3.57	3.51	3.44	3.41	3.38	3.34	3.30	3.27	3.23
8	5.32	4.46	4.07	3.84	3.69	3.58	3.50	3.44	3.69	3.35	3.28	3.22	3.15	3.12	3.08	3.04	3.01	2.97	2.93
9	5.12	4.26	3.86	3.63	3.48	3.37	3.29	3.23	3.18	3.14	3.07	3.01	2.94	2.90	2.86	2.83	2.79	2.75	2.71
10	4.96	4.10	3.71	3.48	3.33	3.22	3.14	3.07	3.02	2.98	2.91	2.85	2.77	2.74	2.70	2.66	2.62	2.58	2.54
11	4.84	3.98	3.59	3.36	3.20	3.09	3.01	2.95	2.90	2.85	2.79	2.72	2.65	2.61	2.57	2.53	2.49	2.45	2.40
12	4.75	3.89	3.49	3.26	3.11	3.00	2.91	2.85	2.80	2.75	2.69	2.62	2.54	2.51	2.47	2.43	2.38	2.34	2.30
13	4.67	3.81	3.41	3.18	3.03	2.92	2.83	2.77	2.71	2.67	2.60	2.53	2.46	2.42	2.38	2.34	2.30	2.25	2.21
14	4.60	3.74	3.34	3.11	2.96	2.85	2.76	2.70	2.65	2.60	2.53	2.46	2.39	2.35	2.31	2.27	2.22	2.18	2.13
15	4.54	3.68	3.29	3.06	2.90	2.79	2.71	2.64	2.59	2.54	2.48	2.40	2.33	2.29	2.25	2.20	2.16	2.11	2.07
16	4.49	3.63	3.24	3.01	2.85	2.74	2.66	2.59	2.54	2.49	2.42	2.35	2.28	2.24	2.19	2.15	2.11	2.06	2.01

续表

$\alpha = 0.05$

n_2 \ n_1	1	2	3	4	5	6	7	8	9	10	12	15	20	24	30	40	60	120	∞
17	4.45	3.59	3.20	2.96	2.81	2.70	2.61	2.55	2.49	2.45	2.38	2.31	2.23	2.19	2.15	2.10	2.06	2.01	1.96
18	4.41	3.55	3.16	2.93	2.77	2.66	2.58	2.51	2.46	2.41	2.34	2.27	2.19	2.15	2.11	2.06	2.02	1.97	1.92
19	4.38	3.52	3.13	2.90	2.74	2.63	2.54	2.48	2.42	2.38	2.31	2.23	2.16	2.11	2.07	2.03	1.98	1.93	1.88
20	4.35	3.49	3.10	2.87	2.71	2.60	2.51	2.45	2.39	2.35	2.28	2.20	2.12	2.08	2.04	1.99	1.95	1.90	1.84
21	4.32	3.47	3.07	2.84	2.68	2.57	2.49	2.42	2.37	2.32	2.25	2.18	2.10	2.05	2.01	1.96	1.92	1.87	1.81
22	4.30	3.44	3.05	2.82	2.66	2.55	2.46	2.40	2.34	2.30	2.23	2.15	2.07	2.03	1.98	1.94	1.89	1.84	1.78
23	4.28	3.42	3.03	2.80	2.64	2.53	2.44	2.37	2.32	2.27	2.20	2.13	2.05	2.01	1.96	1.91	1.86	1.81	1.76
24	4.26	3.40	3.01	2.78	2.62	2.51	2.42	2.36	2.30	2.25	2.18	2.11	2.03	1.98	1.94	1.89	1.84	1.79	1.73
25	4.24	3.39	2.99	2.76	2.60	2.49	2.40	2.34	2.28	2.24	2.16	2.09	2.01	1.96	1.92	1.87	1.82	1.77	1.71
26	4.23	3.37	2.98	2.74	2.59	2.47	2.39	2.32	2.27	2.22	2.15	1.07	1.99	1.95	1.90	1.85	1.80	1.75	1.69
27	4.21	3.35	2.96	2.73	2.57	2.46	2.37	2.31	2.25	2.20	2.13	1.06	1.97	1.93	1.88	1.84	1.79	1.73	1.67
28	4.20	3.34	2.95	2.71	2.56	2.45	2.36	2.29	2.24	2.19	2.12	1.04	1.96	1.91	1.87	1.82	1.77	1.71	1.65
29	4.18	3.33	2.93	2.70	2.55	2.43	2.35	2.28	2.22	2.18	2.10	1.03	1.94	1.90	1.85	1.81	1.75	1.70	1.64
30	4.17	3.32	2.92	2.69	2.53	2.42	2.33	2.27	2.21	2.16	2.09	2.01	1.93	1.89	1.84	1.79	1.74	1.68	1.62
40	4.08	3.23	2.84	2.61	2.45	2.34	2.25	2.18	2.12	2.08	2.00	1.92	1.84	1.79	1.74	1.69	1.64	1.58	1.51
60	4.00	3.15	2.76	2.53	2.37	2.25	2.17	2.10	2.04	1.99	1.92	1.84	1.75	1.70	1.65	1.59	1.53	1.47	1.39
120	3.92	3.07	2.68	2.45	2.29	2.17	2.09	2.02	1.96	1.91	1.83	1.75	1.66	1.61	1.55	1.50	1.43	1.35	1.25
∞	3.84	3.00	2.60	2.37	2.21	2.10	2.01	1.94	1.88	1.83	1.75	1.67	1.57	1.52	1.46	1.39	1.32	1.22	1.00

$\alpha = 0.025$

n_2 \ n_1	1	2	3	4	5	6	7	8	9	10	12	15	20	24	30	40	60	120	∞
1	647.8	799.5	864.2	899.6	921.8	937.1	948.2	956.7	963.3	968.6	976.7	984.9	993.1	997.2	1001	1006	1010	1014	1018
2	38.51	39.00	39.17	39.25	139.30	39.33	39.36	39.37	39.39	39.40	39.41	39.43	39.45	39.46	39.46	39.47	39.48	39.49	39.50
3	17.44	16.04	15.44	15.10	14.88	14.73	14.62	14.54	14.47	14.42	14.34	14.25	14.17	14.12	14.08	14.04	13.99	13.95	13.90
4	12.22	10.65	9.98	9.60	9.36	9.20	9.07	8.98	8.90	8.84	8.75	8.66	8.56	8.51	8.46	8.41	8.36	8.31	8.26
5	10.01	8.43	7.76	7.39	7.15	6.98	6.85	6.76	6.68	6.62	6.52	6.43	6.33	6.28	6.23	6.18	6.12	6.07	6.02
6	8.81	7.26	6.60	6.23	5.99	5.82	5.70	5.60	5.52	5.46	5.37	5.27	5.17	5.12	5.07	5.01	4.96	4.90	4.85
7	8.07	6.54	5.89	5.52	5.29	5.12	4.99	4.90	4.82	4.76	4.67	4.57	4.47	4.42	4.36	4.31	4.25	4.20	4.14
8	7.57	6.06	5.42	5.05	4.82	4.65	4.53	4.43	4.36	4.30	4.20	4.10	4.00	3.95	3.89	3.84	3.78	3.73	3.67
9	7.21	5.71	5.08	4.72	4.48	4.32	4.20	4.10	4.03	3.96	3.87	3.77	3.67	3.61	3.56	3.51	3.45	3.39	3.33
10	6.94	5.46	4.83	4.47	4.24	4.07	3.95	3.85	3.78	3.72	3.62	3.52	3.42	3.37	3.31	3.26	3.20	3.14	3.08
11	6.72	5.26	4.63	4.28	4.04	3.88	3.76	3.66	3.59	3.53	3.43	3.33	3.23	3.17	3.12	3.06	3.00	2.94	2.88
12	6.55	5.10	4.47	4.12	3.89	3.73	3.61	3.51	3.44	3.37	3.28	3.18	3.07	3.02	2.96	2.91	2.85	2.79	2.72
13	6.41	4.97	4.35	4.00	3.77	3.60	3.48	3.39	3.31	3.25	3.15	3.05	2.95	2.89	2.84	2.78	2.72	2.66	2.60
14	6.30	4.86	4.24	3.89	3.66	3.50	3.38	3.29	3.21	3.15	3.05	2.95	2.84	2.79	2.73	2.67	2.61	2.55	2.49
15	6.20	4.77	4.15	3.80	3.58	3.41	3.29	3.30	3.12	3.06	2.96	2.86	2.76	2.70	2.64	2.59	2.52	2.46	2.40
16	6.12	4.69	4.08	3.73	3.50	3.34	3.22	3.12	3.05	2.99	2.89	2.79	2.68	2.63	2.57	2.51	2.45	2.38	2.32
17	6.04	4.62	4.01	3.66	3.44	3.28	3.16	3.06	2.98	2.92	2.82	2.72	2.62	2.56	2.50	2.44	2.38	2.32	2.25
18	5.98	4.56	3.95	3.61	3.38	3.22	3.10	3.01	2.93	2.87	2.77	2.67	2.56	2.50	2.44	2.38	2.32	2.26	2.19
19	5.92	4.51	3.90	3.56	3.33	3.17	3.05	2.96	2.88	2.82	2.72	2.62	2.51	2.45	2.39	2.35	2.27	2.20	2.13
20	5.87	4.46	3.86	3.51	3.29	3.13	3.01	2.91	2.84	2.77	2.68	2.57	2.46	2.41	2.35	2.29	2.22	2.16	2.09
21	5.83	4.42	3.82	3.48	3.25	3.09	2.97	2.87	2.80	2.73	2.64	2.53	2.42	2.37	2.31	2.25	2.18	2.11	2.04
22	5.79	4.38	3.78	3.44	3.22	3.05	2.93	2.84	2.76	2.70	2.60	2.50	2.39	2.33	2.27	2.21	2.14	2.08	2.00
23	5.75	4.35	3.75	3.41	3.18	3.02	2.90	2.81	2.73	2.67	2.57	2.47	2.36	2.30	2.24	2.18	2.11	2.04	1.97
24	5.72	4.32	3.72	3.38	3.15	2.99	2.87	2.78	2.70	2.64	2.54	2.44	2.33	2.27	2.21	2.15	2.08	2.01	1.94

续表

$\alpha = 0.025$

n_2 \ n_1	1	2	3	4	5	6	7	8	9	10	12	15	20	24	30	40	60	120	∞
25	5.69	4.29	3.69	3.35	3.13	2.97	2.85	2.75	2.68	2.61	2.51	2.41	2.30	2.24	2.18	2.12	2.05	1.98	1.91
26	5.66	4.27	3.67	3.33	3.10	2.94	2.82	2.73	2.65	2.59	2.49	2.39	2.28	2.22	2.16	2.09	2.03	1.95	1.88
27	5.63	4.24	3.65	3.31	3.08	2.92	2.80	2.71	2.63	2.57	2.47	2.36	2.25	2.19	2.13	2.07	2.00	1.93	1.85
28	5.61	4.22	3.63	3.29	3.06	2.90	2.78	2.69	2.61	2.55	2.45	2.34	2.23	2.17	2.11	2.05	1.98	1.91	1.83
29	5.59	4.20	3.61	3.27	3.04	2.88	2.76	2.67	2.59	2.53	2.43	2.32	2.21	2.15	2.09	2.03	1.96	1.89	1.81
30	5.57	4.18	3.59	3.25	3.03	2.87	2.75	2.65	2.57	2.51	2.41	2.31	2.20	2.14	2.07	2.01	1.94	1.87	1.79
40	5.42	4.05	3.46	3.13	2.90	2.74	2.62	2.53	2.45	2.39	2.29	2.18	2.07	2.01	1.94	1.88	1.80	1.72	1.64
60	5.29	3.93	3.34	3.01	2.79	2.63	2.51	2.41	2.33	2.27	2.17	2.06	1.94	1.88	1.82	1.74	1.67	1.58	1.48
120	5.15	3.80	3.23	2.89	2.67	2.52	2.39	2.30	2.22	2.16	2.05	1.94	1.82	1.76	1.69	1.61	1.53	1.43	1.31
∞	5.02	3.69	3.12	2.79	2.57	2.41	2.29	2.19	2.11	2.05	1.94	1.83	1.71	1.64	1.57	1.48	1.39	1.27	1.00

$\alpha = 0.01$

n_2 \ n_1	1	2	3	4	5	6	7	8	9	10	12	15	20	24	30	40	60	120	∞
1	4 052	4 999	5 403	5 625	5 764	5 859	5 928	5 982	6 022	6 056	6 106	6 157	6 366	6 336	6 261	6 287	6 313	6 339	6 366
2	98.50	99.00	99.17	99.25	99.30	99.33	99.36	99.37	99.39	99.40	99.42	99.43	99.50	99.50	99.47	99.47	99.48	99.49	99.50
3	34.12	30.82	29.46	28.71	28.24	27.91	27.67	27.49	27.35	27.23	27.05	26.87	26.13	26.13	26.50	26.41	26.32	26.22	26.13
4	21.20	18.00	16.69	15.98	15.52	15.21	14.98	14.80	14.66	14.55	14.37	14.20	13.46	13.46	13.84	13.75	13.65	13.56	13.46
5	16.26	13.27	12.06	11.39	10.97	10.67	10.46	10.29	10.16	10.05	9.89	9.72	9.02	9.02	9.38	9.29	9.20	9.11	9.02
6	13.75	10.92	9.78	9.15	8.75	8.47	8.26	8.10	7.98	7.87	7.72	7.56	6.88	6.88	7.23	7.14	7.06	6.97	6.88
7	12.25	9.55	8.45	7.85	7.46	7.19	6.99	6.84	6.72	6.62	6.47	6.31	5.65	5.65	5.99	5.91	5.82	5.74	5.65
8	11.26	8.65	7.59	7.01	6.63	6.37	6.18	6.03	5.91	5.81	5.67	5.52	4.86	4.88	5.20	5.12	5.03	4.95	4.86
9	10.56	8.02	6.99	6.42	6.06	5.80	5.61	5.47	5.35	5.26	5.11	4.96	4.31	4.33	4.65	4.57	4.48	4.40	4.31
10	10.04	7.56	6.55	5.99	5.64	5.39	5.20	5.06	4.94	4.85	4.71	4.56	3.91	3.91	4.25	4.17	4.08	4.00	3.91
11	9.65	7.21	6.22	5.67	5.32	5.07	4.89	4.74	4.63	4.54	4.40	4.25	3.60	3.60	3.95	3.86	3.78	3.69	3.60
12	9.33	6.93	5.95	5.41	5.06	4.82	4.64	4.50	4.39	4.30	4.16	4.01	3.36	3.36	3.70	3.62	3.54	3.45	3.36
13	9.07	6.70	5.74	5.21	4.86	4.62	4.44	4.30	4.19	3.10	3.96	3.82	3.17	3.17	3.51	3.43	3.34	3.25	3.17
14	8.86	6.51	5.56	5.04	4.69	4.46	4.28	4.14	4.03	3.94	3.80	3.66	3.00	3.00	3.35	3.27	3.18	3.09	3.00
15	8.68	6.36	5.42	4.89	4.56	4.32	4.14	4.00	3.89	3.80	3.67	3.52	2.87	2.87	3.21	3.13	3.05	2.96	2.87
16	8.53	6.23	5.29	4.77	4.44	4.20	4.03	3.89	3.78	3.69	3.55	3.41	2.75	2.75	3.10	3.02	2.93	2.84	2.75
17	8.40	6.11	5.18	4.67	4.34	4.10	3.93	3.79	3.68	3.59	3.46	3.31	2.65	2.65	3.00	2.92	2.83	2.75	2.65
18	8.29	6.01	5.09	4.58	4.25	4.01	3.84	3.71	3.60	3.51	3.37	3.23	3.08	3.00	2.92	2.84	2.75	2.66	2.57
19	8.18	5.93	5.01	4.50	4.17	3.94	3.77	3.63	3.52	3.43	3.30	3.15	3.00	2.92	2.84	2.76	2.67	2.58	2.49
20	8.10	5.85	4.94	4.43	4.10	3.87	3.70	3.56	3.46	3.37	3.23	3.09	2.94	2.86	2.78	2.69	2.61	2.52	2.42
21	8.02	5.78	4.87	4.37	4.04	3.81	3.64	3.51	3.40	3.31	3.17	3.03	2.88	2.80	2.72	2.64	2.55	2.46	2.36
22	7.95	5.72	4.82	4.31	3.99	3.76	3.59	3.45	3.35	3.26	3.12	2.98	2.83	2.75	2.67	2.58	2.50	2.40	2.31
23	7.88	5.66	4.76	4.26	3.94	3.71	3.54	3.41	3.30	3.21	3.07	2.93	2.78	2.70	2.62	2.54	2.45	2.35	2.26
24	7.82	5.61	4.72	4.22	3.90	3.67	3.50	3.36	3.26	3.17	3.03	2.89	2.74	2.66	2.58	2.49	2.40	2.31	2.21
25	7.77	5.57	4.68	4.18	3.85	3.63	3.46	3.32	3.22	3.13	2.99	2.85	2.70	2.62	2.54	2.45	2.36	2.27	2.17
26	7.72	5.53	4.64	4.14	3.82	3.59	3.42	3.29	3.18	3.09	2.96	2.81	2.66	2.58	2.50	2.42	2.33	2.23	2.13
27	7.68	5.49	4.60	4.11	3.78	3.56	3.39	3.26	3.15	3.06	2.93	2.78	2.63	2.55	2.47	2.38	2.29	2.20	2.10
28	7.64	5.45	4.57	4.07	3.75	3.53	3.36	3.23	3.12	3.03	2.90	2.75	2.60	2.52	2.44	2.35	2.26	2.17	2.06
29	7.60	5.42	4.54	4.04	3.73	3.50	3.33	3.20	3.09	3.00	2.87	2.73	2.57	2.49	2.41	2.33	2.23	2.14	2.03
30	7.56	5.39	4.51	4.02	3.70	3.47	3.30	3.17	3.07	2.98	2.84	2.70	2.55	2.47	2.39	2.30	2.21	2.11	2.01
40	7.31	5.18	4.31	3.83	3.51	3.29	3.12	2.99	2.89	2.80	2.66	2.52	2.37	2.29	2.20	2.11	2.02	1.92	1.80
60	7.08	4.98	4.13	3.65	3.34	3.12	2.95	2.82	2.72	2.63	2.50	2.35	2.20	2.12	2.03	1.94	1.84	1.73	1.60
120	6.85	4.79	3.95	3.48	3.17	2.96	2.79	2.66	2.56	2.47	2.34	2.19	2.03	1.95	1.86	1.76	1.66	1.53	1.38
∞	6.63	4.61	3.78	3.32	3.02	2.80	2.64	2.51	2.41	2.32	2.18	2.04	1.88	1.79	1.70	1.59	1.47	1.32	1.00

续表

$\alpha = 0.005$

n_2 \ n_1	1	2	3	4	5	6	7	8	9	10	12	15	20	24	30	40	60	120	∞
1	16 211	20 000	21 615	22 500	23 056	23 437	23 715	23 925	24 091	24 224	24 426	24 630	24 836	24 940	25 044	25 148	25 253	25 359	25 465
2	198.5	199.0	199.2	199.2	199.3	199.3	199.4	199.4	199.4	199.4	199.4	199.4	199.4	199.5	199.5	199.5	199.5	199.5	199.5
3	55.55	49.80	47.47	46.19	45.39	44.84	44.43	44.13	43.88	43.69	43.39	43.08	42.78	42.62	42.47	42.31	42.15	41.99	41.83
4	31.33	26.28	24.26	23.15	22.46	21.97	21.62	21.35	21.14	20.97	20.70	20.44	20.17	20.03	19.89	19.75	19.61	19.47	19.32
5	22.78	18.31	16.53	15.56	24.94	14.51	14.20	13.96	13.77	13.62	13.38	13.15	12.90	12.78	12.66	12.53	12.40	12.72	12.14
6	18.63	14.54	12.92	12.03	21.46	11.07	10.79	10.57	10.39	10.25	10.03	9.81	9.59	9.47	9.36	9.24	9.42	9.00	8.88
7	16.24	12.40	10.88	10.05	9.52	9.16	8.89	8.68	8.51	8.38	8.18	7.97	7.75	7.65	7.53	7.42	7.31	7.19	7.08
8	14.69	11.04	9.60	8.81	8.30	7.95	7.69	7.50	7.34	7.21	7.01	6.81	6.61	6.50	6.40	6.29	6.18	6.06	5.95
9	13.61	10.11	8.72	7.96	7.47	7.13	6.88	6.69	6.54	6.42	6.23	6.03	5.83	5.73	5.62	5.52	5.41	5.30	5.19
10	12.83	9.43	8.08	7.34	6.87	6.54	6.30	6.12	5.97	5.85	5.66	5.47	5.27	5.17	5.07	4.97	4.86	4.75	4.64
11	12.23	8.91	7.60	6.88	6.42	6.10	5.86	5.68	5.54	5.42	5.24	5.05	4.86	4.76	4.65	4.55	4.44	4.34	4.23
12	11.75	8.51	7.23	6.52	6.07	5.76	4.52	5.35	5.20	5.09	4.91	4.72	4.53	4.43	4.33	4.23	4.12	4.01	3.90
13	11.37	8.19	6.93	6.23	5.79	5.48	5.25	5.08	4.94	4.82	4.64	4.46	4.27	4.17	4.07	3.97	3.87	3.76	3.65
14	11.06	7.92	6.68	6.00	5.86	5.26	5.03	4.86	4.72	4.60	4.43	4.25	4.06	3.96	3.86	3.76	3.66	3.55	3.44
15	10.80	7.70	6.48	5.80	5.37	5.07	4.85	4.67	4.54	4.42	4.25	4.07	3.88	3.79	3.69	3.52	3.48	3.37	3.26
16	10.58	7.51	6.30	5.64	5.21	4.91	4.96	4.52	4.38	4.27	4.10	3.92	3.73	3.64	3.54	3.44	3.23	3.22	3.11
17	10.38	7.35	6.16	5.50	5.07	4.78	4.56	4.39	4.25	4.14	3.97	3.79	3.61	3.51	3.41	3.31	3.21	3.10	2.98
18	10.22	7.21	6.03	5.37	4.96	4.66	4.44	4.28	4.14	4.03	3.86	3.68	3.50	3.40	3.30	3.20	3.10	2.99	2.87
19	10.07	7.09	5.92	5.27	4.85	4.56	4.34	4.18	4.04	3.93	3.76	3.59	3.40	3.31	3.21	3.11	3.00	2.89	2.78
20	9.94	6.99	5.82	5.17	4.76	4.47	4.26	4.09	3.96	3.85	3.68	3.50	3.32	3.22	3.12	3.02	2.92	2.81	2.69
21	9.83	6.89	5.73	5.09	4.68	4.39	4.18	4.01	3.88	3.77	3.60	3.43	3.24	3.15	3.05	2.95	2.84	2.73	2.61
22	9.73	6.81	5.65	5.02	4.61	4.32	4.11	3.94	3.81	3.70	3.54	3.36	3.18	3.08	2.98	2.88	2.77	2.66	2.55
23	9.63	6.73	5.58	4.95	4.54	4.26	4.05	3.88	3.75	3.64	3.47	3.30	3.12	3.02	2.92	2.82	2.71	2.60	2.48
24	9.55	6.66	5.52	4.89	4.49	4.20	3.99	3.83	3.69	3.59	3.42	3.25	3.06	2.97	2.87	2.77	2.66	2.55	2.43
25	9.48	6.60	5.46	4.84	4.43	4.15	3.94	3.78	3.64	3.64	3.37	3.20	3.01	2.92	2.82	2.72	2.61	2.50	2.38
26	9.41	6.54	5.41	4.79	4.38	4.10	3.89	3.73	3.60	3.49	3.33	3.15	2.97	2.87	2.77	2.67	2.56	2.45	2.33
27	9.34	6.49	5.36	4.74	4.34	4.06	3.85	3.69	3.56	3.45	3.28	3.11	2.93	2.83	2.73	2.63	2.52	2.41	2.29
28	9.28	6.44	5.32	4.70	4.30	4.02	3.81	3.65	3.52	3.41	3.25	3.07	2.89	2.79	2.69	2.59	2.48	2.37	2.25
29	9.23	6.40	5.28	4.66	4.26	3.98	3.77	3.61	3.48	3.38	3.21	3.04	2.86	2.76	2.66	2.56	2.45	2.33	2.21
30	9.18	6.35	5.24	4.62	4.23	3.95	3.74	3.58	3.45	3.34	3.18	3.01	2.82	2.73	2.63	2.52	2.42	2.30	2.18
40	8.83	6.07	4.98	4.37	3.99	3.71	3.51	3.35	3.22	3.12	2.95	2.78	2.60	2.50	2.40	2.30	2.18	2.06	1.93
60	8.49	5.79	4.73	4.14	3.76	3.49	3.29	3.13	3.01	2.90	2.74	2.57	2.39	2.29	2.19	2.08	1.96	1.83	1.69
120	8.18	5.54	4.50	3.92	3.55	3.28	3.09	2.93	2.81	2.75	2.54	2.37	2.19	2.09	1.98	1.87	1.75	1.61	1.43
∞	7.88	5.30	4.28	3.72	3.35	3.09	2.90	2.74	2.62	2.52	2.36	2.19	2.00	1.90	1.79	1.67	1.53	1.36	1.00

附表 6 秩和检验表

$$P(T_1 < R_1 < T_2) = 1 - \alpha$$

n_1	n_2	$\alpha = 0.025$		$\alpha = 0.05$	
		T_1	T_2	T_1	T_2
2	4			3	11
	5			3	13
	6	3	15	4	14
	7	3	17	4	16
	8	3	19	4	18
	9	3	21	4	20
	10	4	22	5	21
3	3			6	15
	4	6	18	7	17
	5	6	21	7	20
	6	7	23	8	22
	7	8	25	9	24
	8	8	28	9	27
	9	9	30	10	29
	10	9	33	11	31
4	4	11	25	12	24
	5	12	28	13	27
	6	12	32	14	30
	7	13	35	15	33
	8	14	38	16	36
	9	15	41	17	39
	10	16	44	18	42
5	5	18	37	19	36
	6	19	41	20	40
	7	20	45	22	43
	8	21	49	23	47
	9	22	53	25	50
	10	24	56	26	54
6	6	26	52	28	50
	7	28	56	30	54
	8	29	61	32	58
	9	31	65	33	63
	10	33	69	35	67
7	7	37	68	39	66
	8	39	73	41	71
	9	41	78	43	76
	10	43	83	46	80
8	8	49	87	52	84
	9	51	93	54	90
	10	54	98	57	95
9	9	63	108	66	105
	10	66	114	69	111
10	10	79	131	83	127

附表 7　相关系数的临界值表

$$P(|\rho|)=\alpha$$

$n-2$ \ α	0.10	0.05	0.02	0.01	0.001
1	0.987 69	0.099 692	0.999 507	0.999 877	0.999 998 8
2	0.900 00	0.950 00	0.980 00	0.990 00	0.999 00
3	0.805 4	0.878 3	0.934 33	0.958 73	0.991 16
4	0.729 3	0.811 4	0.882 2	0.917 20	0.974 06
5	0.669 4	0.754 5	0.832 9	0.874 5	0.950 74
6	0.621 5	0.706 7	0.788 7	0.834 3	0.924 93
7	0.582 2	0.666 4	0.749 8	0.797 7	0.898 2
8	0.549 4	0.631 9	0.715 5	0.764 6	0.872 1
9	0.521 4	0.602 1	0.685 1	0.734 8	0.847 1
10	0.497 3	0.576 0	0.658 1	0.707 9	0.823 3
11	0.476 2	0.552 9	0.633 9	0.683 5	0.801 0
12	0.457 5	0.532 4	0.612 0	0.661 4	0.780 0
13	0.440 9	0.513 9	0.592 3	0.641 1	0.760 3
14	0.425 9	0.497 3	0.574 2	0.622 6	0.742 0
15	0.412 4	0.482 1	0.557 7	0.605 5	0.724 6
16	0.400 0	0.468 3	0.542 5	0.589 7	0.708 4
17	0.388 7	0.455 5	0.528 5	0.575 1	0.693 2
18	0.378 3	0.443 8	0.515 5	0.561 4	0.678 7
19	0.368 7	0.432 9	0.503 4	0.548 7	0.665 2
20	0.359 8	0.422 7	0.492 1	0.536 8	0.652 4
25	0.323 3	0.380 9	0.445 1	0.486 9	0.597 4
30	0.296 0	0.349 4	0.409 3	0.448 7	0.554 1
35	0.274 6	0.324 6	0.381 0	0.418 2	0.518 9
40	0.257 3	0.304 4	0.357 8	0.393 2	0.489 6
45	0.242 8	0.287 5	0.338 4	0.372 1	0.464 8
50	0.230 6	0.273 2	0.321 8	0.354 1	0.443 3
60	0.210 8	0.250 0	0.294 8	0.324 8	0.407 8
70	0.195 4	0.231 9	0.273 7	0.301 7	0.379 9
80	0.182 9	0.217 2	0.256 5	0.283 0	0.356 8
90	0.172 6	0.205 0	0.242 2	0.267 3	0.337 5
100	0.163 8	0.194 6	0.230 1	0.254 0	0.321 1

注：表中 $n-2$ 是自由度.

习 题 答 案

第1章

习题 1.1

1．(1) 1　　(2) 1

2．(1) -15　　(2) -27　　(3) -40　　(4) $(a-b)^3$

　(5) abc　　(6) $2a^2(x+a)$

3．-24

4．(1) $\begin{cases} x=2 \\ y=3 \end{cases}$　　(2) $\begin{cases} x_1=5 \\ x_2=2 \end{cases}$

　(3) $\begin{cases} x_1=1 \\ x_2=2 \\ x_3=3 \end{cases}$　　(4) $\begin{cases} x_1=-\dfrac{11}{8} \\ x_2=-\dfrac{9}{8} \\ x_3=-\dfrac{3}{4} \end{cases}$

5．$l=5,m=4$ 或 $l=4,m=5$

6．(1) 2　　(2) 0　　(3) 正号　　(4) $(n-1)!$

7．(1) C　　(2) C　　(3) B　　(4) D

习题 1.2

1．(1) 37　　(2) 2　　(3) 81　　(4) $(x+1)(x+2)$

2．-8

3．(1) 24　　(2) -156　　(3) 0　　(4) x^2y^2

4．(1) $(-1)^{n-1}n!$　　(2) $a^n+(-1)^{n+1}b^n$ (提示：按第 1 列展开)

5．(1) -5　　(2) 7　　(3) 1　　(4) 1

6．(1) A　　(2) D　　(3) B

习题 1.3

1．(1) $x_1=1$，$x_2=2$，$x_3=3$，$x_4=-1$

　(2) $x_1=2$，$x_2=-3$，$x_3=4$，$x_4=-5$

2．$\lambda=0,\lambda=2$ 或 $\lambda=3$

3．$\mu=0$ 或 $\lambda=1$

4．(1) $k=0$ 或 $k=\pm2$　　(2) a,b,c 互不相等

5．(1) C　　(2) A

第2章

习题 2.1

1．(1) C　　(2) D

2．(1) 3，−8　　(2) $4\boldsymbol{E}_3$

3．(1) 5　　(2) 无　　(3) −26

4．(1) $\begin{pmatrix}1\\-2\\-1\end{pmatrix}$　　(2) $(0\quad 0\quad 1)$

(3) $\begin{pmatrix}1&0&0\\0&1&0\end{pmatrix}$　　(4) $\begin{pmatrix}3&-1&-1\\2&1&0\end{pmatrix}$

习题 2.2

1．(1) B　　(2) D　　(3) C

2．$3\boldsymbol{AB}-2\boldsymbol{A}=\begin{pmatrix}-2&13&22\\-2&-17&20\\4&29&-2\end{pmatrix}$，$\boldsymbol{A}'\boldsymbol{B}=\begin{pmatrix}0&5&8\\0&-5&6\\2&9&0\end{pmatrix}$

3．(1) $\begin{pmatrix}-2&4\\-1&2\\-3&6\end{pmatrix}$　　(2) 10

(3) $\begin{pmatrix}35\\6\\49\end{pmatrix}$　　(4) $\begin{pmatrix}a&b&0\\0&a&b\end{pmatrix}$

(5) $a_{11}x_1^2+a_{22}x_2^2+a_{33}x_3^2+2a_{12}x_1x_2+2a_{13}x_1x_3+2a_{23}x_2x_3$

4．(1) $\begin{pmatrix}1&0\\2\lambda&1\end{pmatrix}$　　(2) $\begin{pmatrix}1&0\\5\lambda&1\end{pmatrix}$　　(3) $\begin{pmatrix}1&0&0\\0&1&0\\0&0&1\end{pmatrix}$

5．(1) 不等　　(2) 不等

习题 2.3

1．(1) B　　(2) C

2．(1) $(\boldsymbol{A}^{-1})'$，$\dfrac{1}{|\boldsymbol{A}|}$　　(2) $\boldsymbol{C}^{-1}\boldsymbol{B}^{-1}\boldsymbol{A}^{-1}$

(3) $\boldsymbol{BA}^{-1}$　　(4) $\boldsymbol{Y}$

3．(1) $\begin{pmatrix}\cos\theta&-\sin\theta\\\sin\theta&\cos\theta\end{pmatrix}$　　(2) $\begin{pmatrix}-2&1&0\\-\dfrac{13}{2}&3&-\dfrac{1}{2}\\-16&7&-1\end{pmatrix}$

4. (1) $X=\begin{pmatrix}2 & -23\\ 0 & 8\end{pmatrix}$　　　(2) $X=\begin{pmatrix}7\\ 12\\ -5\end{pmatrix}$

5. (1) $\begin{cases}x_1=2\\ x_2=-\dfrac{2}{3}\\ x_3=-\dfrac{1}{3}\end{cases}$　　　(2) $\begin{cases}x_1=5\\ x_2=0\\ x_3=3\end{cases}$

习题 2.4

1. (1) B　　　(2) A

2. (1) 第 2 列与第 4 列对换　　　(2) $P_1^{-1}P_2^{-1}\cdots P_k^{-1}B$

3. (1) $\begin{pmatrix}1 & 0 & 0\\ 0 & 1 & 0\\ 0 & 0 & 1\end{pmatrix}$　　(2) $\begin{pmatrix}1 & 0 & 0\\ 0 & 1 & 0\\ 0 & 0 & 1\\ 0 & 0 & 0\end{pmatrix}$　　(3) $\begin{pmatrix}1 & 0 & 0 & 0\\ 0 & 1 & 0 & 0\\ 0 & 0 & 0 & 0\\ 0 & 0 & 0 & 0\end{pmatrix}$

4. (1) 2 $\begin{pmatrix}1 & 0 & 5 & 0\\ 0 & 1 & -1 & 2\\ 0 & 0 & 0 & 0\end{pmatrix}$　　(2) 3 $\begin{pmatrix}1 & 0 & 0 & \dfrac{5}{4}\\ 0 & 1 & 0 & \dfrac{3}{4}\\ 0 & 0 & 1 & -\dfrac{25}{4}\end{pmatrix}$

(3) 3 $\begin{pmatrix}1 & 0 & 0 & 4 & 4\\ 0 & 1 & 0 & -2 & -2\\ 0 & 0 & 1 & 3 & 4\\ 0 & 0 & 0 & 0 & 0\end{pmatrix}$　　(4) 4 $\begin{pmatrix}1 & 0 & 0 & 0 & -8\\ 0 & 1 & 0 & 0 & 3\\ 0 & 0 & 1 & 0 & 6\\ 0 & 0 & 0 & 1 & 0\end{pmatrix}$

5. (1) $\dfrac{1}{8}\begin{pmatrix}-2 & 2 & 2\\ 5 & -1 & -1\\ 1 & -5 & 3\end{pmatrix}$　　(2) $\dfrac{1}{7}\begin{pmatrix}-3 & 5 & -11\\ 2 & -1 & -2\\ 2 & -1 & 5\end{pmatrix}$　　(3) $\begin{pmatrix}1 & 1 & 3\\ 2 & 3 & 7\\ 3 & 4 & 9\end{pmatrix}$

(4) $\begin{pmatrix}1 & -4 & -3\\ 1 & -5 & -3\\ -1 & 6 & 4\end{pmatrix}$　　(5) $\begin{pmatrix}\dfrac{1}{4} & \dfrac{1}{4} & \dfrac{1}{4} & \dfrac{1}{4}\\ \dfrac{1}{4} & \dfrac{1}{4} & -\dfrac{1}{4} & -\dfrac{1}{4}\\ \dfrac{1}{4} & -\dfrac{1}{4} & \dfrac{1}{4} & -\dfrac{1}{4}\\ \dfrac{1}{4} & -\dfrac{1}{4} & -\dfrac{1}{4} & \dfrac{1}{4}\end{pmatrix}$

6. (1) $\begin{pmatrix}0 & 2\\ 1 & 1\end{pmatrix}$　　(2) $\begin{pmatrix}9 & 7\\ -10 & -8\end{pmatrix}$

(3) $\begin{pmatrix} 3 & -8 & -6 \\ 2 & -9 & -6 \\ -2 & 12 & 9 \end{pmatrix}$ (4) $\begin{pmatrix} \frac{1}{3} & -\frac{1}{3} & \frac{2}{3} \\ \frac{2}{3} & \frac{1}{3} & \frac{1}{3} \\ \frac{2}{3} & \frac{5}{6} & \frac{4}{3} \end{pmatrix}$

7. $\begin{pmatrix} 0 & 0 & \cdots & 0 & a_n^{-1} \\ a_1^{-1} & 0 & \cdots & 0 & 0 \\ 0 & a_2^{-1} & \cdots & 0 & 0 \\ \vdots & \vdots & & \vdots & \vdots \\ 0 & 0 & \cdots & a_{n-1}^{-1} & 0 \end{pmatrix}$

习题 2.5

1．(1) 3 (2) 3

2．(1) $\begin{pmatrix} 3 & 6 & 3 \\ 4 & 3 & 0 \\ 10 & 7 & 5 \end{pmatrix}$ (2) $\begin{pmatrix} 3 & 6 & -9 \\ 12 & 3 & -12 \\ 6 & -9 & -3 \end{pmatrix}$ (3) $\begin{pmatrix} 5 & 2 & 14 \\ 1 & -1 & 10 \\ 8 & 3 & 20 \end{pmatrix}$

3．(1) −9 (2) a^4-6a^2+8a-3 (3) $a+b+d$

4．(1) $\begin{pmatrix} -2 & 0 & 1 \\ 0 & -3 & 4 \\ 1 & 2 & -3 \end{pmatrix}$ (2) $\begin{pmatrix} -2 & 1 & 0 \\ -6.5 & 3 & -0.5 \\ -16 & 7 & -1 \end{pmatrix}$

5．$\begin{pmatrix} 3 & -8 & -6 \\ 2 & -9 & -6 \\ -2 & 12 & 9 \end{pmatrix}$

第 3 章

习题 3.1

1．(1) A (2) B (3) C (4) C (5) C

2．(1) $\left(-\frac{7}{2},-5,-\frac{5}{2},-6\right)'$ (2) $\alpha\neq 0$，它们的对应分量成比例，存在一组不全为零的数 $k_1,k_2,\cdots,k_s$，使 $k_1\alpha_1+k_2\alpha_2+\cdots+k_s\alpha_s=0$ 成立 (3) 无关 (4) −2

3．(1) (−6，−12，6，1) (2) (1，2，3，4)

4．$x=2,y=3$

5．$\beta=2\alpha_1+3\alpha_2-\alpha_3$

6．(1) 线性相关，极大无关组 α_1,α_2，$r(\alpha_1,\alpha_2,\alpha_3)=2$

(2) 线性无关，极大无关组 $\alpha_1,\alpha_2,\alpha_3$，$r(\alpha_1,\alpha_2,\alpha_3)=3$

7．α_1，α_2 是极大无关组，$r(\boldsymbol{\alpha}_1,\boldsymbol{\alpha}_2,\boldsymbol{\alpha}_3,\boldsymbol{\alpha}_4)=2$

习题 3.2

1．(1) D　(2) A　(3) C　(4) B　(5) C

2．(1) $R(\boldsymbol{A})=R(\overline{\boldsymbol{A}})$，非零解，唯一零解　(2) x_3,x_4；$\boldsymbol{\eta}_1=\begin{pmatrix}-2\\1\\1\\0\end{pmatrix}$，$\boldsymbol{\eta}_2=\begin{pmatrix}-1\\-3\\0\\1\end{pmatrix}$

(3) $C\begin{pmatrix}-1\\2\\1\end{pmatrix}$($C$ 为任意常数)

(4) $\begin{pmatrix}-2\\5\\0\\0\end{pmatrix}+C_1\begin{pmatrix}-1\\2\\1\\0\end{pmatrix}+C_2\begin{pmatrix}5\\-7\\0\\1\end{pmatrix}$($C_1,C_2$ 为任意常数)　(5) 0

3．(1) $x_1=1,x_2=2,x_3=3$　(2) $\begin{cases}x_1=-2-3c\\x_2=5+2c\\x_3=c\\x_4=-10\end{cases}$ (c 为任意常数)

(3) 无解　(4) $\begin{cases}x_1=-c_1+2c_2\\x_2=c_1+c_2\\x_3=c_1\\x_4=c_2\\x_5=0\end{cases}$ (c_1, c_2 为任意常数)

4．(1) 通解 $\boldsymbol{X}=k_1\begin{pmatrix}1\\1\\0\\0\end{pmatrix}+k_2\begin{pmatrix}-\frac{3}{4}\\0\\-\frac{1}{3}\\1\end{pmatrix}$($k_1,k_2$ 为任意实数)

基础解系 $\eta_1=\begin{pmatrix}1\\1\\0\\0\end{pmatrix}$，$\eta_2=\begin{pmatrix}-\frac{3}{4}\\0\\-\frac{1}{3}\\1\end{pmatrix}$

(2) 通解 $\boldsymbol{X}=k_1\begin{pmatrix}-4\\\frac{3}{4}\\1\\0\end{pmatrix}+k_2\begin{pmatrix}0\\\frac{1}{4}\\0\\1\end{pmatrix}$ (k_1,k_2 为任意实数)

基础解系 $\eta_1 = \begin{pmatrix} -4 \\ \frac{3}{4} \\ 1 \\ 0 \end{pmatrix}$，$\eta_2 = \begin{pmatrix} 0 \\ \frac{1}{4} \\ 0 \\ 1 \end{pmatrix}$

5．(1) 通解 $\boldsymbol{X} = k_1 \begin{pmatrix} 1 \\ 3 \\ 1 \\ 0 \end{pmatrix} + k_2 \begin{pmatrix} -1 \\ 0 \\ 0 \\ 1 \end{pmatrix} + \begin{pmatrix} 2 \\ 1 \\ 0 \\ 0 \end{pmatrix}$ (k_1, k_2 为任意实数)

特解 $\eta = \begin{pmatrix} 2 \\ 1 \\ 0 \\ 0 \end{pmatrix}$，基础解系 $\eta_1 = \begin{pmatrix} 1 \\ 3 \\ 1 \\ 0 \end{pmatrix}$，$\eta_2 = \begin{pmatrix} -1 \\ 0 \\ 0 \\ 1 \end{pmatrix}$

(2) 通解 $\boldsymbol{X} = k_1 \begin{pmatrix} -2 \\ 1 \\ 0 \\ 0 \end{pmatrix} + k_2 \begin{pmatrix} -2 \\ 0 \\ -1 \\ 1 \end{pmatrix} + \begin{pmatrix} -5 \\ 0 \\ -6 \\ 0 \end{pmatrix}$ (k_1, k_2 为任意实数)

特解 $\eta = \begin{pmatrix} -5 \\ 0 \\ -6 \\ 0 \end{pmatrix}$，基础解系 $\eta_1 = \begin{pmatrix} -2 \\ 1 \\ 0 \\ 0 \end{pmatrix}$，$\eta_2 = \begin{pmatrix} -2 \\ 0 \\ -1 \\ 1 \end{pmatrix}$

6．$a = -1$，$b \neq 0$ 时，$R(\boldsymbol{A}) \neq R(\overline{\boldsymbol{A}})$，方程组无解；

当 $a \neq -1$，b 为任意实数时，$R(\boldsymbol{A}) = R(\overline{\boldsymbol{A}}) = 4 = n$，方程组有唯一解；

当 $a = -1$，$b = 0$ 时，$R(\boldsymbol{A}) = R(\overline{\boldsymbol{A}}) = 2 < n = 4$，方程组有无穷多个解.

方程组的全部解为 $\begin{cases} x_1 = -2c_1 + c_2 \\ x_2 = 1 + c_1 - 2c_2 \\ x_3 = c_1 \\ x_4 = c_2 \end{cases}$ (c_1，$c_2 \in \mathbf{R}$)

习题 3.3

1．(1) $\boldsymbol{X} = k_1 \begin{pmatrix} \frac{9}{4} \\ -\frac{3}{4} \\ 1 \\ 0 \\ 0 \end{pmatrix} + k_2 \begin{pmatrix} \frac{3}{4} \\ \frac{7}{4} \\ 0 \\ 1 \\ 0 \end{pmatrix} + k_3 \begin{pmatrix} -\frac{1}{4} \\ -\frac{5}{4} \\ 0 \\ 0 \\ 1 \end{pmatrix}$ (k_1, k_2, k_3 为任意常数)

(2) $\boldsymbol{X}=k_1\begin{pmatrix}1\\-2\\1\\0\\0\end{pmatrix}+k_2\begin{pmatrix}1\\-2\\0\\1\\0\end{pmatrix}+k_3\begin{pmatrix}5\\-6\\0\\0\\1\end{pmatrix}$ (k_1, k_2, k_3为任意常数)

2．(1) $\boldsymbol{X}=\begin{pmatrix}1\\0\\1\\0\end{pmatrix}+k\begin{pmatrix}3\\-3\\1\\-2\end{pmatrix}$ (k为任意常数)

(2) $\boldsymbol{X}=\begin{pmatrix}6\\-4\\0\\0\end{pmatrix}+k_1\begin{pmatrix}-2\\1\\1\\0\end{pmatrix}+k_2\begin{pmatrix}-2\\1\\0\\1\end{pmatrix}$ (k_1, k_2为任意常数)

第4章

习题 4.1

1．(1) ①$\supset$ ②$\supset$

(2) $\varnothing$； Ω

(3) $\overline{A}\overline{B}\overline{C}+A\overline{B}\overline{C}+\overline{A}B\overline{C}+\overline{A}\overline{B}C$； $A+B+C$

(4) ①$\frac{1}{27}$ ②$\frac{1}{27}$ ③$\frac{1}{27}$ ④$\frac{1}{9}$ ⑤$\frac{2}{9}$ ⑥$\frac{8}{9}$ ⑦$\frac{8}{27}$

2．(1) C (2) B (3) D (4) B

3． $\Omega=\{0,1,2,3,4,5,6,7,8,9,10\}, A=\{8,9,10\}$

4． $n_{\Omega}=16, n_{\mathrm{A}}=6, n_{\mathrm{B}}=5$

5．(1) $B_1=A_1\overline{A_2}\,\overline{A_3}$ (2) $B_2=A_1\overline{A_2}\,\overline{A_3}\cup\overline{A_1}A_2\overline{A_3}\cup\overline{A_1}\,\overline{A_2}A_3$

(3) $B_3=A_1(\overline{A_2}\cup\overline{A_3})$ (4) $B_4=\overline{A_1A_2A_3}$ 或 $B_4=\overline{A_1}\cup\overline{A_2}\cup\overline{A_3}$

(5) $B_5=\overline{A_1}\,\overline{A_2}\,\overline{A_3}$ 或 $B_5=\overline{A_1\cup A_2\cup A_3}$

6．略

7．(1) $\frac{1}{14}$ (2) $\frac{8}{21}$ (3) $\frac{19}{42}$

8．(1) $\frac{2}{9}$ (2) $\frac{4}{9}$ (3) $\frac{7}{9}$

9． $\frac{1}{4}$

10． 0.98， 0.02

习题 4.2

1．(1) 1，$P(A)+P(B)-P(AB)$，$P(B|A)$，$p^k(1-p)^{n-k}$

(2) ①0.56　②0.24　③0.14　④0.94

(3) $\frac{3}{5}$；$\frac{5}{9}$；$\frac{2}{3}$　(4) $(1-p)(1-q)$　(5) $\frac{4}{7}$　(6) $\frac{1}{3}$

2．(1) D　(2) B　(3) C

3．$\frac{1}{2}$　4．(1) 0.021　(2) $\frac{10}{21}$　5．0.98　6．第一种

7．(1) 0.025　(2) 0.8　8．(1) $\frac{53}{99}$　(2) $\frac{21}{106}$　9．$\frac{11}{15}$　10．0.620 8

习题 4.3

1．(1) 5　(2) 3　(3) $\frac{19}{27}$　(4) 1　(5) $\frac{1}{2}$

2．(1) D　(2) C　(3) C　(4) A

3．(1) $\frac{1}{5}$　(2) $\frac{2}{5}$　(3) $\frac{3}{5}$

4．$P(X=k)=C_{10}^k 0.4^k \times 0.6^{10-k}$　k=0,1,2,…，10

5．0.266 8　6．$\frac{1}{64}$　7．(1) 0.785 1　(2) 0.195 4

8．0.047 4　9．0.017 5　10．(1) $\frac{3}{2}$　(2) $\frac{9}{16}$

11．(1) 4　(2) 0.129 6

12．$\frac{8}{27}$　13．$\frac{1}{5}$　14．$\frac{3}{5}$　15．约为 0.135 3

习题 4.4

1．(1) 1，p_2　(2) $F(b)-F(a)$

(3) μ　(4) $\Phi\left(\frac{b-\mu}{\sigma}\right)-\Phi\left(\frac{a-\mu}{\sigma}\right)$

2．(1) A　(2) C　(3) C　(4) D

3．(1) ln 2　(2) 1　(3) ln1.25

4．(1) $\begin{cases} A=\frac{1}{2} \\ B=\frac{1}{\pi} \end{cases}$　(2) $\frac{1}{2}$　(3) $\frac{1}{\pi(1+x^2)}$

5．(1) 0.158 7　(2) 0.874 7

6．(1) 0.433 2　(2) 0.066 8　(3) 0.682 6

7．0.818 5

8．(1) 6.7%　(2) 15.9%

9．183.98cm

10. 略　11. (1)$A=1/4$　(2)3/4 ,1/4　(3)$F(x)=\begin{cases} 0, & x<0 \\ 1/4, & 0\leqslant x<1 \\ 3/4, & 1\leqslant x<3 \\ 1, & x\geqslant 3 \end{cases}$，图略

习题 4.5

1．

X	0	1	2	3
P	0.22	0.43	0.29	0.06

2．5

3．(1) 0.409 6　(2) 0.999 68

4．0.838 3，0.401 3

5．0.682 7，0.954 5，0.997 3

第 5 章

习题 5.1

1．B　2. $\frac{3}{2}$ ，$\frac{3}{2}\ln 3$　3. 0.1，3.1，−0.1　4. $\frac{2}{\pi}\ln 2$　5. 2 ，$\frac{1}{3}$

6.（1）

X	500	100	10	2	0
P	1/10 000	1/1 000	1/100	1/10	8 889/10 000

(2)　0.45 元　（3）1.8 元

7.(1)　$1-a\mathrm{e}^{-\lambda x}-(1-a)\mathrm{e}^{-\mu x}$　(2)　$a\lambda\mathrm{e}^{-\lambda x}+\mu(1-a)\mathrm{e}^{-\mu x}$　(3)　$\frac{a}{\lambda}+\frac{1-a}{\mu}$

8. $n[1-(\frac{n-1}{n})^r]$

习题 5.2

1．A　2. 20　3. $\frac{1}{\lambda}$ ，$\frac{1}{\lambda^2}$

4．$\frac{5}{9}$　5．(1) 2　(2) $\frac{32\sqrt{2}-45}{18}$　6．9　7．10

8．0.308 5

9．乙厂生产的灯泡质量好　10.　(1) $A=B=1/1\,000$　(2) $D(X)=1\,000^2$，$\sqrt{D(X)}=1\,000$

习题 5.3

1．−0.2，2.76　　2．1/6

3．E(X)=806.5，D(X)=2 002.7；E(Y)=797.0，D(Y)=721.0；品种 A 虽然比 B 均值略高，但 B 比 A 的方差要小得多，所以种植品种 B 的风险要小.

第 6 章

习题 6.1

1．(1) C　(2) D　　2．p，$\frac{1}{n}p(1-p)$　　3．$E(\bar{X})=\lambda$，$D(\bar{X})=\frac{\lambda}{n}$

4．3.6，2.69　　5．3，$\frac{34}{9}$

习题 6.2

1．(1) B　　(2) B　　(3) D

2．(1) $N(\mu,\frac{\sigma^2}{n})$，$\chi^2(n-1)$　　(2) $N(0,1)$，$t(n-1)$

3．(1) 9.299　(2) 29.051　(3) 3.105 8　(4) −1.309 5　(5) 5.26　(6) 39.46

4．(1) 35.479　(2) 24.996　(3) −3.746 9　(4) 3.746 9　(5) 3.23　(6) 3.58

习题 6.3

1．(1) B　　(2) B　　(3) B

2．2，4，$\hat{\mu}_1$　　3．33，18.8　　4．$\hat{\mu}_3$ 更有效

习题 6.4

1．(1) C　　(2) B

2．(1) [8.399 9, 39.827]　(2) [4.422, 5.578]　(3) 12.5，9

3．[9.91, 10.26]

4．(1) [14.81, 15.01]　(2) [14.75, 15.07]

5．(1) [42.97, 43.93]　(2) [0.281, 1.323]

习题 6.5

1．略　　2．略　　3．2.575 8

4．30.577 9　　5．1.396 8　　6．2.946 7，4.677 7

7．[500.445 1，507.054 9]，[4.581 6，9.599 0]

8．[6.675 0，6.681 3]，[0.002 6，0.008 1]；[0.001 9，0.007 1]，[6.661 1，6.666 9]

第 7 章

习题 7.1

1．(1) 概率很小的事件，小概率事件在一次试验中几乎不可能发生的原理

(2) ①假设 H_0 ②合适的统计量 ③临界值 λ，接受域或否定域 ④统计量的实现值 ⑤统计量的实现值落入接受域，统计量的实现值落入拒绝域

(3) 弃真错误，以真为假，存伪错误，以假为真

(4) χ^2 检验法(提示：对随机变量的分布进行检验，通常用皮尔逊 χ^2 检验法)

2．(1) A (2) B (3) C (4) A

3．$|U|=1.944<U_{\frac{\alpha}{2}}=1.96$，所以接受原假设 H_0，认为维尼龙纤度无显著差异

4．$|t|=0.668\,5<2.131\,5=t_{0.025}(15)$，认为元件的平均寿命与 225(h)没有显著差异

5．$\dfrac{(n-1)s^2}{{\sigma_0}^2}=46>44.314=\chi^2_{0.01}(25)$，拒绝原假设，认为电池寿命的波动性较以往有显著变化

6．由于 $\lambda_1=2.70<\chi_0^2=10.65<\lambda_2=19.0$，故接受 H_0，认为该车间生产的铜丝的折断力的方差为 64

7.*(1) 正常成年男、女红细胞的平均数有显著差异

(2) 正常成年男、女红细胞数分布的方差无显著差异

习题 7.2

1．用命令[h,sig,ci,zval] = ztest(x,mu,sigma,alpha,tail)得结论:拒绝原假设，包装机工作不正常

2．用命令[h,sig,ci,tval]=ttest(x,m,alpha,tail) 得结论：接受原假设，打包机是正常的

3．方法同上，维生素 C 含量是合格的

4．体能训练效果不显著

第 8 章

习题 8.1

1．(1) $\dfrac{1}{n}\sum_{i=1}^{n}x_i\sum_{i=1}^{n}y_i$，$\sum_{i=1}^{n}(x_i-\bar{x})(y_i-\bar{y})$

(2) $\sum_{i=1}^{n}(x_i-\bar{x})(y_i-\bar{y})$，$\sum_{i=1}^{n}x_iy_i-\dfrac{1}{n}\sum_{i=1}^{n}x_i\sum_{i=1}^{n}y_i$，$\sum_{i=1}^{n}(x_i-\bar{x})^2$，$\sum_{i=1}^{n}x_i^2-\dfrac{1}{n}(\sum_{i=1}^{n}x_i)^2$，$\bar{y}-\hat{b}\bar{x}$

(3) x_i，y_i，x_i^2，y_i^2，x_iy_i，求和，x_i，y_i

(4) $\dfrac{l_{xy}}{\sqrt{l_{xx}l_{yy}}}$，不相关，完全相关，负相关，正相关

2．(1) C (2) D (3) D

3．$\hat{y}$=57.867+0.862x，显著线性相关

4．(1) 相关关系显著 (2) $\hat{y}$=10.28+0.304x

5．(1) 相关关系显著 (2) $\hat{y}$=9.123+0.223x

6．略

7．(1) $y=17.5+6.5x$，(2) 线性关系显著

8．(1) $\hat{y}=1.792\,1\mathrm{e}^{-\frac{0.145\,9}{x}}$，(2) [0.493 5，0.642 0]

习题 8.2

1．(1) 两个总体均值是否有显著差异的假设检验问题.

(2) $S_i^2=\dfrac{1}{n_i-1}\sum\limits_{j=1}^{n_i}(x_{ij}-\bar{x}_i)$，$H_0:\mu_1=\mu_2=\cdots=\mu_k$.

(3) $\sum\limits_{i=1}^{k}n_i(\bar{x}_i-\bar{x})^2$，$(n-1)S_A^2$，$\sum\limits_{i=1}^{k}\sum\limits_{j=1}^{n_i}(x_{ij}-\bar{x}_i)^2$，$\sum\limits_{i=1}^{k}(n_i-1)S_i^2$

2．(1) D (2) D (3) A

3．有显著差异

4．F=3.764 1，$F_{0.05}<F<F_{0.01}$,4 个类型电路对相应时间有显著影响

5．差异不显著

习题 8.3

1．有一定影响，但未达到“显著”的程度

2．$\hat{y}=582.185+21.712x$

3．推进器和燃料的不同对火箭射程没有显著性影响

4.（1）$\hat{y}=10.423+1.042x_1$（2）存在线性相关关系

（3）(14.839,16.427)(万元)

5. 回归方程 $y=-115.375\,0+2.546\,9x$；$r=0.847\,489>\lambda=0.631\,9$；$y$ 与 x 线性相关关系较显著

6. $\hat{y}=9.9+0.575x_1+1.15x_3$

参 考 文 献

[1] 朱文辉，陈刚. 线性代数与概率统计[M]. 北京：北京大学出版社，2005.

[2] 周誓达. 线性代数与线性规划[M]. 北京：中国人民大学出版社，1997.

[3] 李志斌. 线性代数[M]. 北京：机械工业出版社，2006.

[4] 黄清龙，阮宏顺. 概率论与数理统计[M]. 北京：北京大学出版社，2005.

[5] 节存来. 经济应用数学——概率论与数理统计[M]. 重庆：重庆大学出版社，2004.

[6] 宋兆基，徐流美. MATLAB 6.5 在科学计算中的应用[M]. 北京：清华大学出版社，2005.

[7] 吴礼斌，李柏年. 数学试验与建模[M]. 北京：国防工业出版社，2007.

[8] 谢云荪，张志让. 数学试验[M]. 北京：科学出版社，2002.